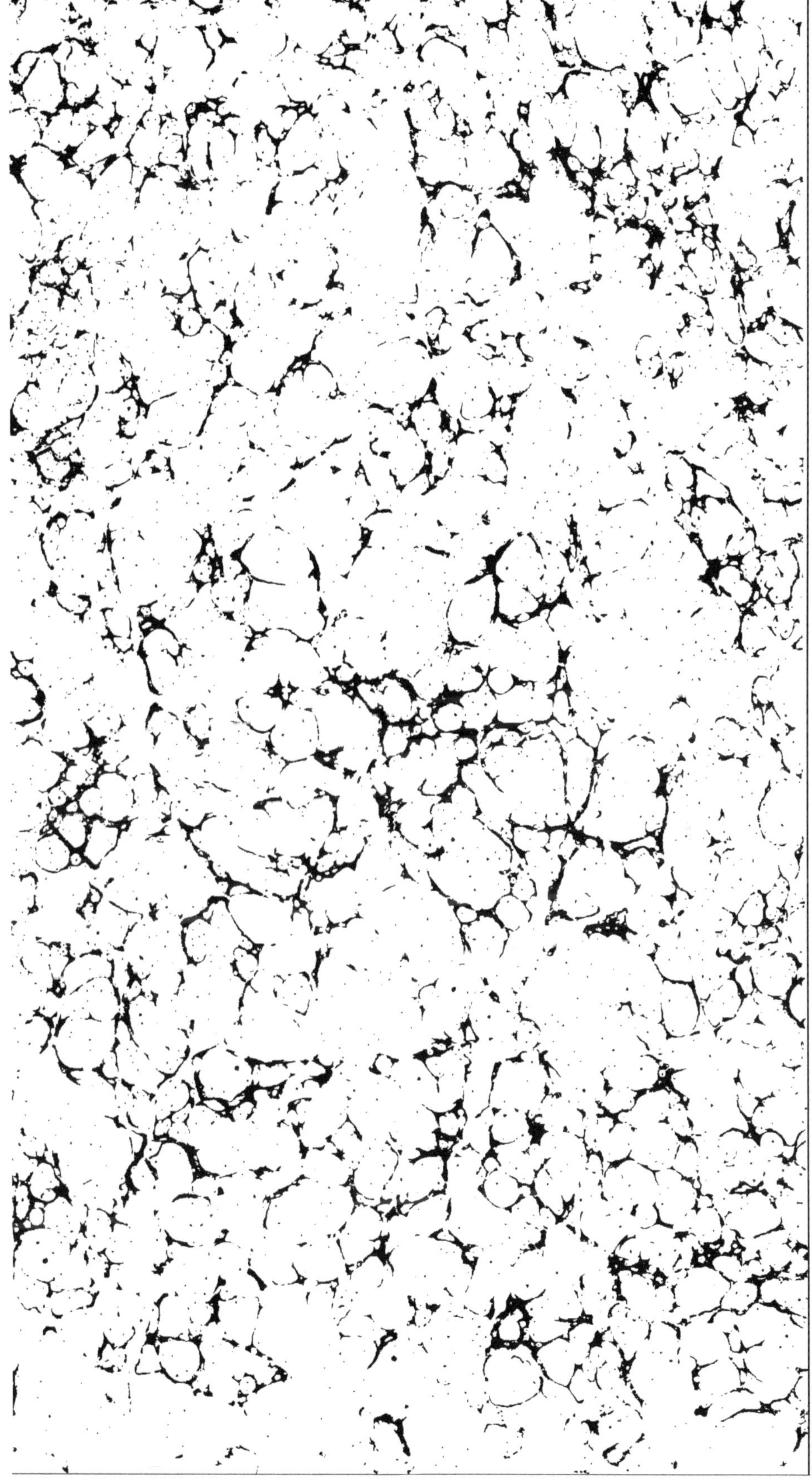

COURS COMPLET

D'ÉTUDES COMMERCIALES.

LA

TENUE DES LIVRES,

OU

NOUVEAU TRAITÉ DE COMPTABILITÉ GÉNÉRALE.

AVIS.

Tout exemplaire qui ne sera pas revêtu de la signature de l'auteur et de celle des éditeurs doit être considéré comme contrefait.

COURS COMPLET D'ÉTUDES COMMERCIALES.

CHAQUE VOLUME SE VEND SÉPARÉMENT.

Arithmétique commerciale et pratique, contenant tous les développements utiles dans la pratique, les Procédés nouveaux, les Méthodes en usage dans le commerce, le Système métrique développé, les Règles conjointe, d'alliage, de société, etc., etc., les Logarithmes; suivie d'un Chapitre complet sur les Intérêts calculés par Multiplicateurs fixes, par Diviseurs fixes, par formules dites algébriques, et les Comptes Courants avec intérêts; augmentée de la théorie de la nouvelle *Equation arithmétique* qui sert à résoudre les questions d'*Intérêts composés,* d'*Annuités* et d'*Amortissements*. 4e *édition*. 5 fr.

Nouveau traité complet du Change et de la Banque, renfermant un Cours d'opérations et d'arbitrages de Banque, un Traité du Pair intrinsèque et numéraire de tous les peuples; suivi du *Dictionnaire des places de Change*, contenant, sous les noms des villes importantes et des capitales d'état, rangés par ordre alphabétique, l'exposition des systèmes monétaires de toutes les nations commerçantes, etc., etc. 5e *édition*. 1 vol. in-8°. 6 fr.

La Tenue des Livres, ou **Nouveau Traité de Comptabilité générale.** 23e *édition*. 1 vol. in-8°, *avec tableaux*. 5 fr.

Traité des Comptes en participation, renfermant la comptabilité des sociétés en participation, de compte à 1/2, à 1/3, etc., etc.; précédée de la Tenue des livres généralisée, augmentée d'un chapitre sur les sociétés en participation sur marchandises, sur immeubles ou sur toute autre nature de valeurs, connues sous le nom de *Compte* à 1/2, à 1/3, etc.; renfermant une *Méthode très-simple* pour tenir les comptes de ces sortes d'associations temporaires, en dehors du système de comptabilité de la maison chargée de rendre ces comptes. 4e *édition*. 1 vol. avec tableaux. 5 fr.

Traité de Correspondance commerciale, divisé en chapitres intitulés : *circulaires, offres de services, ordres d'achats, informations, renseignements, avis, demandes d'argent, reproches, excuses, lettres de crédit simple, de crédit circulaire, de recommandations, remerciements, félicitations, etc., etc.*; et précédés chacun d'un préambule renfermant des indications utiles, les usages admis, ce qu'il y a enfin de bien déterminé sur l'espèce de lettres dont le chapitre est l'objet. 1 vol. in-8°. 5 fr.

Tenue des Livres spéciale des maîtres de forges et des usines à fer, ou comptabilité en partie simple et double applicable aux usines ou fabriques ou manufactures. 1 vol. in-8°, avec tableaux, 2e *édition*. 5 fr.

Paris. — Imprimerie de Pillet fils aîné, rue des Grands-Augustins, 7.

LA

TENUE DES LIVRES

OU

NOUVEAU TRAITÉ

DE COMPTABILITÉ GÉNÉRALE,

Par EDMOND DEGRANGES,

Ancien Armateur, Auteur du Cours complet d'Études commerciales, de l'Arithmétique commerciale et pratique, du Traité du Change et de la Banque, du Traité des Comptes en participation, du Traité de la correspondance commerciale, etc., etc.

OUVRAGE DESTINÉ NON-SEULEMENT AUX COMMERÇANTS, MAIS ENCORE AUX PERSONNES ÉTRANGÈRES AU COMMERCE.

VINGT-TROISIÈME ÉDITION,

Renfermant tout ce que contenaient les précédentes éditions,

ET AUGMENTÉE

de l'application de la Méthode en partie double à l'industrie agricole, extraite du Traité complet de Comptabilité agricole du même Auteur.

ADOPTÉ PAR LE CONSEIL ROYAL DE L'UNIVERSITÉ.

PARIS,

LANGLOIS ET LECLERCQ, LIBRAIRES,

RUE DE LA HARPE, 81.

1847

PRÉFACE.

Un silence de dix années que j'ai gardé, mon attention étant alors absorbée par de vastes opérations maritimes, a laissé à cette classe d'auteurs, toujours prête à s'emparer des œuvres d'autrui, le temps de contrefaire ou plutôt de copier mes ouvrages avec une telle hardiesse, qu'en ouvrant leurs livres on croit tenir un des miens, défiguré toutefois dans de certains passages afin d'éviter une trop grande similitude.

On peut se rappeler que mon père, écrivain d'une capacité bien supérieure à la matière qu'il traitait, a créé, pour ainsi dire, la méthode en partie double, en la faisant sortir du chaos où elle se trouvait alors, par la publication du petit ouvrage qui parut en 1795 sous le nom de *la Tenue des Livres rendue facile*; c'est donc à lui qu'il faut attribuer le mérite de la première invention. Après lui, j'ai fait paraître un grand nombre d'éditions, en m'appliquant à rajeunir, par d'importantes additions, l'œuvre primitive qu'il fallait maintenir constamment au niveau des progrès de l'art. Mais la propriété du livre que je pouvais à plus d'un titre considérer alors comme mien, devait m'échapper un jour, malgré mes propres travaux, pour tomber dans ce qu'on appelle le domaine public. Cette perspective refroidit, je l'avoue, mon zèle d'améliorations, et sans plus rien changer à l'ouvrage, je l'ai laissé longtemps au point où je l'avais conduit, quoique la marche toujours progressive des choses réclamât impérieusement des additions du plus haut intérêt.

En agissant ainsi, mon but légitime était d'empêcher que le fruit de mes travaux ne fût recueilli par des mains étrangères. Pour remédier aux inconvénients qui pouvaient résulter de cet état de choses, j'ai publié un ouvrage entièrement neuf qui comble les lacunes laissées à dessein dans l'ancien, expose les changements que le temps lui a fait subir, et contient enfin toutes les améliorations que j'ai depuis longtemps mises en réserve pour les offrir à la fois au public dans une œuvre toute nouvelle, destinée à remplacer avec avantage l'ancienne Tenue des livres, qui porte le même nom.

Mais, en annonçant un ouvrage nouveau, je n'ai pas voulu dire que j'eusse changé les principes fondamentaux de la méthode que renfermait le précédent; ils sont, au contraire, et ne peuvent qu'être toujours les mêmes, quant au fond, puisque ces principes sont désormais invariablement fixés; j'ai voulu exprimer seulement que, présentés sous une forme préférable, avec des additions neuves et indispensables, ces principes s'y trouvaient réduits à leur plus simple expression.

En effet, il faut aujourd'hui qu'un traité élémentaire soit frappant de clarté, de précision, et qu'il n'offre pas un volume qui effraie au premier aspect la bonne volonté, toujours un peu chancelante, du lecteur.

J'ai donc adopté les démonstrations les plus simples et les plus brèves qui n'existent dans aucun ouvrage; elles sont le résultat d'une longue pratique des affaires, des arbitrages et de l'enseignement qui me les a fait reconnaître, par expérience, comme les plus faciles à saisir pour les intelligences les moins exercées.

L'accueil que le public a fait aux précédentes éditions qui se trouvent épuisées, quoique tirées à grand nombre, m'oblige à en publier une nouvelle, où j'ai fait des améliorations consciencieuses; j'ai de plus fait concorder les diverses parties de cet ouvrage avec les autres volumes du *Cours complet d'études commerciales*, qui comprend le *Nouveau Traité du change et de la banque*, l'*Arithmétique commerciale et pratique*, le *Traité des comptes en participation*, le *Traité de la correspondance commerciale*, etc., etc.

Les seize premières pages de ce volume renferment exactement la doctrine, les principes, en un mot, la théorie des parties doubles.

Tout ce qui les suit, étant destiné à l'application de cette théorie, présente, non-seulement des exemples analogues à ceux proposés dans l'ancien ouvrage, mais en outre beaucoup d'autres nécessités par les circonstances nouvelles de l'industrie actuelle, qui a vraiment son caractère commercial bien prononcé et ses besoins nouveaux de comptabilité. Ainsi, j'ai traité des comptes d'effets publics, de rentes sur l'État, d'actions industrielles, branches devenues si importantes de la fortune générale; des annuités à recevoir et à payer; j'ai parlé de la comptabilité des sociétés anonymes par actions si nombreuses aujourd'hui, de celles des usines à fer, des compagnies d'assurances terrestres, et d'autres comptabilités diverses, jusqu'à celle des hommes du monde qui, ayant une fortune quelconque à administrer, désirent en suivre l'emploi dans ses plus petites ramifications, et notamment, dans cette vingt-troisième édition, j'ai traité *de la comptabilité agricole*, qui est sans contredit une des plus exceptionnelles et des plus intéressantes applications qu'on puisse faire de la méthode en partie double.

Enfin, j'ai relégué dans la dernière partie tous les exemples vieillis d'opérations qui ne se font presque plus, afin d'abord qu'on ne prétendît pas que mon livre nouveau ne contient pas tout ce que renfermait l'ancien ; puis ensuite parce qu'utiles comme histoire de l'art, ils peuvent faire naître des idées nouvelles ; seulement, je les ai resserrés dans d'étroites limites pour laisser plus d'espace et de développements à ce qui est devenu vraiment indispensable et manque dans tous les traités sur la matière ; m'appliquant surtout à présenter les améliorations et les éclaircissements que nécessitait depuis longtemps l'état actuel des affaires.

J'ai vu, je l'avoue, avec surprise que les auteurs qui se sont pour ainsi dire partagé par anticipation mes dépouilles, pendant mes longues préoccupations commerciales, n'avaient pas su dire un seul mot de ces additions pourtant essentielles ; c'est qu'il est sans doute plus facile pour des imitateurs ou des copistes de reproduire imparfaitement un modèle que de tirer de son propre fonds et de faire ressortir des circonstances nouvelles les moyens nouveaux de faire faire un progrès de plus à la science.

On a publié tant de mauvais livres sur la comptabilité, annoncés d'ailleurs avec beaucoup de charlatanisme, qu'ils ont accrédité cette erreur que l'étude en est abstraite et difficile. C'est cette erreur trop généralement répandue qu'il faut absolument détruire.

Il est vrai que la tenue des livres est une science de raisonnement et d'intelligence ; mais enfin tout ce qu'elle peut renfermer d'abstrait ou de métaphysique en apparence, consiste dans un seul principe et une seule fiction ; c'est donc à bien comprendre cette fiction et ce principe que se bornent toutes les difficultés (a). Il faut, en effet, avant tout que la démonstration en soit clairement faite par le professeur et parfaitement saisie par l'élève ; autrement l'étude des parties doubles, comme une énigme dont il ignorerait le sens, resterait toujours enveloppée d'obscurités impénétrables pour lui.

La lecture attentive des premières pages, où la théorie des parties doubles est résumée, pourra donner des notions suffisantes à ceux qui n'ont à consacrer que quelques instants à l'étude de cette méthode

(a) Le principe unique : *débiter le compte qui reçoit et créditer celui qui donne* ; la fiction : *le négociant dont on tient les livres est représenté par les comptes généraux de Marchandises générales, Caisse, Effets à recevoir*, etc.

et qui veulent seulement la comprendre ou en surveiller, au besoin, l'application faite par d'autres.

Tout le reste du volume, contenant l'application de la théorie à tous les cas ordinaires de la pratique, est destiné à ceux qui veulent l'approfondir. Dans ce cas ils devront passer écritures de tous les exemples proposés, sur un journal qu'ils rédigeront eux-mêmes et qu'ils corrigeront à la fin de chaque mois par la comparaison de leurs articles avec ceux du journal modèle. Ils rapporteront ensuite ces articles sur un grand-livre et termineront enfin par la balance générale.

Quant aux exemples vieillis dont j'ai déjà parlé, qui présentent d'excessives difficultés et sont de véritables tours de force en tenue de livres, comme ils ne se présentent presque jamais dans la réalité des affaires, ils ne sont destinés qu'à satisfaire la curiosité ou l'exigence de certains esprits courageux qui aiment à se créer des difficultés pour se ménager le plaisir de les vaincre, ou qui veulent dominer la science que d'autres se bornent simplement à mettre en pratique.

Libre maintenant de toute préoccupation importante, je préviens que je défendrai cette œuvre de prédilection contre toute contrefaçon, copie ou imitation quelconque, sans souffrir qu'on m'en emprunte la moindre parcelle.

CONSIDÉRATIONS

GÉNÉRALES

SUR L'UTILITÉ DE LA CONNAISSANCE DES PARTIES DOUBLES.

L'étude de la tenue des livres, réduite à ses vrais principes, est d'une extrême facilité.

La lecture attentive d'un bon ouvrage sur les parties doubles suffit à un esprit exercé pour en apprendre la théorie ; et quelques semaines d'études, sous la direction d'un auteur ou d'un professeur habile, peuvent en donner une connaissance assez approfondie.

Cependant cette science facile, qu'on peut acquérir si promptement, est presque généralement ignorée, toute nécessaire qu'elle est à beaucoup de professions, toute utile qu'elle pourrait devenir au plus grand nombre.

Les avoués et les avocats, je n'ose pas dire même les magistrats, auraient souvent besoin d'en connaître les premiers éléments, surtout depuis que la classe nombreuse et si importante des commerçants forme à elle seule aujourd'hui la moitié de la population des villes, et que tant de contestations s'élèvent entre eux.

Lorsqu'il s'agit d'une question de chiffres ou de comptes, on voit les légistes hésiter, s'embarrasser dans ces questions pour eux d'une obscurité profonde, et tomber quelquefois dans des erreurs préjudiciables aux parties, dont ils saisissent très-imparfaitement les causes toutes les fois que la contestation s'agite sur des points de comptabilité.

Il en est de même des notaires qui, appelés à dresser des inventaires dans les successions de commerçants et à présider aux partages entre leurs héritiers, se trouvent souvent incapables de puiser directement aux véritables sources les documents qui leur sont nécessaires. On les voit réduits à s'en rapporter aux états fournis par les parties elles-mêmes, ayant quelquefois un intérêt direct à en altérer l'exactitude, parce que les registres de commerce où ils trouveraient, sans le secours de personne, toutes les données qu'ils cherchent, sont inintelligibles pour eux et ne leur paraissent au premier aspect qu'un dédale obscur de comptes imaginaires où leur inexpérience ne peut que s'égarer.

Dans les sciences et dans les arts les plus simples on a créé pour chacun un langage qui lui est propre. La comptabilité a comme les autres ses termes techniques et de convention, qui offrent même à l'esprit un sens d'autant plus étrange et plus confus, que beaucoup de ces mots sont employés dans le langage usuel avec une acception toute différente; et l'on sait que malheureusement une expression mal interprétée suffit pour répandre de l'obscurité sur le passage le plus simple et paralyser un instant les plus hautes intelligences.

Ainsi, j'ai vu des fonctionnaires, des députés ou des pairs de France, voulant examiner dans le silence du cabinet et discuter à la tribune une loi de finances ou les comptes du budget, se trouver arrêtés sur cette question si essentielle et toujours renaissante du gouvernement représentatif, parce que les premiers éléments de comptabilité leur manquaient; ils évitaient donc de s'aventurer dans l'examen ou la discussion d'une importante question parlementaire, pour quelques misérables notions qui n'avaient jamais été l'objet de leurs vastes études.

Un penseur est souvent détourné, dit Pascal, de ses idées sublimes par un moucheron qui bourdonne à son oreille.

Dans les sciences aussi, une expression mal comprise, une seule idée confuse, préoccupe l'esprit, embarrasse la conception et trouble le travail de l'intelligence.

Cependant, des explications rapides suffiraient pour éclaircir ces prétendues abstractions, et la lecture d'un ouvrage méthodique eût également suffi pour dissiper ses difficultés imaginaires.

Il est bien peu de professions qui échappent à l'utilité réelle de la tenue des livres, depuis les plus modestes jusqu'aux plus élevées ; les fermiers, les maires, les chefs de corps, les hauts comptables, les administrateurs, les grands propriétaires n'ont-ils pas tous un besoin impérieux, comme les commerçants, de tenir compte de leur grande ou petite administration ? Qui n'a pas une industrie, une exploitation, un avoir quelconque à gérer ? Il n'est pas jusqu'à l'homme de loisir jouissant d'une grande fortune, qui ne doive aujourd'hui se rendre compte à lui-même et apprécier de ses propres yeux les sources de ses revenus pour les accroître, ou le cours de ses diverses dépenses pour leur donner une meilleure direction.

Et si par hasard on s'est engagé dans ces sociétés par actions, fantaisie moderne qui envahit tout, si féconde en excellents résultats lorsque des hommes de probité les dirigent, mais aussi qui fournissent à d'habiles intrigants tant de moyens faciles de duper leurs intéressés, ne faut-il pas savoir reconnaître la véracité ou les supercheries de leurs *comptes rendus ?* Car c'est à l'aide de chiffres mensongers et groupés avec art qu'on éblouit aujourd'hui le vulgaire, qu'on séduit les hommes simples, et qu'on les dépouille sous le titre privilégié d'actionnaires.

Enfin, dans ce siècle de spéculation, où les sommités même de la société sont devenues industrielles, où tout se chiffre et se résume en comptes rendus ou à rendre, il est de toute nécessité de se familiariser à la langue des calculs, surtout avec la tenue des livres qui en est une des plus fréquentes applications et dont on peut tirer de grands avantages. Son étude est déjà le complément indispensable d'une instruction sérieuse et complète ; l'on peut même prévoir qu'elle sera bientôt un des élémens de l'éducation générale. Mais puisqu'elle est aujourd'hui si facile et si prompte, en même temps qu'elle est devenue si nécessaire, ne serait-on pas blâmable de lui refuser quelques heures de travail pour s'initier aux prétendus mystères de la comptabilité en partie double (*a*) ?

(*a*) L'auteur se fera un plaisir, pour répandre la méthode, de donner gratuitement toutes les instructions nécessaires pour organiser une comptabilité LORSQU'ELLE DEVRA S'APPLIQUER A UNE INDUSTRIE EXCEPTIONNELLE ET PRÉSENTANT DES DIFFICULTÉS NOUVELLES ; dans ce cas, on peut, sans crainte d'indiscrétion, adresser sa demande à l'auteur et la déposer à la librairie de MM. Langlois et Leclercq, rue de la Harpe, 81, qui la lui feront parvenir et transmettront peu après la réponse.

OBSERVATION NÉCESSAIRE.

Chaque alinéa commence par un numéro d'ordre. Toutes les fois que l'on rencontre dans le corps d'un paragraphe un numéro renfermé entre deux parenthèses, cela veut dire qu'il faut revoir l'alinéa qui porte le même numéro.

TRAITÉ

DE

COMPTABILITÉ.

1. La *tenue des livres* ou la *comptabilité* est l'art de *tenir* écritures, avec méthode et selon des principes déterminés, de toute espèce d'opérations.

2. On l'appelle tenue des livres parce que ces écritures sont inscrites sur différents *livres,* dont les principaux sont le JOURNAL et le GRAND-LIVRE ; quant aux autres, bien moins importants, ils se nomment *livres auxiliaires.*

3. La loi (*a*) prescrit à tout commerçant de tenir un livre sur lequel il doit écrire toutes ses affaires sans exception et jour par jour ; c'est de là que l'on donne à ce livre le nom de JOURNAL.

4. *Le Journal* (*b*) *est le livre fondamental ou la base de toute comptabilité.*

Mais, comme toutes les écritures y sont confondues sans autre ordre que celui de leur date, on a besoin d'un second livre pour les y classer dans un ordre méthodique et qui offre, avec plus de clarté, des résultats faciles à saisir ; ce registre est appelé GRAND-LIVRE. On y recopie ou *reporte* ce qui a déjà été écrit au Journal.

(*a*) *Art.* 8 *du Code du Commerce.* Tout commerçant est tenu d'avoir un LIVRE-JOURNAL qui *présente,* jour par jour, ses dettes actives et passives, les opérations de son commerce, ses négociations, acceptations ou endossements d'effets, et généralement tout ce qu'il reçoit et paye à quelque titre que ce soit, et qui énonce mois par mois les sommes employées à la dépense de sa maison ; le tout indépendamment des autres livres usités dans le commerce, mais qui ne sont pas indispensables.

(*b*) Il doit être timbré, coté et paraphé, et peut faire foi en justice.

5. *Le Grand-Livre n'est donc qu'une copie du Journal, mais faite dans un autre ordre.*

6. On distingue deux méthodes de tenue de livres ; l'une dite *en partie simple,* et l'autre *en partie double.* La première n'est réellement pas une méthode, puisque, loin de reposer sur des règles fixes et uniformément adoptées, elle admet l'usage de livres auxiliaires, dont la forme varie à l'infini (*a*).

Cependant, avant de traiter de la méthode en partie double, nous indiquerons la manière de tenir en partie simple, les deux livres principaux, le JOURNAL et le GRAND-LIVRE, sans entrer dans les détails relatifs aux livres auxiliaires sur lesquels nous aurons occasion de revenir plus tard.

DU JOURNAL EN PARTIE SIMPLE.

7. On n'inscrit ordinairement sur le JOURNAL en partie simple que les affaires *à terme ;* toutes les autres relatives aux recettes et payements, aux billets à recevoir et à payer, etc., sont notées sur le livre de CAISSE, sur le CARNET D'ÉCHÉANCES (*b*) et sur les autres livres auxiliaires.

8. Pour passer écriture sur le JOURNAL d'une opération à terme faite avec Paul, par exemple, il s'agit seulement de faire précéder le détail de cette opération des mots écrits en gros caractères : DOIT PAUL, si Paul *doit ;* ou : AVOIR PAUL, si au contraire *il lui est dû.*

9. Car le mot DOIT est le signe du *débit.*

Ainsi, écrire : DOIT PAUL, c'est indiquer que Paul est *débiteur ;* c'est ce qu'on appelle *débiter Paul.*

10. Au contraire, le mot AVOIR, qui veut dire *il est dû à tel,* est le signe du *crédit.*

Ainsi écrire : AVOIR PAUL, c'est indiquer que Paul est *créancier ;* c'est ce qu'on appelle *créditer Paul.*

(*a*) La tenue des livres en partie simple n'est employée que par les petits commerçants.

(*b*) On peut voir le modèle de ces livres dans la Méthode simplifiée qui est à la fin de ce volume.

Il faut avant tout se bien familiariser avec ces termes qui, au premier abord, paraissent étranges, parce que dans le langage ordinaire ils ont quelquefois une tout autre acception et sont employés dans un sens bien différent.

11. Cela compris, il est clair que le principe est de *débiter* Paul, c'est-à-dire d'écrire : DOIT PAUL, toutes les fois que Paul *reçoit* de nous une valeur quelconque, et de le *créditer*, c'est-à-dire d'écrire : AVOIR PAUL, toutes les fois qu'il nous en *fournit* une.

Applications.

Appliquons ce principe aux exemples suivants :

1° *J'ai vendu à Guillaume 5 pièces de vin rouge à 120 fr. l'une. . .* 600

Voici le raisonnement qu'on doit faire : Guillaume *reçoit* 5 pièces de vin, donc il faut le *débiter* (11) (*a*) ; c'est-à-dire écrire :

DOIT GUILLAUME fr. 600 *pour vente que je lui ai faite de 5 pièces de vin à 120 fr. l'une. . . . .* 600

2° *J'ai acheté à Paul une balle de laine . . . .* 1000

Paul *donne* une balle de laine, donc il faut le *créditer* (11) ; c'est-à-dire écrire :

AVOIR PAUL fr. 1000 *pour achat que je lui ai fait d'une balle de* laine 1000

3° *J'ai payé Paul en espèces. . . . .* 1000

Paul *reçoit,* donc il faut le *débiter* (11) et écrire :

DOIT PAUL fr. 1000 *à lui payés en espèces. . . . .* 1000

4° *Pierre m'a remis un billet à m/o au 10 mai prochain de. . . . .* 3000

Pierre *donne,* donc il faut le *créditer* (11) et écrire :

AVOIR PIERRE fr. 3000 *pour remise qu'il m'a faite d'un billet à mon ordre au 10 mai prochain. . . . .* 3000

Il serait inutile de multiplier les exemples d'articles dont il est si facile de passer écriture en partie simple, puisque

(*a*) Ce chiffre (11) veut dire qu'il faut revoir le paragraphe 11.

tout se réduit à savoir distinguer quand il faut placer le mot DOIT ou le mot AVOIR devant le nom de la personne avec laquelle on a traité.

DU GRAND-LIVRE EN PARTIE SIMPLE.

12. On ouvre sur le GRAND-LIVRE un compte, par DOIT et AVOIR, à toutes les personnes qui sont débitées ou créditées au JOURNAL.

Ouvrir un compte à Paul, par exemple, c'est écrire sur le GRAND-LIVRE en haut des deux pages en regard, le nom de PAUL en mettant DOIT sur le feuillet gauche et AVOIR sur le feuillet droit.

Lorsqu'on a ouvert ainsi sur le GRAND-LIVRE un compte à toutes les personnes qui figurent au JOURNAL, on rapporte au DOIT ou DÉBIT de Paul tous les articles du JOURNAL où il est dit : DOIT PAUL, et à l'AVOIR ou CRÉDIT de Paul tous les articles du JOURNAL où il est dit : AVOIR PAUL.

Cette opération, qu'on continue pour tous les autres articles relatifs à Paul, Pierre, Guillaume ou autres, est ce qu'on appelle *reporter* au GRAND-LIVRE.

C'est ainsi que se vérifie ce que nous avons déjà dit du GRAND-LIVRE, qu'il n'était *qu'une copie du Journal faite dans un ordre différent* (5).

En effet, on n'y répète que ce qui a déjà été dit au JOURNAL ; seulement tous les articles confondus au JOURNAL, et sans autre ordre que celui des *dates*, sont rapportés sur le GRAND-LIVRE *par ordre de compte.*

Le *doit* ou *débit* du compte d'un correspondant présente tout ce qu'il doit ; et le *crédit* ou *avoir*, tout ce qui lui est dû.

De cette manière on voit, au GRAND-LIVRE, d'un seul coup d'œil, au compte de Paul, par exemple, le tableau des affaires faites avec lui, tandis que les mêmes affaires étaient répandues et disséminées au JOURNAL dans l'ordre seul de leur date.

DE LA

COMPTABILITÉ EN PARTIE DOUBLE.

CONSIDÉRATIONS PRÉLIMINAIRES.

13. Pour qu'une comptabilité soit complète, elle doit remplir deux conditions essentielles :

La première, d'offrir chaque jour la situation de chaque correspondant ;

La seconde, de fournir les moyens de se rendre compte à *soi-même* du mouvement des valeurs sur lesquelles on opère ; des pertes ou des gains partiels, faits dans chaque branche particulière ; du bénéfice net ou de la perte résultant, en définitive, des opérations générales ; enfin de son état de situation ou *bilan*, au moment où l'on veut le connaître.

Or, il n'est pas possible d'obtenir ces importants résultats par la partie simple où l'on fait usage de livres auxiliaires qui n'offrent que des détails incohérents, incertains et sans aucun contrôle.

La méthode en partie double obtient seule le double but proposé, et voici par quels moyens :

14. Non-seulement elle ouvre un compte par *débit* et *crédit* aux *individus* avec lesquels on est en rapport d'affaires, mais elle ouvre aussi des comptes aux *objets*, aux *valeurs*, et même aux *circonstances particulières* du commerce auquel on se livre.

En un mot, elle crée des comptes pour les *choses* comme pour les *personnes.*

Ainsi, non-seulement il y aura des comptes de *Paul*, de *Pierre* ou de *Jean ;* mais également des comptes de *marchandises*, de *caisse* et d'*effets :* les premiers, qui ne concernent que la personne à laquelle ils sont ouverts, se nommeront *comptes particuliers,* et les seconds seront appelés *comptes généraux.*

Pour donner une idée juste de ces derniers comptes, nous entrerons dans quelques développements ; car de la nette conception des comptes généraux dépend en grande partie l'intelligence parfaite de la méthode en partie double.

DU JOURNAL EN PARTIE DOUBLE.

15. Chaque article du journal en partie double doit comprendre toujours un *débiteur* et un *créancier.*

C'est ce qui distingue cette méthode de la partie simple, où chaque article au journal ne contient qu'un débiteur *ou* un créancier. Dans la partie double, il faut l'un *et* l'autre ; de là le nom de *partie double.*

16. Dans toute opération de commerce il y a deux personnes qui contractent : l'une qui *reçoit* une valeur, et l'autre qui la *fournit ;* or, ces deux personnes devant être en présence, et figurer dans chaque article, le principe et la raison veulent qu'*on débite celle qui reçoit,* et qu'*on crédite celle qui donne.*

En effet, je compte à Paul 1,000 francs en espèces ; il résulte évidemment de ce fait que Paul est le *débiteur* et moi le *créancier* de cette somme : Paul est le débiteur, parce qu'il a *reçu* l'argent, et moi je suis le créancier parce que j'ai *donné* les 1,000 francs.

Il en résulte ce principe général :

17. IL FAUT, PAR LE MÊME ARTICLE, DÉBITER CELUI QUI REÇOIT ET CRÉDITER CELUI QUI DONNE.

18. Cette double opération s'exécute par la formule suivante, qui ne varie pas :

PIERRE doit à PAUL, *pour tel objet,* etc.

C'est là ce qu'on appelle *débiter* Pierre et *créditer* en même temps Paul ; parce qu'en effet il ressort clairement que Pierre *doit,* et qu'*il est dû* à Paul.

19. Si nous appliquons ce principe aux exemples déjà proposés, et si nous supposons que le négociant dont on tient les livres se nomme x, voici les raisonnements à faire, et les articles que nous obtiendrons :

1° Dans la première opération,

J'ai vendu à Guillaume 5 pièces de vin, etc.

Qui est-ce qui reçoit (*a*)? c'est Guillaume; donc il faut *débiter* Guillaume, ou, en d'autres termes, écrire qu'il *doit* (17).

Qui est-ce qui fournit? c'est moi, x; donc il faut créditer x (17) : ce que j'exécute en écrivant, selon la formule adoptée (18),

GUILLAUME doit à X fr. 600, *pour vente à lui faite de 5 pièces de vin*, etc. 600

2° Dans la seconde opération,

J'ai acheté à Paul une balle de laine. 1000

Qui est-ce qui reçoit? c'est moi, x; donc il faut débiter x (17).

Qui est-ce qui donne? c'est Paul; donc il faut créditer Paul (17), ce que j'exécute en écrivant :

X doit à PAUL fr. 2000, *pour achat que je lui ai fait*, etc. 1000

3° Dans la troisième opération,

J'ai payé à Paul 1000 *fr. en espèces* 1000

Qui est-ce qui reçoit? c'est Paul; donc il faut le débiter (17).

Qui est-ce qui donne? c'est moi, x; donc il faut créditer x (17), et écrire :

PAUL doit à X fr. 1000, *à lui comptés en espèces* 1000

(*a*) Comme le principe veut que celui qui reçoit soit *débité* et que celui qui donne soit *crédité* (17), il suffit, pour trouver ce débiteur et ce créancier, de se demander *Qui est-ce qui reçoit?* la réponse indique celui qui doit être débité; et *Qui est-ce qui donne?* la réponse indique celui qu'il faut créditer.

4° Enfin, dans la quatrième opération,

J'ai reçu de Pierre un billet de 3,000 fr.;

Qui est-ce qui reçoit? c'est moi, x; donc il faut débiter x (17).

Qui est-ce qui donne? c'est Pierre; donc il faut le créditer (17), et écrire :

X doit à Pierre fr. 3000, *pour un billet qu'il m'a remis*, etc. 3000

ORIGINE ET OBJET DES CINQ COMPTES GÉNÉRAUX.

Mais on doit remarquer que si l'on passait les écritures, comme nous venons de le faire, en laissant subsister le nom du négociant, x, il se trouverait nécessairement débité ou crédité dans chaque article du JOURNAL, puisque, dans ses propres affaires, il est toujours une des parties qui contractent; de plus, comme il faudrait reporter au GRAND-LIVRE tous ces articles au compte du négociant x, ce compte serait aussi long que le JOURNAL lui-même, et tout y serait confondu, marchandises, argent, billets; enfin ce compte n'aurait que l'inconvénient de multiplier les écritures, sans offrir aucun résultat clair et précis.

20. C'est pour remédier à cette confusion qu'on a senti la nécessité, au lieu d'avoir un seul compte pour le négociant x dont on tient les livres, de lui en ouvrir plusieurs, et qu'on est convenu, pour cela, de ne plus l'appeler de son nom propre, mais de le désigner sous les cinq noms de MARCHANDISES, CAISSE, EFFETS A RECEVOIR (*a*), EFFETS A PAYER (*b*), PERTES ET PROFITS, que l'on *débite* ou *crédite*, selon la nature de l'opération dont il faut passer écriture : c'est-à-dire sous le nom de MARCHANDISES GÉNÉRALES, lorsqu'il s'agit de marchandises; sous le nom de CAISSE, s'il s'agit d'espèces; sous les noms d'EFFETS A RECEVOIR OU A PAYER, quand il s'agit de

---

(*a*) Traites, billets, mandats ou effets divers dont on doit *recevoir* le montant.
(*b*) Acceptations, billets, mandats ou effets divers dont on doit *payer* le montant.

billets ; enfin, sous celui de PERTES ET PROFITS, lorsqu'il y a gain ou perte.

Avant de poursuivre, il convient de faire remarquer combien cette ingénieuse convention introduit d'ordre dans la comptabilité et répand de clarté sur les écritures.

D'abord, en employant des noms différents, selon la *nature* de l'opération dont on doit passer écriture, toutes les affaires se trouvent nécessairement *classées par* NATURE *d'opération* : les articles de marchandises sont au compte de MARCHANDISES GÉNÉRALES ; les articles d'espèces, au compte de CAISSE ; les gains ou les pertes, au compte de PERTES ET PROFITS ; et ainsi de suite.

En second lieu, le négociant x étant débité sous le nom de MARCHANDISES GÉNÉRALES ou de CAISSE, etc., quand il *reçoit* des marchandises ou de l'argent, etc., le débit de ces comptes se composera de la recette ou de l'*entrée* de ces valeurs ; et comme il est crédité au contraire sous les noms de MARCHANDISES GÉNÉRALES ou de CAISSE, etc., quand il *fournit* des marchandises ou donne de l'argent, etc., le crédit de ces comptes se composera de la *sortie* de ces valeurs : appliquant le même raisonnement aux autres comptes généraux, le débit sera l'*entrée*, et le crédit la *sortie*.

Ainsi ces comptes généraux, qui représentent le négociant, et qui ne sont autre chose que des subdivisions de son compte général, ont pour but de classer les affaires, d'abord par *nature d'opération*, et ensuite par débit et par crédit ; ou, en d'autres termes, par *entrée* et *sortie* : ce qui donne les moyens de suivre tous les mouvements des valeurs sur lesquelles on opère.

Tels sont l'origine, le but et l'utilité des comptes généraux de la méthode en partie double.

Tous ces développements nous ont paru nécessaires pour donner une idée juste des comptes généraux et faire sentir qu'ils ne sont pas des comptes abstraits et imaginaires, mais bien le négociant lui-même ou son compte général subdivisé en plusieurs comptes diversement dénommés.

Voilà le seul point qui puisse présenter quelque obscurité dans les parties doubles, mais qu'il ne faut pas abandonner avant de l'avoir parfaitement éclairci.

Rien ne serait moins difficile que de passer écritures des opérations au JOURNAL, si l'on y laissait subsister le nom du négociant *x;* mais on vient de voir qu'on doit le faire disparaître en le remplaçant par les cinq comptes généraux, et cette marche exige plus d'attention.

Appliquons maintenant le principe fondamental déjà posé (17), en le modifiant selon la précédente combinaison (20) qui consiste à substituer au nom du négociant celui d'un des cinq comptes généraux qui le représentent, et passons écriture en véritable partie double des opérations déjà proposées.

Applications aux exemples déjà donnés.

1° Dans cette première opération,

J'ai vendu à Guillaume 5 pièces de vin à 120 fr. l'une;

Qui est-ce qui reçoit? c'est Guillaume ; donc il faut le débiter (17).

Qui est-ce qui fournit? c'est moi, *x;* donc il faut me créditer, mais sous le nom de MARCHANDISES GÉNÉRALES, d'après la convention précédente (20), et écrire au Journal :

GUILLAUME doit à MARCHANDISES GÉNÉRALES fr. 600, *pour vente que je lui ai faite de 5 pièces de vin, à 120 fr. l'une* 600

2° Dans la seconde opération,

J'ai acheté à Paul une balle de laine 1000 fr.;

Qui est-ce qui reçoit? c'est moi, *x;* donc il faut me débiter, mais sous le nom de MARCHANDISES GÉNÉRALES (20).

Qui est-ce qui donne? c'est Paul; donc il faut créditer Paul, et écrire au Journal :

MARCHANDISES GÉNÉRALES doivent à PAUL fr. 1000, *pour achat que je lui ai fait d'une balle de laine*. 1000

3° Dans la troisième opération,

J'ai compté à Paul 1000 fr. en espèces;

Qui est-ce qui reçoit? c'est Paul ; donc il faut débiter Paul.

Qui est-ce qui donne? c'est moi ; donc il faut me créditer, mais sous le nom de Caisse (20), et écrire au Journal :

Paul (*a*) à Caisse fr. 1000, *à lui comptés en espèces* 1000

4° Enfin, dans la dernière opération,

Pierre m'a remis un billet à mon ordre, au 10 mai, de 3000 fr.;

Qui est-ce qui reçoit? c'est moi ; donc il faut me débiter, mais sous le nom d'Effets a recevoir (20).

Qui est-ce qui donne? c'est Pierre : donc il faut créditer Pierre, et écrire :

Effets à recevoir à Pierre fr. 3000, *pour son billet à mon ordre, au 10 mai prochain, qu'il m'a remis* 3000

Telle est exactement la manière de passer écriture au Journal en partie double.

Certes elle est loin de présenter une difficulté réelle, dès que, connaissant le principe fondamental, *débiter celui qui reçoit* et *créditer celui qui donne*, on s'est en outre familiarisé avec cette convention qui veut que la personne dont on tient les livres ne figure pas sous son nom propre, mais sous celui d'un des comptes généraux qui la représentent.

Des articles composés.

21. Il ne nous reste plus qu'à parler des articles *composés* qui, au premier abord, paraissent présenter plus de difficultés que les précédents, mais dont l'analyse conduit à reconnaître bientôt l'égale facilité.

Nous les appelons *composés*, parce qu'ils contiennent plusieurs articles simples.

Ainsi :

J'ai acheté à Paul une balle de laine, et je la lui ai payée comptant. 1000

(*a*) Dans la pratique on supprime le *doit*, dont le retour serait trop fréquent.

Voilà un article composé qui en contient évidemment deux simples :

1° L'achat d'une balle de laine à Paul ; 2° le payement que je lui en fais en espèces.

On pourrait passer deux articles comme les précédents.

Le premier :

MARCHANDISES GÉNÉRALES à PAUL fr. 1000, *pour achat à lui fait d'une balle de laine* 1000

Le second :

PAUL à CAISSE fr. 1000, *pour payement à lui fait en espèces* 1000

Mais on peut aussi passer écriture de cet article composé en un seul article au JOURNAL, et dire :

MARCHANDISES GÉNÉRALES à CAISSE fr. 1000, *pour achat que j'ai fait à Paul d'une balle de laine que je lui ai payée comptant* 1000

Cet article présente les mêmes résultats que les deux précédents : le compte de MARCHANDISES GÉNÉRALES se trouve débité du montant de la balle de laine que je *reçois* ou qui *entre* ; le compte de CAISSE se trouve crédité de l'argent que je *donne* en payement ou qui *sort*. Et quant à Paul, qui n'est ni débité ni crédité des 1,000 fr., comme il l'a été dans les deux articles simples, il est évident qu'il ne lui est rien dû, et qu'il ne doit rien, puisqu'en échange de sa balle de laine il en a reçu immédiatement le prix ; on peut donc regarder comme inutile de le débiter et de le créditer de la même somme de 1,000 fr., ce qui, en matière de compte, s'annule et se balance.

Dans la série d'exemples qui vont suivre, nous avons adopté cette manière abrégée de passer écriture en un seul article de tout article composé (21) ; manière qui se résume en ces termes :

22. *Quand il s'agit de passer écriture d'un article* COMPOSÉ *(c'est-à-dire renfermant l'achat ou la vente et son payement immédiat) il ne faut ni débiter ni créditer celui qui vend ou achète, puisqu'il reçoit ou donne à l'instant son prix ; mais il*

faut seulement débiter celui des comptes généraux qui reçoit une valeur, et créditer celui des comptes généraux qui fournit la valeur donnée en échange.

DU GRAND-LIVRE EN PARTIE DOUBLE.

23. Nous avons déjà dit (12), à l'occasion du GRAND-LIVRE en partie simple, qui diffère peu de celui en partie double, que ce registre n'était qu'une copie du JOURNAL faite dans un ordre différent; et que tous les articles inscrits au JOURNAL dans l'*ordre de leur date* devaient être reportés au GRAND-LIVRE par *ordre de compte.*

Il faut donc *ouvrir un compte* (12) sur le GRAND-LIVRE en partie double, non-seulement aux individus figurant au JOURNAL; mais encore aux comptes généraux de *marchandises, caisse, effets à recevoir, effets à payer* et *pertes et profits.*

Après quoi l'on rapporte au DOIT ou débit de chaque compte (particulier ou général) tous les articles dont il est débité au JOURNAL, et à l'AVOIR ou crédit, tous ceux dont il est crédité.

De cette manière le GRAND-LIVRE, au compte de Paul, par exemple, est un tableau qui présente d'un côté, sur le feuillet gauche, au débit, tout ce que Paul doit; et, de l'autre côté, sur le feuillet droit, à l'AVOIR ou crédit tout ce qui est dû à Paul.

24. La différence du débit au crédit, appelée SOLDE, détermine ce que Paul doit en définitive, ou ce qui lui est dû.

25. Quant aux comptes généraux de MARCHANDISES GÉNÉRALES, CAISSE, EFFETS A RECEVOIR OU A PAYER, etc., puisqu'on a dû les débiter toutes les fois qu'on a reçu, et les créditer toutes les fois qu'on a fourni l'une des valeurs auxquelles ces comptes sont ouverts, il est clair que le débit de chacun sera l'*entrée*, et le crédit la *sortie.*

26. Ainsi le débit du compte de MARCHANDISES GÉNÉRALES

présentera les marchandises reçues ou *entrées,* et son crédit celles données ou *sorties.*

27. Le débit du compte de CAISSE présentera l'argent reçu ou *entré,* et son crédit celui donné ou *sorti.*

28. Le débit du compte d'EFFETS À RECEVOIR présentera les effets reçus ou *entrés,* et son crédit ceux donnés ou *sortis.*

29. Le débit du compte d'EFFETS A PAYER présentera les effets reçus ou *entrés,* et son crédit ceux donnés ou *sortis.*

Encore une fois, le débit de chacun de ces comptes généraux est l'*entrée* des marchandises en magasin, des espèces en caisse, des effets en portefeuille, etc., et leur crédit en est la *sortie.*

Il s'ensuit que, si, dans chaque compte général, qui est un tableau par *entrée* et *sortie,* on retranche le montant de la sortie du montant de l'entrée, la différence présentera exactement les valeurs disponibles.

On peut déjà reconnaître ici la supériorité de la méthode en partie double sur celle en partie simple, dont l'insuffisance se montre à découvert. Le GRAND-LIVRE en partie simple ne présente que les comptes particuliers, les comptes d'*autrui,* n'offre que les écritures qu'on pourrait appeler *extérieures ;* et il y manque les comptes généraux qui renferment ces écritures *intérieures,* qui présentent les propres affaires du commerçant : comptes si précieux, puisqu'ils l'éclairent sur sa véritable situation, et lui indiquent sans cesse les valeurs qui restent à sa disposition, les engagements auxquels il doit faire face, enfin ses pertes et ses bénéfices progressifs.

RÉSUMÉ DE LA THÉORIE DES PARTIES DOUBLES.

30. Il faut au JOURNAL en partie double un débiteur et un créancier dans chaque article (15), dont la formule ne varie pas (18).

31. Le principe unique et fondamental est de débiter celui qui reçoit et de créditer celui qui donne (17).

32. On est convenu de ne pas débiter ou créditer le négociant sous son nom propre, mais bien sous celui des comptes généraux, qui le représentent, sous le nom de MARCHANDISES GÉNÉRALES, CAISSE, EFFETS A RECEVOIR, EFFETS A PAYER, PERTES ET PROFITS, lorsqu'il reçoit ou donne des marchandises, de l'argent, des effets, et quand il fait un bénéfice ou une perte (20).

En conséquence, pour appliquer cette convention,

33. Il faut débiter :

Le compte de MARCHANDISES GÉNÉRALES, toutes les fois qu'on reçoit ou qu'il entre des marchandises ;

Le compte de CAISSE, toutes les fois qu'on reçoit ou qu'il entre de l'argent ;

Le compte d'EFFETS A RECEVOIR, toutes les fois qu'on reçoit ou qu'il entre des effets à recevoir (*a*) ;

Le compte d'EFFETS A PAYER, toutes les fois qu'on reçoit ou qu'il entre des effets à payer (*b*) ;

Le compte de PERTES ET PROFITS, toutes les fois qu'on éprouve une perte (*c*) ;

34. Au contraire, il faut créditer :

Le compte de MARCHANDISES GÉNÉRALES, toutes les fois qu'on donne ou qu'il sort des marchandises ;

Le compte de CAISSE, toutes les fois qu'on donne ou qu'il sort de l'argent ;

Le compte d'EFFETS A RECEVOIR, toutes les fois qu'on donne ou qu'il sort des effets à recevoir ;

Le compte d'EFFETS A PAYER, toutes les fois qu'on donne ou qu'il sort des effets à payer ;

Le compte de PERTES ET PROFITS, toutes les fois qu'on fait un bénéfice (*d*) ;

(*a*) Traites, mandats ou billets à recevoir ; la désignation générale d'*effets* à recevoir les comprend tous.

(*b*) Billets, acceptations, traites, mandats à payer ; la désignation générale d'*effets* à payer les comprend tous.

(*c*) Parce qu'on est censé avoir reçu le montant de la perte.

(*d*) Parce qu'on est censé avoir donné le montant du bénéfice.

35. Dans les articles *composés* (21), comprenant achat ou vente avec le payement immédiat, on ne doit ni débiter ni créditer l'individu qui achète ou vend, paye ou reçoit à l'instant son prix ; mais il faut débiter celui des comptes généraux où il entre une valeur, et créditer celui des comptes généraux d'où sort la valeur fournie en échange (22).

36. En résumé et pour formuler le principe fondamental d'une manière générale :

La personne qui reçoit, ou le compte général ouvert à l'objet qu'on reçoit, doit toujours à la personne qui donne, ou au compte général ouvert à l'objet qu'on donne.

Tel est le seul principe ou le petit nombre de règles sur lequel repose la tenue des livres en partie double, cette méthode qu'on a mal à propos considérée jusqu'à présent comme abstraite et difficile.

Ici finit la théorie ; car tout ce qui va suivre ne se compose que des développements nécessaires et de l'application à tous les cas d'une pratique réelle.

37. Un teneur de livres, dans une maison de commerce, reste le plus souvent étranger, dans son bureau, aux affaires qui se traitent à la bourse, au magasin, dans le cabinet ou partout ailleurs ; on lui donne seulement connaissance des opérations consommées, par un livre, appelé *Mémorial*, où tout le monde les inscrit en note sans aucune méthode : l'office du teneur de livres consiste à passer écriture de ces simples notes sur le JOURNAL, dans la forme et selon les principes de la partie double, pour les reporter ensuite du JOURNAL au GRAND-LIVRE.

Nous allons donner un Mémorial d'affaires réelles, pour en passer écriture comme le ferait un teneur de livres ; il renferme tous les cas généraux qui peuvent se présenter dans la pratique des affaires, et les difficultés y sont graduées.

PRATIQUE.

A l'aide du petit nombre de principes développés dans la théorie que renferment les pages précédentes, nous allons passer écriture au Journal des affaires qui suivent, et qu'on suppose avoir été inscrites en note sur un *mémorial*.

Cette suite d'exemples représenterait très-exactement un *mémorial*, si l'on en supprimait les raisonnements placés à la suite des articles qui doivent, dans la réalité, se succéder sans interruption.

MÉMORIAL

38. ——————— DU 1er JUILLET 1847. ———————

J'ai acheté à Paul 10 balles de laine à 400 fr. l'une, payables (*a*) en espèces dans le courant du mois. 4000 fr.

[Dans cette opération, qui est-ce qui reçoit? C'est moi, sous le nom de *Marchandises générales* (32) ; donc le compte de Marchandises générales doit être débité (33). Qui est-ce qui donne? C'est Paul, donc il doit être crédité (31).] Et j'écris au Journal.

Marchandises générales à Paul, fr. 4,000, pour, etc.

Il faut voir cet article rédigé au Journal: art Ier, page Ire du Journal.

39. ——————— DU 10 JUILLET. ———————

J'ai acheté à Paul une balle de laine, et je la lui ai payée en espèces . . . . 1000 fr.

[Dans cet article *composé* (21), qui est-ce qui reçoit? C'est moi sous le nom de *Marchandises générales*, ou, plus brièvement, c'est *Marchandises générales ;* donc il faut les débi-

(*a*) Il faut faire attention dans les exemples proposés de ne pas confondre le mot *payable* avec le mot *payé :* car *payable* est une promesse de faire, dont on ne passe aucune écriture ; mais, au contraire, le mot *payé* annonce un fait accompli, qui donne lieu à des écritures.

ter (33). Qui est-ce qui donne? C'est Paul, mais je ne dois pas le créditer; car il ne lui est rien dû, puisque je lui ai immédiatement remis son paiement en espèces : je créditerai donc, à sa place, le compte général de *Caisse*, qui a donné l'argent fourni en échange. Et j'écris :

MARCHANDISES GÉNÉRALES à CAISSE, fr. 1,000, *pour achat*, etc., etc. (Voir le Journal, art. 2.)

Il faudrait revoir ce qui a été déjà dit sur les articles composés (21), si le raisonnement précédent ne paraissait pas assez compréhensible.

40. —————— DU 15 JUILLET. ——————

J'ai acheté une balle de laine à Paul, et je la lui ai payée avec mon billet à son ordre à 4 mois . . . . . . 1000 fr.

[Dans cet article composé, qui est-ce qui reçoit? C'est le compte de *Marchandises générales;* donc il faut le débiter (33). Qui est-ce qui donne? C'est le compte d'*Effets à payer*, qui fournit le billet donné de suite en paiement à Paul; donc il faut créditer le comte d'*Effets à payer* (34).]

[Quant à Paul, il ne doit être ni débité, ni crédité; puisqu'il est payé (35).] Et j'écris :

MARCHANDISES GÉNÉRALES à EFFETS A PAYER, fr. 1,000, *pour achat*, etc., etc. (Voir au Journal, art. 3.)

41. —————— DU 16 JUILLET. ——————

J'ai acheté aux suivants ce qui suit, payable au comptant dans le courant du mois :

A Durand, 175 quintaux de farine à 20 fr. le quintal. 3500 fr.

A Lebrun, 180 kilogrammes de sucre à 2 fr. le kilogramme. . . . . 360 fr.

3860 fr.

[Ici, qui est-ce qui reçoit? C'est le compte de *Marchandises générales;* donc il faut le débiter (33). Qui est-ce qui donne? C'est Durand et Lebrun; donc il faut les créditer (31).] Et écrire au Journal :

MARCHANDISES GÉNÉRALES à DIVERS ou bien aux SUIVANTS, etc. (Voir au Journal, art. 4.)

S'il y a une légère différence dans l'arrangement de cet article au Journal, c'est pour éviter d'en faire deux articles ordinaires séparés; mais la somme du débiteur unique est toujours égale aux sommes réunies des deux créanciers.

42. ——————— DU 17 JUILLET. ———————

J'ai vendu à Durand 10 balles de laine à 440 fr. chacune, payables dans le courant du mois prochain. . . 4400 fr.

[Qui est-ce qui reçoit? C'est Durand; donc il faut le débiter (31). Qui est-ce qui donne? C'est *Marchandises générales*, donc il faut les créditer (34).] Et écrire au Journal, etc. (Voir art. 5.)

43. ——————— DU 20 JUILLET. ———————

J'ai vendu à Durand une balle de laine, qu'il m'a payée en espèces. . . . . 1100 fr.

[Dans cet article composé (21), qui est-ce qui reçoit? C'est moi, sous le nom de *Caisse*, l'argent de ma pièce de drap; donc il faut débiter la *Caisse* (33). Qui est-ce qui donne? Ce sont les *Marchandises générales*, qui ont fourni le drap vendu; donc il faut créditer le compte de *Marchandises générales* (34).] Et écrire au Journal :

CAISSE à MARCHANDISES GÉNÉRALES, fr. 1,100, etc., etc. (Voir art. 6).

Durand ne doit être ni débité ni crédité, puisqu'il m'a payé immédiatement (35).

44. ——————— DU 21 JUILLET. ———————

J'ai vendu à Durand une balle de laine, qu'il m'a payée en son billet à mon ordre à six mois. . . . . . 1200 fr.

[Dans cet article composé, qui est-ce qui reçoit? C'est moi, sous le nom d'*Effets à recevoir*, le billet souscrit par

Durand; donc il faut débiter *Effets à recevoir* (33). Qui est-ce qui donne? C'est moi, sous le nom de *Marchandises générales,* la pièce de drap vendue; donc il faut créditer *Marchandises générales* (34).] Et écrire au Journal, art. 7.

Quant à Durand, il ne doit être, encore dans cet échange, ni débité, ni crédité; puisqu'il a immédiatement payé son achat par un billet (35).

45. ——— DU 25 JUILLET. ———

J'ai vendu aux suivants ce qui suit, payable dans le courant :

A Paul, 175 quintaux de farine à 31 fr. le 0/0.	5425 fr.
A Garnier, 180 kil. de sucre à 3 fr.	540
	5965 fr.

[Qui est-ce qui reçoit? Paul et Garnier; donc il faut les débiter (36). Qui est-ce qui donne? C'est le compte de *Marchandises générales;* donc il faut créditer *Marchandises générales* (36).] Et écrire au Journal, art. 8.

46. ——— DU 26 JUILLET. ———

J'ai acheté à Paul 4 pièces de toile de Hollande, que je lui ai payées en mon billet à son ordre au 4 septembre. 945 fr.

[Dans cet article composé, qui est-ce qui reçoit? Ce sont les Marchandises; donc il faut les débiter (36). Qui est-ce qui donne? Ce sont les Effets à payer qui donnent le billet fourni en payement; donc il faut les créditer (36).] Et écrire au Journal, art. 9:

Paul ne doit être ni débité ni crédité (35).

47. ——— DU 28 JUILLET. ———

J'ai vendu aux suivants ce qui suit :

A Ménard, 2 pièces de toile payables en son billet à mon ordre à 3 mois de date.	763 fr.
A Beaufond, 2 pièces de toile payables de la même manière.	607 fr.
	1370 fr.

[Qui est-ce qui reçoit? Ménard et Beaufond; donc il faut les débiter (36). Qui est-ce qui fournit? Ce sont les Marchandises générales; donc il faut les créditer (36).] Et écrire au Journal :

DIVERS à MARCHANDISES GÉNÉRALES, fr. 1,370, etc. (Voir art. 10.)

Il y a une petite différence d'arrangement dans cet article au Journal, pour éviter d'en faire deux articles ordinaires; mais les sommes réunies des deux débiteurs sont toujours égales à celle du créancier unique.

48. ——— DU 31 JUILLET. ———

Les suivants m'ont remis leurs billets ci-après :

Ménard, son billet à mon ordre au 31 octobre.	763 fr.
Beaufond, son billet à mon ordre au 31 octobre.	607 fr.
	1370 fr.

[Qui est-ce qui reçoit? C'est moi, sous le nom d'*Effets à recevoir* (32), ou, plus brièvement, c'est le compte d'*Effets à recevoir;* donc il faut le débiter (36). Qui est-ce qui donne? C'est Ménard et Beaufond; donc il faut les créditer (36).] Et écrire au Journal, art. 11.

49. ——— DU 1er AOUT. ———

Durand m'a compté en espèces le montant des 10 balles de laine à lui vendues le 17 du mois dernier. . 4,400 fr.

[Qui est-ce qui reçoit? C'est la *Caisse;* donc il faut la débiter. Qui est-ce qui donne? C'est Durand; donc il faut le créditer.] Et écrire au Journal, art. 12.

Dans cet article simple, Durand est crédité parce que la vente ne s'est pas faite aujourd'hui; elle a été conclue le 17 juillet précédent, époque où les Marchandises générales ont été déjà créditées, et Durand débité de son achat : il faut donc le créditer pour balancer son compte, maintenant qu'il nous paye.

50. ——— DU 5 AOUT. ———

J'ai acheté à Garnier 6 caisses d'indigo du Bengale pesant 777 kilogr. à 20 fr. le kilogr., payables dans le courant du présent mois. . . . . 15540 fr.

[Je reçois des marchandises; donc il faut débiter le compte de Marchandises générales (33). Garnier me les fournit, donc il doit être crédité (34);] et j'écris au Journal, art. 13.

51. ——— DUDIT. ———

J'ai vendu aux suivants ce qui suit :

A Paul 259 kilogr. d'indigo bengale à 24 fr. le kilogr., payables le 26 du courant. . . . . 6216 fr.

A Lebrun, 259 kilogr. indigo bengale à 24 fr. 6216 fr.

A Dupuy, 259 kilogr. idem à 22 fr. le kilogr., qu'il m'a payés comptant. . . . . 5698 fr.

18130 fr.

[Je fournis des marchandises, donc les Marchandises générales doivent être créditées (34). Paul et Lebrun les reçoivent sans les payer, donc ils doivent être débités (31). Mais Dupuy m'a payé comptant; donc il faut débiter la *Caisse* qui reçoit l'argent, et non Dupuy qui ne doit plus rien (35),] et écrire au Journal, art. 14.

52. ——— DU 6 AOUT. ———

Lebrun m'a remis son billet à mon ordre au 2 octobre, en payement des marchandises à lui vendues le 5 courant. 6216 fr.

[Je reçois un billet à recevoir le 2 octobre, donc le compte d'*Effets à recevoir* doit être débité (33); Lebrun, qui me l'a donné, doit être crédité (31).] J'écris au Journal, art. 15.

53. Il faut bien faire attention si le payement dont on passe écriture est opéré pour une vente faite à l'instant, ou,

au contraire, pour une vente conclue précédemment ; parce que, dans le premier cas, c'est un article composé qui donne lieu à créditer les Marchandises générales ; tandis que, dans le second, c'est un article simple où celui qui paye doit être crédité. En effet, ici, lors de la vente du 5 courant, les Marchandises générales ont déjà été créditées (art. 14 du Journal).

Règle générale. *Pour passer écriture d'une opération qui n'est que la suite d'une opération précédente, il faut remonter au premier article pour passer écriture du second en conséquence des écritures déjà faites.*

54. — DU 6 AOUT. —

J'ai acheté à Paul 4 pièces de toile de Frise payables en mes billets à son ordre à 3 et 6 mois. . . . . 8743 fr. 40 c.

[Je reçois des marchandises, Marchandises générales doivent être débitées. Paul, qui me les donne, et auquel je les dois jusqu'à ce que j'aie effectué ma promesse de les lui payer en mes billets, doit être crédité.] J'écris au Journal, art. 16.

55. — DUDIT. —

J'ai reçu en espèces des suivants pour le payement des marchandises à eux vendues le 20 du mois dernier :

De Paul.	5425 fr.
De Garnier.	540 fr.
	5965 fr.

[Je reçois de l'argent ; donc la *Caisse* doit être débitée (33). Paul et Garnier me le donnent pour payer des marchandises *précédemment* achetées, donc ils doivent être crédités (31).] J'écris au Journal, art. 17.

56. — DU 7 AOUT. —

J'ai remis à Paul mes 3 billets à son ordre en payement des 4 ballots de toile qu'il m'a vendus hier :

Mon billet à son ordre au 10 octobre. . . 2914 fr. 46 c.
Mon billet à son ordre au 26 octobre. . . 2914 fr. 46 c.
Mon billet à son ordre au 24 décembre prochain. . . . . 2914 fr. 48 c.

8743 fr. 40 c.

[J'effectue aujourd'hui la promesse que j'ai faite à Paul de lui donner mes billets, donc le compte d'*Effets à payer* doit être crédité (34); et Paul, qui les reçoit, doit être débité.] J'écris au Journal, art. 18.

57. ——— DU 10 AOUT. ———

J'ai compté en espèces 7860 aux ci-après nommés, en payement des marchandises que je leur ai achetées les 1er et 16 du mois dernier :

Payé à Paul. . . . . 4000 fr.
Payé à Durand. . . . . 3500 fr.
Payé à Lebrun. . . . . 360 fr.

7860 fr.

[J'ai donné de l'argent, la Caisse doit être créditée (34); Paul, Durand et Lebrun l'ont reçu; donc ils doivent être débités (31).] J'écris au Journal, art. 19.

58. ——— DU 11 AOUT. ———

J'ai vendu aux suivants ce qui suit :

A Durand, 1 pièce de toile qu'il m'a payée comptant, 2880 fr.

A Beaufond, 1 pièce de toile payable en son billet à mon ordre. . . . . 1793 fr.

A Ménard, 1 pièce de toile payable en papier sur Paris. . . . . 6000 fr.

10673 fr.

[Je vends des marchandises; donc il faut créditer Marchandises générales (34); Durand, qui les achète, devrait être débité s'il ne les payait aussitôt en espèces : ce qui m'oblige à débiter, à sa place, le compte de *Caisse* (35). Quant à Beaufond et Ménard, qui ne me payent pas, ils doivent être débités.] J'écris au Journal, art. 20.

59. ———— DU 13 AOUT. ————

J'ai acheté de Lebrun 28 barriques de gomme du Sénégal à 520 fr. la barrique, payables 6000 fr. en papier sur Paris, 6000 fr. en un billet, et 2581 fr. en argent :

Ensemble. . . . . 14581 fr.

[Je reçois des marchandises, donc Marchandises générales doivent être débitées (33). Lebrun les fournit, donc il faut le créditer (31).] J'écris au Journal, art. 21.

60. ———— DU 16 AOUT. ————

Les suivants m'ont remis ce qui suit, en payement des marchandises que je leur ai vendues le 11 courant :

Beaufond, son billet à mon ordre au 24 septembre. 1793 fr.

Ménard, sa traite à mon ordre sur André au 16 novembre. . . . . 6000 fr.

7793 fr.

[Je reçois un billet et une traite, qui sont pour moi des *Effets à recevoir;* donc le compte d'*Effets à recevoir* doit être débité (33). Beaufond et Ménard, qui me les donnent, doivent être crédités (31).] J'écris au Journal, art. 22.

61. ———— DU 19 AOUT. ————

[J'ai fourni à Lebrun ce qui suit, en payement des marchandises qu'il m'a vendues le 13 courant :

Mon billet à son ordre au 27 janvier prochain. 6000 fr.

La traite sur André de Lyon à mon ordre au 16 novembre. . . . . 6000 fr.

En espèces pour solde. . . . . 2581 fr.

14581 fr.

[Je vois que je donne mon billet que je dois payer le 27 janvier, la traite sur André, de Lyon, que j'aurais reçue le 16 novembre prochain, et enfin de l'argent; par conséquent les comptes d'*Effets à payer*, d'*Effets à recevoir* et de *Caisse* doivent être crédités (34). Lebrun, qui reçoit toutes ces valeurs, doit être débité (31).] J'écris au Journal, art. 23.

62. ——— DU 22 AOUT. ———

Paul m'a payé en espèces le montant des indigos à lui vendus le 5 courant. . . . . 6216 fr.

[Je reçois de l'argent, donc la Caisse doit être débitée. Paul me le donne, donc il faut le créditer.] J'écris au Journal, art. 24.

63. ——— DU 26 AOUT. ———

J'ai acheté à Garnier 250 caisses de prunes d'Ante, payables le 16 du mois prochain. . . . . 2123 fr.

[Je reçois des marchandises, *Marchandises générales* doivent être débitées. Garnier me les fournit, donc il faut le créditer.] J'écris au Journal, art. 25.

64. ——— DU 28 AOUT. ———

J'ai payé à Garnier en espèces le montant de sa facture du 5 courant. . . . . 15,540 fr.

[Garnier reçoit, donc il doit être débité. Je lui donne de l'argent, donc la *Caisse* doit être créditée.] J'écris au Journal, art. 26.

65. ——— DU 31 AOUT. ———

Les suivants m'ont payé leurs billets ci-après, échus ce jour.

Ménard, son billet à mon ordre. . . . . 763 fr.
Beaufond, son billet à mon ordre. . . . . . . 607 fr.

1370 fr.

[Je reçois de l'argent, donc la Caisse doit être débitée (33). Je donne ou rends contre cet argent les billets de Ménard et de Beaufond, donc le compte d'*Effets à recevoir* doit être crédité (34).] J'écris au Journal, art. 27.

Dans cet article composé, Ménard et Beaufond ne peuvent pas être crédités pour l'argent qu'ils donnent, puisqu'ils reçoivent en échange leurs billets.

66. Ainsi, *l'encaissement d'un billet à recevoir, ou le payement d'un billet à payer, qui n'est qu'un échange d'espèces contre un effet, donne lieu à un article au* Journal *dans lequel figurent seulement les comptes généraux de* Caisse *et d'*Effets à recevoir *ou* à payer, *sans que l'individu qui reçoit ou paye doive être débité ni crédité.*

67. —————— DU 2 SEPTEMBRE. ——————

J'ai vendu aux suivants 28 tonneaux de vin rouge de Bordeaux, payables comme suit :

A Darnay, 17 tonneaux à 600 fr., payables en son billet à mon ordre à 5 mois. . . . . 10200 fr.

A Ménard 11 tonneaux à 580 fr., payables à 4 mois ou à l'escompte de 3 p. 0/0. . . . . 6380 fr.

16580 fr.

[J'ai vendu des marchandises, Marchandises générales doivent être créditées. Darnay et Ménard, qui les ont reçues sans les payer ou régler immédiatement, doivent être débités.] J'écris au Journal, art. 28.

68. —————— DU 4 SEPTEMBRE. ——————

Darnay m'a fourni son billet à mon ordre au 31 janvier prochain, en payement des vins que je lui ai vendus le 2 courant. 10200 fr.

[Je reçois un effet à recevoir, donc le compte d'*Effets à recevoir* doit être débité. Darnay, qui me donne cet effet, doit être crédité.] J'écris au Journal, art. 29.

69. ——— DU 5 SEPTEMBRE. ———

J'ai payé mon billet, ordre Paul, échu ce jour. 945 fr.

[Je reçois ou il me rentre un billet à payer qui m'est rendu, donc le compte d'*Effets à payer* doit être débité (33). Je donne de l'argent, donc la *Caisse* doit être créditée (34).] J'écris au Journal, art. 30.

Ici Paul ne doit être ni débité ni crédité, car le payement d'un billet n'est que l'échange de ce billet contre de l'argent (66).

70. ——— DU 6 SEPTEMBRE. ———

Ménard m'a payé comptant sous l'escompte de 3 p. 0/0, les vins à lui vendus le 2 courant, s'élevant à 6380 fr.

En espèces.	6188 fr. 50 c.
Escompte qu'il a retenu.	191 fr. 40 c.
	6380 fr. 00 c.

DE L'ESCOMPTE (*a*).

71. L'escompte est une bonification accordée à celui qui paye comptant au lieu de payer à terme. L'escompte est un bénéfice pour celui qui paye ou qui le retient; c'est une perte pour celui qui reçoit et à qui l'escompte est retenu. Ainsi, dans tous les cas, l'escompte doit être porté au compte de Pertes et Profits.

[Dans cet exemple, qu'est-ce que je reçois? De l'argent; donc la *Caisse* doit être débitée, mais seulement de la somme de 6,188 fr. 60 c. qui y entre effectivement en numéraire. Qui est-ce qui donne? C'est Ménard; donc il faut le créditer, mais de la somme totale de 6,380 fr., quoique Ménard ne compte effectivement que 6,188 fr. 60 c., par la raison qu'il éteint réellement, avec cette somme diminuée de l'es-

(*a*) Voir Développements sur l'escompte, page 150, dans l'*Arithmétique commerciale* du même auteur, chez Langlois et Leclercq, libraires.

compte, une dette de 6,380 fr., et que son compte ayant été débité, dès le 2 courant, de la somme intégrale de 6,380 fr., il devient nécessaire de le créditer d'une somme égale pour balancer ce compte.

Quant à l'escompte de 191 fr. 40 c. retenu par Ménard sur les espèces pour prompt payement, il faut en débiter le compte de Pertes et Profits; car cette retenue est bien réellement une perte pour moi (33).] J'écris au Journal :

Divers a Ménard, fr. 6,380 *qu'il m'a payés sous escompte pour solder son achat du 2 courant.*

Caisse, 6,188 fr. 60 c. *reçus dudit en espèces.* . . . . 6188 fr. 60 c.

Pertes et Profits, 191 fr. 40 c. *escompte de 3 p. 0/0 qu'il m'a retenu.* . . . . 191 fr. 40 c.

6380 fr. 00 c.

72. —————— du 8 septembre. ——————

J'ai vendu à Bulton pour 1000 fr. d'indigos avariés, payables à 6 mois de terme. Cependant il a préféré me les payer comptant sous l'escompte de 3 pour 0/0, s'élevant à 30 fr.; reçu net : 970 fr.

[Je reçois de l'argent; la Caisse doit être débitée, mais seulement de la somme de 970 fr. qui y entre en espèces. Je donne des marchandises; les Marchandises générales doivent être créditées seulement aussi de 970 fr., parce que je dois considérer l'escompte retenu comme une diminution du prix de vente.

On pourrait débiter Pertes et Profits de cet escompte perdu, et créditer alors Marchandises générales de 1,000 fr.; mais ce sont des écritures inutiles qu'il convient toujours d'abréger.] J'écris au Journal, art. 32.

73. Règle générale. *On ne débite et crédite le compte de marchandises générales, que du montant net reçu ou payé pour leur vente ou leur achat. On ne passe nulle écriture ni du bénéfice partiel fait dans chaque opération, ni de l'escompte ga-*

gné ou perdu sur une facture, ni des faux frais divers, qu'il faut toujours considérer comme augmentation ou diminution du prix d'achat ou de vente.

74. — DU 10 SEPTEMBRE. —

J'ai vendu aux suivants ce qui suit, payable en leur billet à mon ordre à 4 mois :

A Nanteuil, 80 caisses de prunes d'Ante pour	1029 fr.
A Royer, 100 caisses de prunes d'Ante pour	1024 fr.
A Villeneuve, 70 caisses de prunes d'Ante pour	540 fr.
	2593 fr.

[J'ai vendu des marchandises, donc *Marchandises générales* doivent être créditées. Nanteuil, Roger et Villeneuve, qui ont reçu ces marchandises, doivent être débités.] J'écris au Journal, art. 33.

75. — DU 13 SEPTEMBRE. —

J'ai payé en espèces à Garnier le montant de la facture du 26 du mois dernier, s'élevant à. . . . . 2123 fr.

[Je donne de l'argent, la Caisse doit être créditée ; et Garnier, qui le reçoit, doit être débité.] J'écris au Journal, art. 34.

76. — DUDIT. —

Les suivants m'ont fourni ce qui suit :

Nanteuil, son billet à mon ordre à 4 mois. . .	1029 fr.
Villeneuve m'a payé en espèces.	540 fr.
	1569 fr.

Je reçois un effet à recevoir et de l'argent, donc les *Effets à recevoir* et la *Caisse* doivent être débités. Nanteuil et Villeneuve me donnent ces valeurs, donc ils doivent être crédités.

Comme il y a plusieurs débiteurs et plusieurs créanciers dans cet article, l'arrangement doit en être différent ; et il donne lieu à ce qu'on appelle un *Divers à divers*, ainsi conçu :

Divers à divers, 1569 fr. pour ce qui suit, reçu des suivants :

Effets à recevoir, 1029 fr. pour le billet de Nanteuil à mon ordre à 4 mois qu'il m'a remis. . . . . 1029 fr.

Caisse, 540 fr. pour espèces reçues de Villeneuve . . . . 540 fr.

1569 fr.

A Nanteuil, 1029 fr. reçus dudit en son billet ci-dessus. 1029 fr.

A Villeneuve, 540 fr. qu'il m'a remis en espèces. 540 fr.

1569 fr.

77. Ces articles de *Divers à Divers* ne diffèrent des autres que par l'arrangement : ainsi, après avoir posé d'abord l'intitulé Divers à Divers, on place successivement tous les comptes débiteurs sans s'occuper des créanciers, et l'on renferme le montant des sommes dues par les débiteurs dans la colonne intérieure entre deux lignes à l'encre; ensuite on écrit successivement tous les comptes des créanciers, dont on sort le montant dans la colonne extérieure (*a*) (voir art. 35).

Ces articles sont peu usités dans la pratique, parce qu'ils ne produisent aucune abréviation réelle, et n'ont pas la même clarté que les articles ordinaires.

78. ——— DU 15 SEPTEMBRE. ———

Boyer m'a remis son billet à mon ordre à 4 mois. 1024 fr.

[Je reçois un effet à recevoir, donc Effets à recevoir doivent être débités; et Boyer, qui me le donne, doit être crédité.] J'écris au Journal, art. 36.

79. ——— DU 16 SEPTEMBRE. ———

J'ai acheté à Lebrun 32 tonneaux de vin de Médoc, à 1180 fr. le tonneau. . . . . 37760 fr.

Frais divers et de transport. . . . . 1206 fr.

38966 fr.

(*a*) Puisque dans les articles ordinaires, où il y a un débiteur et un créancier, on ne sort qu'une seule fois la somme, il en doit être de même dans les articles de *Divers à Divers*.

[Je reçois des marchandises avec 1206 fr. de frais, les Marchandises générales doivent être débitées de 38966 fr.; et Lebrun, qui les fournit, doit être crédité.] J'écris au Journal, art. 37.

On a débité les Marchandises générales des frais de transport et autres, *parce que tous les frais divers doivent être considérés comme une augmentation du prix que ces marchandises coûtent.*

80. *En conséquence, le compte de Marchandises générales doit toujours être débité des frais quelconques faits aux marchandises qu'on achète.*

81. ——— DU 24 SEPTEMBRE. ———

Morton et Compagnie, de l'île Bourbon, m'ont expédié, sur le navire *le Duc de Bordeaux*, une cargaison de café s'élevant à 2000 fr., en payement desquels ils ont tiré sur moi une traite que j'ai acceptée. . . . . 2000 fr.

J'ai fait assurer ces marchandises et payé la prime s'élevant à. . . . . 100 fr.

2100 fr.

[Je débite Marchandises générales du prix des marchandises que je reçois, et aussi des frais faits à leur réception (80) ; je crédite les Effets à payer et la Caisse d'où sortent les valeurs qui ont servi au payement (35).] J'écris au Journal, art. 38.

82. ——— DUDIT. ———

J'ai vendu aux suivants 20 tonneaux de vin de Sauterne, payables en leurs billets à six mois.

A Nanteuil, 5 tonneaux à 2160 fr.	10800 fr.	
Frais de conditionnement à sa charge	219 fr.	11019 fr.
A Ménard, 15 tonneaux à 1375 fr.	20625 fr.	
Frais divers à sa charge.	307 fr.	20932 fr.
		31951 fr.

[Je débite les acheteurs des frais comme du prix, puisqu'ils sont à leur charge; je crédite Marchandises générales du prix, et aussi des frais, parce qu'ils sont considérés ici comme augmentation du prix de vente.] J'écris au Journal, art. 39.

83. —————— DU 24 SEPTEMBRE. ——————

Encaissé le billet de Beaufond échu ce jour. 1793 fr. 50 c.

[*Encaisser* un billet veut dire recevoir en argent le montant de ce billet, aussi la *Caisse* doit être débitée. Je donne ou rends en échange le billet à recevoir acquitté, donc le compte d'*Effets à recevoir* doit être crédité (66).] J'écris, art. 40.

84. —————— DU 25 SEPTEMBRE. ——————

Les suivants m'ont payé comme suit, les marchandises à eux vendues le 24 courant.

Nanteuil, en son billet à mon ordre au 17 juin.		11019 fr.
Ménard, en son billet à mon ordre au 22 janvier.	17407 fr.	
En espèces pour solde.	3525 fr.	20932 fr.
		31951 fr.

[Je reçois deux billets à recevoir et de l'argent, donc les comptes d'*Effets à recevoir* et de *Caisse* doivent être débités. C'est Ménard et Nanteuil qui me donnent ces valeurs, donc il faut les créditer.] J'écris *Divers à Divers*, etc., art. 41.

85. —————— DU 26 SEPTEMBRE. ——————

J'ai remis à Lebrun ce qui suit, en payement de la facture des marchandises qu'il m'a vendues le 16 du courant :

Le billet de Ménard à mon ordre au 22 janvier.	17407 fr.
Le billet de Nanteuil au 17 juin.	11019 fr.
Mon billet à son ordre au 20 mars.	5000 fr.
En espèces pour solde.	5540 fr.
	38966 fr.

[Je donne des billets à recevoir, un billet à payer et de l'argent; donc les comptes d'*Effets à recevoir*, d'*Effets à payer* et de *Caisse* doivent être crédités. Lebrun, qui reçoit ces valeurs, doit être débité.] J'écris au Journal, art. 42.

86. ——— DU 30 SEPTEMBRE. ———

J'ai négocié à Didier le billet de Darnay de 10200 fr. au 31 janvier prochain, à l'escompte de 3 pour 0/0 et 32 fr. 30 c. de courtage.

Montant du billet.		10200 fr.
A DÉDUIRE.		
Escompte	102 fr.	
Courtage	32 fr. 30 c.	134 fr. 30 c.
Net produit.		10065 fr. 70 c.

DE LA NÉGOCIATION DES EFFETS.

87. Négocier un billet c'est l'échanger ou le vendre pour recevoir de l'argent avant l'époque de son échéance, moyennant une perte nommée escompte, que l'on subit pour le temps qui reste à courir jusqu'à l'échéance du billet.

Cet escompte est porté au compte de Pertes et Profits. Ainsi, dans l'exemple proposé, je reçois de l'argent; donc la Caisse doit être débitée, mais seulement des 10,065 fr. 70 c. qui entrent en numéraire dans la caisse.

J'éprouve une perte ou réduction par l'escompte qui m'est retenu, s'élevant à 134 fr. 30 c.; donc Pertes et Profits doivent en être débités (33).

Le compte d'Effets à recevoir fournit le billet de 10,200 fr. il doit être crédité de cette somme. J'écris au Journal, *Divers*, à *Effets à recevoir*, 10200 fr., *etc.*, *etc...*, art. 43.

Didier ne doit être ni débité ni crédité; car, en échange de son argent, il a reçu de moi une valeur (85). 44

88. ——— DU 30 SEPTEMBRE. ———

J'ai escompté à James une acceptation de Bosc et Compagnie au 15 février prochain, à 3 pour 0/0 l'an, de 1000 fr.

Escompte que j'ai retenu. . . . . 7 fr. 50 c.

Net en espèces. . . . . 992 fr. 50 c.

DE L'ESCOMPTE DES EFFETS.

89. Escompter un billet, c'est changer ou acheter un billet pour de l'argent, moyennant un escompte qui est un gain pour l'escompteur, puisqu'il le retient sur la somme à payer : il faut donc en créditer le compte de Pertes et Profits (34).

[Je reçois un billet de 1000 fr., donc le compte d'Effets à recevoir doit être débité de 1000 fr. Je donne seulement 992 fr. 50 c. d'argent; il faut en créditer la Caisse et créditer aussi Pertes et Profits des 7 fr. 50 c. de différence ou escompte que je gagne.] J'écris au Journal : *Effets à recevoir, à Divers, etc., etc.*, art. 44.

Il y a une seconde manière de passer écriture de l'escompte et de la négociation des billets ; elle est plus abrégée, mais n'est en usage que chez les escompteurs ou banquiers. Il en sera traité au Mémorial, 2e série, art. sous la date du 21 décembre.

90. ——— DU 30 SEPTEMBRE. ———

J'ai fait à Lafond un billet de complaisance de 1000 fr., à son ordre au 31 décembre. . . . . 1000 fr.

[Je souscris un billet, Effets à payer doivent être crédités (34); Lafond, à qui je le remets, doit être débité.] J'écris au Journal, art. 45.

DU COMPTE DE PERTES ET PROFITS.

91. Le compte de PERTES ET PROFITS est celui où doivent se réunir, au débit, les pertes de tout genre, et, au crédit, toutes les sortes de bénéfices sans aucune exception.

Ainsi, il faut débiter ce compte toutes les fois qu'on fait une perte (33) ; par la raison qu'on est censé avoir *reçu* la valeur représentative de cette perte.

Par exemple quand on reçoit une somme de 100 fr. sous la retenue d'un escompte de 5 fr., on débite Pertes et Profits de cette retenue ou perte de 5 fr., parce qu'on est censé avoir reçu les 5 fr. qui nous ont été cependant retenus.

92. On crédite au contraire le compte de Pertes et Profits toutes les fois qu'on recueille un bénéfice (34), parce que l'on est censé avoir *donné* la valeur qui constitue ce bénéfice.

Supposons, pour exemple, que nous payons une somme de 100 fr. en retenant nous-mêmes un escompte de 5 fr.; il faut créditer le compte de Pertes et Profits de ce gain, par la raison qu'on est censé avoir *donné* les 5 fr. qu'on a cependant retenus.

On voit par ce qui précède que le débit du compte de Pertes et Profits ne se compose uniquement que des pertes, et le crédit que des bénéfices.

Dans l'origine on avait sans doute un compte particulier de PERTES, et un second compte séparé de PROFITS. Mais le premier n'ayant d'articles qu'à son débit, sans rien au crédit, et le second ayant au contraire des articles au crédit, sans rien au débit, on a jugé à propos de réunir ces deux comptes en un seul, intitulé PERTES ET PROFITS, où cependant les pertes et les gains ne peuvent pas se confondre, puisque les premières sont constamment notées au débit, et les derniers sont toujours inscrits au crédit. Ce compte est souvent appelé PROFITS ET PERTES, mais les deux mots qui composent cet intitulé ne se trouvent pas rangés dans leur ordre naturel; puisque PROFITS y précède PERTES; tandis qu'au GRAND-LIVRE ce sont les pertes, portées au débit, qui précèdent au contraire les profits inscrits au crédit.

Cet ordre interverti jette dans l'esprit des élèves un peu d'obscurité sur le compte de profits et pertes. C'est pourquoi nous préférons la dénomination, dans l'ordre naturel, de PERTES ET PROFITS, comme étant à la fois plus claire et plus méthodique.

EXEMPLES SUR LES PERTES ET PROFITS.

93. ——— DU 30 SEPTEMBRE. ———

Lafond, qui me devait 1000 fr., étant tombé en faillite, j'ai signé son concordat où il donne 20 pour cent, qu'il m'a payés comptant. . . . . 200 fr.

[Je reçois 200 fr. en espèces, donc la Caisse doit en être débitée. Mais Lafond, qui me les donne, doit être crédité de 1000 fr., afin de solder son compte qui est débité de cette somme; car il éteint, en réalité, avec 200 fr., d'après le concordat, sa dette de 1000 fr. : ce qui m'oblige à clore ou balancer son compte. Je fais ainsi une perte de 800 fr., que je suis censé recevoir; donc Pertes et Profits doivent être débités (91).] Et j'écris au Journal (art. 46).

94. ——— DUDIT. ———

J'ai vendu à livrer, d'ordre et pour compte de Johnson de New-York, des blés pour une somme de 180000 fr., sur laquelle il m'alloue une commission de 2 pour cent qu'il m'a fait compter en espèces par son banquier. . . . 3600 fr.

[Je reçois de l'argent, donc la Caisse doit être débitée; cette commission est un bénéfice, donc le compte de Pertes et Profits doit être crédité (34).] Et j'écris au Journal (art. 47).

95. ——— DUDIT. ———

J'ai hérité, ou j'ai gagné au jeu, dans un pari, ou bien mon père m'a fait cadeau en espèces de. . . . 10000 fr.

[Je reçois de l'argent, la Caisse doit être débitée. J'ai hérité, j'ai gagné, ou l'on m'a fait un cadeau, dans tous ces cas c'est un bénéfice; donc il faut créditer Pertes et Profits. J'écris au Journal (art. 48).

Je ne dois pas créditer celui qui me fait présent, dont j'hérite, à qui je gagne; car le créditer ce serait écrire que je lui dois : or, je ne lui dois rien, puisqu'il m'a fait un don, j'en hérite, ou je le gagne.]

96. ——— DU 30 SEPTEMBRE. ———

On a dérobé dans ma caisse, j'ai perdu au jeu, dans un pari, ou j'ai fait présent à ma sœur de. . . . . 1000 fr.

[Il sort de ma caisse 1000 fr., donc il faut la créditer; et il faut débiter Pertes et Profits de cette somme qu'on m'a dérobée, que j'ai perdue, ou dont j'ai fait présent à ma sœur. J'écris au Journal (art. 49).

Je ne débite pas ma sœur, ou celui que je gratifie; car c'est un don que je leur fais, pour lequel ils ne me doivent rien.

97. ——— DUDIT. ———

J'ai payé le trimestre de la rente viagère que je fais à la veuve Laforêt. 500 fr.

[Je donne de l'argent, la Caisse doit être créditée; c'est pour une rente viagère que je sers, qui est une charge ou une perte; donc il faut débiter Pertes et Profits, et écrire au Journal (art. 50).]

98. ——— DUDIT. ———

J'ai payé mes dépenses diverses, savoir :

Pour mes frais de maison. . . . . 1000 fr.

Pour mes dépenses personnelles. . . . . . . 500 fr.

Pour les frais généraux de patentes, impôts, appointements, ports de lettres. . . . . 1000 fr.

[Tous ces débours qui ne doivent pas me rentrer sont des pertes pour moi, donc je débite le compte de Pertes et Profits. La Caisse, qui fournit l'argent pour les payer, doit être créditée.] Et j'écris au Journal (art. 51).

99. Dans la pratique, on ne se contente pas d'un seul compte de pertes et profits, on tient en outre plusieurs autres comptes pour les différentes espèces de pertes, de dépenses ou de gains, qu'il importe de connaître en particulier.

Ainsi, on ouvre des comptes de *frais généraux*, de *frais de maison*, de *dépenses personnelles*, d'*assurances*, de *com-*

mission, etc., etc., afin de savoir à combien s'élève en particulier chacune de ces dépenses, ce qu'on ne pourrait voir en les laissant confondues dans le compte général de pertes et profits.

Il sera traité de ces divers comptes au chapitre des subdivisions du compte de Pertes et Profits.

DES PAYEMENTS OU RECETTES POUR COMPTE.

100. Lorsque nous donnons ordre à un correspondant de payer pour *notre compte* à un tiers, il faut *créditer* ce correspondant de la somme qu'il paye pour notre compte.

Il faut également le *débiter* de tout ce qu'il reçoit pour *notre compte.*

101. Lorsqu'au contraire on reçoit ordre d'un correspondant de payer pour *son compte* à un tiers, il ne faut pas débiter le tiers qui reçoit, et qui nous est étranger, mais bien le correspondant pour le *compte* duquel on paye.

Quand on reçoit pour le *compte* d'un correspondant, c'est ce correspondant qu'on crédite et non le tiers étranger qui fait le versement.

En un mot, dans toutes les opérations où l'on agit *pour compte* d'autrui il faut débiter ou créditer celui pour le compte duquel on opère.

102. ——————— DU 30 SEPTEMBRE. ———————

J'ai donné ordre à Arnauld, de Londres, de payer pour mon compte, à Williams, le prix d'un cheval anglais. 2000 fr.

[Arnauld, qui paye pour mon compte, doit être crédité (100), et je débite Pertes et Profits du prix d'achat du cheval, parce que c'est une dépense (33.)] J'écris au Journal (art. 52).

103. ——————— DUDIT. ———————

Arnauld m'a donné ordre de payer pour son compte à son sellier Guetting 2000 fr., que je lui ai comptés. 2000 fr.

[Je paye pour compte d'Arnauld, donc il faut le débiter

(101), et non le sellier Guetting, qui ne nous doit rien et nous est étranger. Je crédite la Caisse.] Et j'écris (art. 53).

104. ——— DU 30 SEPTEMBRE. ———

Forbin est venu verser chez moi, pour compte d'Arnauld, la somme de 1000 fr. en espèces. . . . . 1000 fr.

[Je reçois de l'argent, la Caisse doit être débitée. C'est Forbin qui me le donne pour compte d'Arnauld; donc je crédite Arnauld (100), et non Forbin, qui nous est étranger.] Et j'écris au Journal (art. 54).

DES CRÉDITS OUVERTS OU DES LETTRES DE CRÉDIT (*a*).

105. Ce qu'on appelle *ouvrir un crédit* sur un correspondant, c'est donner à quelqu'un l'autorisation, par lettre, de recevoir chez ce correspondant une *somme déterminée.*

106. En conséquence il faut créditer le correspondant chez lequel on ouvre ce crédit, de la somme qu'il doit payer pour notre compte, comme on le créditerait d'un payement qu'il ferait pour nous, ou du montant d'une traite tirée sur lui.

Il faut débiter ce correspondant quand, au contraire, il ouvre à un tiers un crédit chez nous, et créditer ce tiers.

107. ——— DUDIT. ———

J'ai reçu de Villeneuve 1000 fr. pour lui ouvrir un crédit sur une maison de Londres; ce que j'ai fait en lui remettant une lettre de crédit sur Arnauld . . . . 1000 fr.

[La Caisse doit être débitée. Villeneuve, qui me donne de l'argent en échange de la lettre de crédit sur Arnauld, ne peut être crédité; mais c'est Arnauld que je crédite, puisqu'il payera en définitive, pour notre compte, le montant du crédit ouvert sur lui.) J'écris au Journal (art. 55).

(*a*) Dans le *Traité de correspondance commerciale* du même auteur, il est entré dans des développements jusqu'alors inédits sur les lettres de *crédit simple*, de *crédit circulaire*, *avec recommandation spéciale*, etc., etc.

108. — DU 30 SEPTEMBRE. —

Arnauld m'a écrit qu'il ferait honneur à ma lettre de crédit donnée à Villeneuve, et pour se rembourser il a ouvert lui-même un crédit sur moi à Bulton de pareille somme. 1000

[Bulton ayant un crédit sur moi dont il peut disposer à volonté, je lui dois. Il faut donc créditer son compte, et je débite Arnauld, pour compte de qui je vais faire ces payements. (106).] J'écris au journal (art 56).

109. — DUDIT. —

J'ai ouvert à Foissac un crédit sur Arnauld de 1000 fr.

[J'ouvre un crédit chez Arnauld, donc il faut créditer Arnauld (106) ; et je débite Foissac, en faveur duquel je l'ouvre.] J'écris au Journal (57).

110. — DUDIT. —

J'ai remis à Durieu mon billet à son ordre à 6 mois de 1000 fr., et j'ai reçu en échange le sien à mon ordre de pareille somme et à la même échéance. . . . . 1000 fr.

[Il entre un billet dans mon portefeuille, je débite les Effets à recevoir (33) ; je donne en échange un billet souscrit par moi, je crédite les Effets à payer (34).] Et j'écris au Journal (art. 58).

111. — DUDIT. —

J'ai reçu l'avis que Foissac, qui me devait 1000 fr., est mort insolvable à Londres. . . . . 1000 fr.

[Ne devant jamais rien recevoir des 1000 fr. qui me sont dus par Foissac, il faut clore son compte : ce que je fais en le créditant des 1000 fr. qui figurent au débit de son compte au Grand-Livre ; et comme c'est une perte pour moi, j'en débite Pertes et Profits (91).] J'écris au Journal (art. 59).

DU REPORT AU GRAND-LIVRE.

112. Les articles du Mémorial que l'on vient de *traduire*

en partie double, ou, plus simplement, dont on vient de passer écriture au Journal, doivent tous être reportés du Journal au Grand-Livre, de la manière suivante :

Il faut d'abord *ouvrir* sur le Grand-Livre tous les comptes (23) qui figurent dans les articles du Journal, tels que ceux de MARCHANDISES GÉNÉRALES, de CAISSE, et aussi ceux de DURAND, de PAUL, etc.

Ensuite on met, en marge du Journal et en face de chaque compte, le folio du Grand-Livre où ce compte est ouvert, comme on l'a fait à la première page du Journal modèle.

Quant aux barres pour séparer ces numéros, ce sont des détails inutiles qu'il convient d'abandonner.

Ces folios sont placés en marge pour faciliter le report des articles du Journal au Grand-Livre, et sont utiles au besoin pour la recherche des erreurs commises dans le report.

Ces préparatifs terminés, comme dans chaque article du Journal il y a un débiteur et un créancier (30), on va débiter au Grand-Livre le débiteur, c'est-à-dire écrire au débit de son compte, puis on va créditer le créancier, c'est-à-dire écrire à son crédit. Et voici dans quel arrangement :

1° Il faut, quand on reporte, soit au débit, soit au crédit, placer d'abord la date, c'est-à-dire écrire l'année, le mois et le chiffre du jour.

2° Après la date, mettre le nom, écrit en caractères saillants, du créancier précédé du mot *à*, si l'on reporte au débit, et le nom, au contraire du *débiteur*, précédé du mot *par* si l'on reporte au crédit.

3° Le faire suivre d'une explication très-brève, résumant le motif de ce débit ou de ce crédit ; car le Grand-Livre n'est qu'un extrait.

4° Mettre dans la petite colonne le folio du Journal où l'article se trouve inscrit ; pour y remonter au besoin, si l'on veut de plus amples détails.

5° Dans une seconde petite colonne on mettait autrefois le folio, au Grand-Livre, du débiteur ou du créancier ; mais on supprime maintenant cette colonne inutile, car au besoin on trouve ces folios dans la marge du Journal ou au répertoire du Grand-Livre.

6° Enfin on place la somme dans la colonne des sommes.

L'essentiel, en reportant au Grand-Livre, est d'avoir la plus grande attention de porter exactement la même somme, non-seulement au débit du débiteur, mais aussi au crédit du créancier.

EXEMPLE DU REPORT AU GRAND-LIVRE.

DU 1er JUILLET.

MARCHANDISES GÉNÉRALES A PAUL : 4000 fr. pour achat que je lui ai fait de 10 balles de laine à 400 fr. l'une, payables en espèces dans le courant du mois. . . . . 4000 fr.

On débite d'abord le compte MARCHANDISES GÉNÉRALES comme suit :

DOIVENT : MARCHANDISES GÉNÉRALES.

1847 juillet	1er	à PAUL, achat de 10 balles de laine	1	4000

Ensuite on crédite le compte de Paul comme suit :

PAUL. AVOIR.

1847 juillet	1er	Par MARCH. GÉN. pour 10 balles de laine	1	4000

Il n'est pas inutile de rappeler ici que le Grand-Livre n'a d'autre objet que de classer, dans un ordre plus méthodique et par compte, ce qui est confondu au Journal dans l'ordre seul de la date.

En effet, tous les articles d'argent, de marchandises, d'effets, de débit de Paul, de crédit de Durand, qui étaient pour ainsi dire pêle-mêle et confondus au Journal, seulement dans leur ordre de date, vont se trouver successivement classés au Grand-Livre, non-seulement par ordre de compte, mais encore par entrée et sortie, c'est-à-dire par débit et crédit, ce qui répand une grande clarté sur les opérations du négociant, et le guide parfaitement dans la marche de ses affaires.

Le report au Grand-Livre, qui consiste à recopier dans un autre ordre le Journal, seul livre essentiel, n'exige que de l'attention pour éviter les erreurs ; on s'aperçoit de ces erreurs, s'il y en a, par la balance de vérification, qu'il faut maintenant expliquer.

DE LA BALANCE DE VÉRIFICATION.

113. Il est d'usage de s'assurer, tous les trimestres ou tous les mois, si le report du Journal au Grand-Livre a été fait avec exactitude ; car ce travail, qui demande beaucoup d'attention, est sujet à de fréquentes erreurs, qui rendent le contrôle de la balance absolument nécessaire.

Ainsi, on peut reporter un article au débit du débiteur et oublier de le reporter aussi au crédit du créancier ; on peut également omettre un article entier du Journal, en ne le reportant ni au débit ni au crédit du Grand-Livre ; enfin on peut porter une somme pour une autre. Voici comment on s'assure que le report du Journal au Grand-Livre est exact :

On fait d'abord au Journal, à la fin du mois ou du trimestre, l'addition de tous les articles qui y sont inscrits.

Ensuite, au Grand-Livre, on additionne le débit de chacun des comptes qui y sont ouverts, et aussi le crédit de ces comptes.

Enfin on additionne, sur une feuille séparée, d'un côté tous les montants du débit de ces comptes, de l'autre tous les montants des crédits.

Le total général des débits doit être égal au total général des crédits, et chacun de ces totaux à l'addition du Journal.

En effet, le premier article du Journal étant ainsi conçu : MARCHANDISES GÉNÉRALES A PAUL, 1000 fr., on a rapporté cette somme au Grand-Livre ; premièrement au débit de MARCHANDISES GÉNÉRALES, secondement au crédit de PAUL.

Ainsi, la même somme de 1.000 fr. figure d'abord au

Journal, en second lieu au débit de MARCHANDISES GÉNÉRALES au Grand-Livre, et en troisième lieu au crédit de PAUL.

Il en est de même de tous les autres articles ; donc, si l'on fait l'addition 1° de toutes les sommes du Journal, 2° de toutes les sommes des débits du Grand-Livre, 3° de toutes les sommes des crédits du Grand-Livre, le montant de ces trois additions doit présenter exactement le même chiffre.

S'il existe une différence, c'est qu'évidemment on aura commis dans le report une erreur qu'il faudra rechercher en *pointant* tous les articles reportés du Journal au Grand-Livre. *Pointer*, c'est vérifier ou recommencer le report en mettant un *point* à côté des folios du journal et des sommes du Grand-Livre, quand le report est exact.

Si le montant du débit diffère seul du total du Journal, on n'a besoin que de pointer le débit ; au contraire, si la différence ne se trouve qu'au crédit, on pointe seulement le crédit.

Quand la balance de vérification est reconnue bonne, on fixe à l'encre les montants des débits et des crédits de chaque compte du Grand-Livre qu'on avait tracés provisoirement au crayon ; et on les place au-dessous d'une barre faite dans la colonne des sommes, sans en tirer une seconde au-dessous, parce que ce total devra être additionné avec les sommes des mois qui suivront.

Il en résulte que si le mois suivant la balance était inexacte, on n'aurait pas besoin de pousser la recherche de l'erreur au delà de ces totaux. Nous avons fait la balance de vérification à la fin des mois de juillet, d'août et de septembre, et nous continuerons à la faire pour tous les autres mois. On peut en observer le travail aux additions faites à la fin de chaque mois du Journal, à celles faites au débit et crédit de tous les comptes du Grand-Livre, enfin sur la feuille placée ci-contre, appelée *feuille de balance*, où toutes ces additions du Grand-Livre sont rapportées.

Ainsi, pour le mois de juillet, le montant du Journal s'élevait à 26210 fr. ; il est égal à celui des débits du Grand-Livre et aussi à celui des crédits, qui s'élèvent sur la *feuille séparée de balance* chacun à 26210 fr.

Il en est de même pour tous les mois suivants, où ces trois montants sont toujours égaux (*a*).

DE LA SUBDIVISION,

DES CINQ COMPTES GÉNÉRAUX.

114. Pour passer écriture des exemples précédents, nous avons fait usage seulement des cinq comptes généraux. Ils suffisent à la rigueur pour passer en partie double toute espèce d'opérations, puisqu'une opération quelconque peut être classée sous l'une de ces cinq dénominations générales. Mais, dans la pratique, on se sert ordinairement d'un plus grand nombre de comptes. On désire souvent connaître les bénéfices qu'on peut faire en particulier sur une branche importante de son commerce, sur les fers, par exemple, sur les vins, ou telle autre espèce de marchandise. Dans ce cas il devient nécessaire d'ouvrir en outre du compte de Marchandises générales, un compte spécial sous le nom de *fers*, de *vins*, ou sous toute autre dénomination.

Lorsqu'on achète une propriété et qu'on veut en connaître le revenu net, il faut également lui ouvrir un compte spécial.

Il est nécessaire encore d'ouvrir des comptes particuliers aux différentes natures de dépenses, sous les noms de *frais généraux*, *dépenses personnelles*, *frais de maison*, ou autres, pour savoir précisément à combien s'élève chacune de ces dépenses.

Enfin, on peut créer des comptes pour certaines particula-

(*a*) On a imaginé des feuilles gravées qui facilitent le travail de la balance. On en trouve chez Langlois et Leclercq, libraires, rue de la Harpe, 81.

rités de son commerce et sous autant de dénominations qu'on peut distinguer d'espèces différentes d'objets commerçables.

Mais un compte quelconque, quelle que soit d'ailleurs la dénomination qu'on jugera convenable de lui donner, ne peut être autre chose qu'une subdivision des cinq comptes généraux ou génériques qui nous sont déjà connus et, conséquemment, il devra être tenu sur les mêmes principes que le compte général dont il est la subdivision.

Ainsi, par exemple, on débitera le compte de *fers*, comme on l'a fait pour celui de Marchandises générales, toutes les fois qu'on *recevra* du fer, et il sera crédité, au contraire, toutes les fois qu'on en *fournira*.

Il n'est donc pas plus difficile de tenir une comptabilité dont les comptes sont plus nombreux, les dénominations plus variées, puisque les principes généraux restent les mêmes.

Nous allons indiquer successivement les subdivisions les plus usuelles des cinq comptes généraux.

SUBDIVISIONS DU COMPTE DE MARCHANDISES GÉNÉRALES.

115. Le compte des Marchandises générales a beaucoup de subdivisions ; en effet, on pourrait ouvrir un compte particulier à chacune des espèces de marchandises sur lesquelles on commerce ; mais il faut bien se garder de multiplier inutilement ces comptes ; on doit se contenter d'en ouvrir aux branches les plus importantes, et lorsqu'on tient absolument à connaître le gain particulier recueilli dans chacune.

On peut donc ouvrir les subdivisions suivantes :

1° Un compte de *laines*, de *fers*, de *vins*, etc., etc. ;

2° — de *rentes sur l'Etat*, d'*effets publics*, d'*actions*, etc., etc. ;

3° — de *marchandises en société* ou *en participation*, ou de *compte à 1/2, à 1/3*, etc. ;

4° — de *marchandises en commission* ou *en consignation chez un tel* ;

5° Un compte d'*usines*, de *manufacture*, de *fabrique*, etc., de *matières premières*, de *main-d'œuvre*, etc. ;

6° — d'*immeubles* ou de *chaque immeuble sous son nom*, *maison*, *fermes*, *terres*, etc. ;

7° — de *meubles* ou *mobilier* ;

8° — de *navire le **** ;

9° — de *cargaison* ;

10° — d'*armement* ;

11° — de *pacotille* ;

12° — de *foire*.

DU COMPTE DE LAINES, DE FERS, DE VINS, ETC.

116. On a déjà dit qu'on débite chacun de ces comptes toutes les fois qu'on reçoit de l'espèce de marchandises dont il porte le nom, et qu'on le crédite au contraire toutes les fois qu'on en fournit.

DU COMPTE DE RENTES SUR L'ÉTAT, EFFETS PUBLICS, ACTIONS.

117. Quand on fait des placements en rentes sur l'Etat, ou qu'on opère sur les fonds publics, français ou étrangers, sur les actions industrielles, on ouvre un compte à *actions* de telle compagnie, à *rentes sur l'Etat*, à *effets publics*, à *fonds étrangers*, ou sous toute autre désignation.

On débite ces comptes du montant de ces valeurs, au prix coûtant, toutes les fois qu'on en reçoit ou qu'on en achète.

On crédite ces comptes du produit de la vente toutes les fois qu'on en vend.

De cette manière, quand tout est vendu, l'excès du crédit, où sont les produits des ventes, sur le débit, où figurent les achats, détermine le bénéfice.

Et réciproquement l'excès du débit sur le crédit fait connaître la perte.

On solde ces comptes, à l'époque de la balance générale,

d'après les mêmes principes que celui de Marchandises générales pour le compte de Pertes et Profits, après avoir porté au crédit la valeur au cours des effets qui restaient alors en portefeuille. (Voir exemples sur les rentes au Journal et au GRAND-LIVRE au compte de *rentes sur l'État*, f° 11 ; et sur les actions 1° au compte d'actions, f° 11 ; 2° à la comptabilité des compagnies par actions : *voir la Table.*)

DU COMPTE DE MARCHANDISES EN SOCIÉTÉ OU EN PARTICIPATION, OU DE COMPTE A 1/2, A 1/3, ETC.

118. Quand on fait, avec un ou plusieurs de ses correspondants, une opération en société dont on doit rendre ou recevoir un compte particulier, il faut ouvrir un compte spécial à cette opération, en désignant dans l'intitulé qu'elle est en compte à 1/2, ou à 1/3, ou dans toute autre proportion.

Il faut d'abord débiter nominativement le compte de chaque associé de sa part du prix coûtant des marchandises en société et, pour notre part, nous nous débitons sous le nom de *Marchandises en société,* en créditant dans le même article le compte qui a fourni le prix de l'acquisition, comme la Caisse, si l'on a payé comptant.

On débite ensuite le compte de Marchandises en société de tous les frais ou débours quelconques faits à leur occasion.

On le crédite de tous les produits des ventes, sans partager chaque fois tous les articles comme on l'a fait pour l'achat : ce qui serait trop long ; mais plus tard, lorsqu'on solde ce compte, on rétablit au compte de chacun des intéressés la part qui lui revient.

Ainsi on solde le compte de Marchandises en société quand la vente en est terminée, en débitant ce compte, en faveur des intéressés, de leur part du produit net dont on crédite leur compte, et pour notre part on crédite Pertes et Profits, seulement du bénéfice ou de la perte éprouvée sur notre portion ; et cela par la raison qu'on a déjà porté au débit du compte, notre part du prix coûtant déboursé.

118 *bis*. Mais il convient d'abandonner cette manière assez obscure, et d'adopter celle beaucoup plus satisfaisante et plus claire que nous allons indiquer.

Lorsqu'on est chargé de l'achat et de la vente des marchandises en société :

Il faut commencer d'abord par débiter chaque intéressé, de sa part au compte ouvert sous son nom ; et quant à nous, pour notre part, il faut nous débiter tout simplement sous le nom de Marchandises générales.

Ensuite on ouvre le compte de *marchandises en société*, qui est destiné à représenter la société dans son ensemble.

N'est-ce pas plus naturel que de donner à ce compte une double destination, comme dans l'ancienne méthode où le compte de Marchandises en société était destiné à recevoir, d'abord à son débit la part de l'achat qui nous était particulière, et en second lieu l'ensemble des affaires de la société?

On débite le compte de Marchandises en société, de la totalité des frais, des dépenses ou débours quelconques ;

On le crédite de tous les produits des ventes.

De cette manière, l'excès du crédit sur le débit présente clairement le produit net de l'opération à partager par égale portion entre tous les intéressés ; et l'on obtient un moyen facile de clore ce compte.

On le solde en le débitant de la différence quelconque du débit au crédit en faveur des associés, entre lesquels cette différence est divisée : ils sont donc crédités chacun de sa part ; et pour la nôtre, pareille à la leur, on crédite Marchandises générales. Il faut voir les exemples et les éclaircissements donnés à ce sujet dans le Mémorial à la date du 26 décembre (*a*).

(*a*) Pour de plus grands développements voir le *Traité des comptes en participation* du même auteur, renfermant une méthode *très-simple* pour tenir les comptes de ces sortes d'associations temporaires, en dehors du système de comptabilité de la maison chargée de les rendre. 4e édition, 1 vol. in-8°, chez Langlois et Leclercq.

Si l'on n'est pas chargé d'opérer la vente ni l'achat des marchandises en société, on débite ce compte seulement de notre part de l'achat en créditant le créancier ordinaire.

On le crédite de notre part du produit net des marchandises, dès qu'il est connu, en débitant l'intéressé qui en a effectué la vente.

Quelquefois on se contente de tenir de simples notes, sur des livres auxiliaires, de ces sortes d'opérations, et, quand elles ne sont pas trop importantes ou trop compliquées, on les confond avec les autres, dans le compte de Marchandises générales.

DU COMPTE DE MARCHANDISES EN COMMISSION OU EN CONSIGNATION CHEZ UN TEL.

119. Quand on envoie des marchandises en consignation chez un correspondant, ou pour vendre à la commission, pour notre compte, on ne peut pas débiter ce correspondant; car tout consignataire ne doit rien, jusqu'à ce qu'il ait opéré la vente des marchandises qui lui sont confiées.

Il faut donc ouvrir un compte de *marchandises en consignation chez un tel;* on le débite :

De la valeur de ces marchandises, de tous les frais et débours qu'elles occasionnent, en créditant les créanciers ordinaires (*a*). On crédite ce compte du produit des ventes lorsqu'on en reçoit l'avis.

La différence ou solde, qui détermine la perte ou le gain, est passée par le compte de Pertes et Profits. (Voir les exemples, au Mémorial, le 22 décembre, et au GRAND-LIVRE, f° 11.)

DU COMPTE D'USINES, DE FABRIQUE, DE MANUFACTURE, DE MAIN-D'ŒUVRE, DE FRAIS DE FABRICATION.

120. Quand on possède une usine ou une fabrique de produits quelconques, il faut lui ouvrir un compte particulier sous son nom.

(*a*) Nous ne parlerons plus à l'avenir des créanciers ni des débiteurs ordinaires, parce qu'il est entendu qu'on doit les trouver par les principes déjà posés.

On le débite d'abord du prix de l'achat de l'immeuble, ou de la valeur du fonds de l'usine ; du coût des ustensiles, des matières premières, de la main-d'œuvre, des appointements des commis, des frais généraux, des réparations, en un mot de tous les débours faits à son occasion. On le crédite du montant de la vente des produits de l'usine.

Enfin, lorsque tout est vendu, on solde le compte par celui de Pertes et Profits, après avoir porté au crédit la valeur de l'immeuble, du fonds, du matériel, ou des produits fabriqués invendus qu'il faut estimer au prix coûtant.

Une usine peut faire l'objet d'un seul compte quand elle appartient à un négociant qui opère sur tous les genres de commerce, et qui ne veut connaître que le résultat définitif ou le produit net de son usine ; mais lorsque c'est un fabricant qui n'exerce qu'une seule industrie, il est rare qu'il ne veuille pas se rendre compte dans les plus grands détails et en particulier du mouvement de ses matières premières, du coût de la main-d'œuvre, des frais généraux de fabrication, etc., afin d'établir avec connaissance de cause le *prix de revient* de ses produits. Alors on subdivise le compte d'usine ou de fabrique et l'on crée des comptes particuliers de *matières premières*, de *main-d'œuvre* ou d'*ouvriers*, de *machines et ustensiles*, de *frais de fabrication* et autres dont on se sent le besoin.

Pour de plus grands développements sur ces derniers comptes, il faut consulter la *Comptabilité des usines à fer*, du même auteur.

L'application du principe fondamental des parties doubles n'en est pas plus difficile ; il suffit de débiter chacun de ces comptes lorsqu'on fait un débours à leur occasion, et de créditer chacun des recouvrements qu'il nous procure.

DU COMPTE D'IMMEUBLES OU DE CHAQUE IMMEUBLE SOUS SON NOM.

121. Lorsqu'on possède des immeubles, qu'on en achète,

ou qu'on en hérite, on ouvre un compte d'immeubles, où l'on porte tout ce qui peut y être relatif. Ce compte ne présente en résultat que la somme de tous leurs revenus confondus.

Mais le plus souvent on ouvre un compte particulier à chacun des immeubles importants, sous le nom de *ferme de tel endroit, terre dans la Brie, maison rue de..., château de...*, etc., etc., pour connaître le revenu net ou les dépenses de chacun de ces immeubles.

Ce compte doit être débité :

D'abord, de la valeur de l'immeuble, de tous les frais d'entretien, réparations, impositions, constructions, en un mot de tous les débours qu'il occasionne.

On le crédite des loyers, revenus ou produits quelconques en espèces ou en nature ; enfin on le crédite du prix de vente, quand on le vend, ou de sa valeur à la fin de l'année, quand on fait la balance, et le solde du compte, qu'on passe par Pertes et Profits, présente le revenu net ou la dépense de l'immeuble. (Exemple au Mémorial, le 25 décembre, et au Grand-Livre, f° 11.)

121 *bis. La manière de solder les comptes précédents et ceux qui vont suivre ne peut être complétement comprise que quand on aura fait la balance générale ; en traitant de ces comptes, on a cru devoir en même temps parler de la manière de les solder : ce qui est peut-être anticiper un peu.*

DU COMPTE DE MEUBLES OU DE MOBILIER.

122. Quand la dépense du mobilier est importante, on ouvre un compte sous le nom de *meubles* ou de *mobilier*.

Au lieu de débiter Pertes et Profits des dépenses que l'on fait à ce sujet, comme on est dans l'usage de le faire lorsqu'elles sont insignifiantes ou minimes ; on débite ce compte :

D'abord de la valeur du mobilier actuel, puis des acquisitions de meubles et de toutes les dépenses qu'ils nécessitent.

On crédite ce compte du produit de la vente qu'on pourrait faire de ces meubles ou d'une partie.

Ce compte doit être soldé par celui de Pertes et Profits, à la fin de l'année, lorsqu'on fait la balance générale, après avoir porté au crédit la valeur du mobilier à cette époque, diminué chaque année d'un dixième ou d'un vingtième plus ou moins, en raison de sa dépréciation annuelle. (Exemples au Mémorial, le 1er novembre, et au GRAND-LIVRE, f° 10.)

DU COMPTE DE NAVIRE LE ***.

123. Lorsqu'on possède ou qu'on achète un navire, on lui ouvre un compte sous son nom.

On le débite, d'abord de sa valeur ou prix d'achat; après, de tous les débours auxquels il donne lieu : tels qu'achat de cargaison, frais d'armement, d'assurances et gages d'équipages, etc., etc.

On le crédite de tous les produits qu'il donne par le fret, les passagers ou la vente de la cargaison.

On le crédite, quand on vend le navire, du prix de vente, et l'on solde le compte par Pertes et Profits.

Quand on ne le vend pas, on le crédite, lors de la balance de sa valeur actuelle, en l'estimant chaque année pour une valeur moindre du dixième ou du vingtième plus ou moins, selon la durée du navire, son âge, les fatigues ou les avaries qu'il a souffertes dans le dernier voyage, et l'on solde par le compte de Pertes et Profits.

On peut ouvrir des comptes séparés de cargaison, d'armement et de désarmement du navire.

DU COMPTE DE CARGAISON DE TEL NAVIRE.

124. On le débite de tous les achats de marchandises composant la cargaison, des frais des assurances, etc., etc.; on le crédite du produit de la vente et on le solde par le compte de Pertes et Profits, ou bien encore par le compte de navire qui se trouve ainsi crédité du produit net de la cargaison.

DU COMPTE D'ARMEMENT DE TEL NAVIRE.

125. Lorsqu'on ouvre un compte d'armement à chaque

voyage d'un navire, on le débite des frais d'armement.

On le crédite de ce qu'il produit pour passagers, et en fret ou prix de transport des marchandises qu'on y charge.

On solde le compte d'armement par le compte du navire qui se trouve ainsi crédité du produit de l'armement, ou encore on solde directement par le compte de Pertes et Profits.

Lorsqu'on n'ouvre qu'un seul compte pour le navire, l'armement et la cargaison, on le tient quelquefois à doubles colonnes : l'une renfermant les sommes relatives à la cargaison, et l'autre celles concernant l'armement et le navire.

Les comptes rendus par les capitaines doivent être dressés à deux colonnes : l'une contenant les sommes en monnaies étrangères, et l'autre celles en monnaies de France.

Si le capitaine n'a rendu son compte qu'en monnaies étrangères, il faut le réduire en argent de France et pour cela consulter le *Traité du Change* ou *Manuel de la Banque* (a).

DU COMPTE D'INTÉRÊT SUR TEL NAVIRE OU D'ACTION DANS TELLE COMPAGNIE.

126. Quand on achète une action industrielle ou qu'on prend un intérêt dans une opération quelconque, on ouvre un compte spécial. On le débite du prix primitif d'achat, des appels de fonds qui peuvent être faits dans la suite ; enfin, de tous les débours qu'occasionne cette action ou cet intérêt.

On le crédite des dividendes, ou produits quelconques.

On le crédite aussi de la somme que produit la vente de ces valeurs, et l'on solde le compte par Pertes et Profits. (Exemples les 5 et 21 novembre ; et au GRAND-LIVRE, f° 11.)

DU COMPTE DE PACOTILLE.

127. Quand on confie une pacotille à quelque capitaine ou subrécargue, on ouvre un compte spécial à pacotille.

On le débite : du prix coûtant de la pacotille, de tous les

(a) Ouvrage du même auteur formant le 2e volume du *Cours complet d'études commerciales*, contenant l'exposition des systèmes monétaires de toutes les nations commerçantes.

frais quelconques d'emballage, fret, frais d'assurances, commission ou autres.

On le crédite du produit de la vente de la pacotille, et on le solde par le compte de Pertes et Profits.

Si celui chargé de la vente de la pacotille doit en faire les retours en marchandises, il faut attendre, bien qu'on ait reçu de lui son compte de vente, qu'il ait acheté des marchandises, et qu'elles soient arrivées ; alors on crédite le compte de pacotille de leur valeur approximative en débitant le compte de Marchandises générales.

Ou encore, on peut attendre que ces marchandises soient réalisées en numéraire ; pour créditer du produit net seulement le compte de pacotille, que l'on solde enfin par le compte de Pertes et Profits.

Cette dernière manière est préférable parce qu'on perd souvent à la réalisation des retours ce qu'on avait gagné dans la vente de la pacotille, et que le bénéfice réel ou la perte ne peuvent être justement appréciés qu'après cette réalisation.

DU COMPTE DE TELLE FOIRE.

128. Si l'on envoie des marchandises dans une foire, on peut également ouvrir un compte à cette foire ; pour le débiter de la valeur et des frais faits à ces marchandises.

On le crédite de tous les produits des ventes,

De la valeur des marchandises invendues et rapportées,

Et l'on porte le solde, qui présente le gain ou la perte, au compte de Pertes et Profits.

Telles sont les subdivisions principales du compte de Marchandises générales ; il y en a beaucoup d'autres, mais il est facile de les concevoir et de les tenir par analogie.

SUBDIVISIONS DU COMPTE DE CAISSE.

129. Le compte de caisse n'a pas de subdivision en France, où le papier-monnaie n'est plus en usage.

Mais il doit avoir une subdivision dans les pays étrangers où le papier-monnaie peut avoir cours.

SUBDIVISIONS DU COMPTE D'EFFETS A RECEVOIR.

130. Le compte d'effets à recevoir était autrefois désigné sous les noms de lettres et billets à recevoir, ou de traites et remises :

Nous avons déjà expliqué (notes du paragraphe 33) que lettres de change, billets, traites, mandats, remises, acceptations étaient compris dans la dénomination générale d'effets à recevoir actuellement adoptée.

Ce compte seul ne suffit pas chez les banquiers ou les escompteurs, qui s'adonnent à un commerce très-étendu de papiers de tous les genres; ils ouvrent quelquefois des comptes particuliers avec les distinctions suivantes :

Compte d'*effets à recevoir sur Paris*.
— — *sur la province*.
— — *sur l'étranger*.
— d'*effets en négociation dans les mains de divers* ou de *remises ès-mains de divers*.
— d'*obligations hypothécaires à recevoir* ou *contrats de rente constituée à recevoir*.
— de *contrats de grosse aventure à recevoir*, de *rente viagère* ou de *pension à recevoir*.
— d'*annuités à recevoir*.

DU COMPTE D'EFFETS A RECEVOIR SUR PARIS, SUR VILLE OU SUR LA PROVINCE.

Ces comptes sont tenus absolument sur les mêmes principes que celui d'Effets à recevoir.

DU COMPTE D'EFFETS EN NÉGOCIATION OU DE REMISES ÈS-MAINS DE DIVERS.

131. On ouvre ce compte lorsqu'on remet habituellement des valeurs à négocier pour son compte.

On débite ce compte de tous les effets qu'on remet à négocier, en créditant le compte d'effets à recevoir d'où ils sortent.

On le crédite du produit net de la négociation, sur l'avis du correspondant qui l'a opérée et qu'il faut débiter.

On solde ce compte par celui de Pertes et Profits.

C'est ainsi qu'on peut tenir des écritures régulières de ces sortes d'opérations toujours en suspens; car il ne convient pas de laisser figurer dans le compte d'Effets à recevoir des valeurs qui ne sont plus dans le portefeuille, ni de débiter le correspondant qui en est dépositaire, puisqu'il ne doit réellement rien jusqu'à ce qu'il en ait opéré la négociation.

DU COMPTE D'EFFETS A RECEVOIR SUR L'ÉTRANGER.

132. Quand on fait des opérations de change avec l'étranger et qu'on ne veut pas confondre les effets en monnaies étrangères avec les effets ordinaires, on ouvre un compte à deux colonnes sous le nom d'effets à recevoir sur l'étranger : on place dans la première colonne les sommes stipulées en monnaies étrangères dans le corps des effets, et dans la dernière on sort la valeur de ces sommes en francs et centimes.

Pour réduire des monnaies étrangères, voir le *Traité du Change,* déjà cité.

DU COMPTE D'OBLIGATIONS HYPOTHÉCAIRES A RECEVOIR OU CONTRATS DE RENTE CONSTITUÉE A RECEVOIR.

133. On débite ce compte :

De toutes les obligations hypothécaires qu'on reçoit, en créditant la Caisse qui fournit l'argent prêté sur hypothèque.

On le crédite, en débitant la Caisse, lorsqu'à l'échéance on en touche le montant.

On le crédite encore des intérêts ou des rentes qu'on reçoit, et l'on solde le compte par celui de Pertes et Profits.

Ou pour abréger, on porte ces rentes ou revenus directement au compte de Pertes et Profits. (Exemples au Mémorial, du 21 décembre, et au GRAND-LIVRE, f° 10.)

DU COMPTE DE CONTRATS DE GROSSE AVENTURE A RECEVOIR.

134. Lorsqu'on prête à la grosse aventure sur des navires, on ouvre un compte à contrat de grosse aventure à recevoir.

Ces contrats renferment l'obligation du capital prêté, et en outre le montant des intérêts ; on débite ce compte de la somme en capital et intérêts stipulée au contrat, en créditant la Caisse de l'argent donné et le compte de Pertes et Profits du montant des intérêts comme s'ils étaient déjà acquis.

On crédite le compte de contrats de grosse aventure à recevoir, par le débit de Caisse, lorsqu'au retour du navire on reçoit le montant du contrat.

On peut encore ne débiter ce compte que de la somme prêtée, sans s'occuper des intérêts, qu'on ne porterait comme bénéfice au compte des Pertes et Profits qu'au retour du navire, et lorsque ces intérêts seraient payés.

Cette dernière méthode est préférable à la première ; d'autant mieux que si le navire périt, le prétendu bénéfice porté prématurément au compte de Pertes et Profits devient alors une perte réelle.

DU COMPTE DE CONTRATS DE RENTE VIAGÈRE OU DE BREVETS DE PENSION A RECEVOIR.

135. On débite d'abord ce compte de la valeur de la rente ou de la pension, apprécié en capital.

On le crédite quand on touche la rente ou pension.

On solde annuellement le compte par celui des Pertes et Profits, après avoir porté au crédit, lorsqu'on fait la balance générale, la valeur en capital de la rente ou pension qui figure au débit (121 *bis*).

On peut aussi passer directement au compte de Pertes et Profits les rentes et pensions quand on les touche.

Souvent on n'ouvre pas de compte à ces valeurs, et l'on en porte le revenu directement au compte de Pertes et Profits.

DU COMPTE D'ANNUITÉS A RECEVOIR ET A PAYER.

On appelle annuités des paiements égaux faits année par année, pour rembourser un capital et ses intérêts composés. Comme ces paiements se font d'ordinaire par année, de là vient le nom d'*annuités*; néanmoins ils peuvent avoir lieu par semestre, par trimestre et par mois.

Il faut voir dans l'*Arithmétique commerciale* du même auteur (article 447), les explications données sur ce sujet important, trop peu connu en France, et qui doit se répandre tôt ou tard, car c'est un mode de remboursement très-favorable au débiteur.

135 *bis*. Les annuités sont pour l'emprunteur une espèce d'effets à payer annuellement, ou à tout autre époque fixe: et pour le prêteur c'est une espèce d'effets à recevoir.

Par conséquent ces nouveaux comptes se tiennent de la même manière absolument que les comptes généraux, dont ils sont une subdivision.

On débite le compte d'annuités à recevoir de toutes celles qui entrent en portefeuille; on le crédite de toutes celles qui en sortent, lors du payement.

Ce compte est soldé comme celui d'Effets à recevoir.

Pour le compte d'annuités à payer, on le crédite des annuités qu'on souscrit et dont on doit payer le montant.

On le débite de celles qui rentrent, au moment où on les paye.

On solde par balance de sortie, comme pour le compte d'Effets à payer.

SUBDIVISIONS DU COMPTE D'EFFETS A PAYER.

136. Le compte d'Effets à payer pourrait se subdiviser :

En *billets à payer*.

— *acceptations à payer*,

— *obligations hypothécaires à payer*,

— *contrats de rente constituée à payer*,

— *contrats à la grosse aventure à payer*,

— *contrats de rentes viagères ou brevets de pensions à payer*,

— *annuités à payer*.

On crédite ces comptes toutes les fois qu'on souscrit ou qu'on donne un de ces contrats à payer, en débitant le débiteur ordinaire.

On débite ces comptes par le crédit de Caisse, lorsqu'à

leur échéance on les paye, et que ces contrats nous rentrent acquittés.

On les débite, si l'on veut, des intérêts ou rentes que l'on paye, et on les solde annuellement par Pertes et Profits.

Ou encore on porte directement au débit de Pertes et Profits, les intérêts qu'on paye à leur occasion.

DU COMPTE DE RENTES OU PENSIONS VIAGÈRES A PAYER.

137. On crédite d'abord ce compte de la valeur appréciée en capital de la rente ou pension à payer, lorsqu'on la constitue. A la mort du titulaire, on solde ce compte par celui de Pertes et Profits.

On le débite des pensions et rentes quand on les paye.

On solde annuellement le compte par celui de Pertes et Profits, après avoir porté au débit la valeur en capital de cette rente.

On peut aussi porter directement au compte de Pertes et Profits les rentes et pensions lorsqu'on les paye.

DU COMPTE DE GROSSE AVENTURE A PAYER.

138. Lorsqu'on a emprunté une somme à la grosse aventure sur un navire, on crédite ce compte de la somme en capital et intérêts stipulés dans le contrat, en débitant la Caisse du capital reçu en espèces, et le compte du navire du montant des intérêts.

Quand on paye au retour du navire le montant du contrat, on débite ce compte par le crédit de Caisse.

Si le navire a péri, le contrat se trouvant éteint et comme payé, on solde le compte de contrat de grosse aventure à payer par le compte de navire.

Quelques armateurs créditent le prêteur à la grosse aventure et le débitent quand ils le payent, sans ouvrir le compte précédent; cette manière est inexacte et irrégulière en ce qu'on ne doit rien réellement au prêteur; on doit seulement à son obligation négociable à un tiers, qui, au retour du navire, en exige le payement comme d'un billet échu.

DU COMPTE D'ANNUITÉS A PAYER (*voir* 135 *bis*).

SUBDIVISIONS DU COMPTE DE PERTES ET PROFITS.

139. Ce compte pourrait se subdiviser en autant de comptes qu'il y a de genres de bénéfices et de pertes, en voici les principales subdivisions :

Compte de *frais généraux*.
— de *dépenses particulières* ou *personnelles*.
— de *frais de maison*.
— d'*intérêts*.
— de *commissions*.
— d'*assurances*.
— de *succession*.

On fait usage de ces comptes lorsqu'on veut connaître à combien s'élève en particulier chacune de ces espèces de dépenses. (Voir exemples au Mémorial, le 1er novembre, et au GRAND-LIVRE, f° 10.)

DU COMPTE DE FRAIS GÉNÉRAUX.

140. Il faut débiter ce compte :

Du loyer, des impositions, de la patente, des ports de lettres, des appointements des commis, gratifications, assurances contre l'incendie, frais de bureau, etc.

On le crédite des rentrées qu'on peut effectuer sur ces dépenses.

On solde le compte par celui de Pertes et Profits. (Exemples au Mémorial, le 1er novembre, et au GRAND-LIVRE, f° 10.)

DU COMPTE DE FRAIS DE MAISON.

141. On débite ce compte de toutes les dépenses faites pour la maison ou le ménage, telles que frais de nourriture, portion du loyer étrangère au commerce, etc., etc.

On le crédite de dépenses dans lesquelles on peut rentrer.

Et l'on solde ce compte à la fin de l'année par Pertes et Profits.

Ce solde fait connaître précisément à combien s'élève ce genre de dépense. (Exemples au Mémorial, le 1er novembre, et au GRAND-LIVRE, f° 10.)

DU COMPTE DE DÉPENSES PERSONNELLES OU PARTICULIÈRES.

142. On débite ce compte de toutes les dépenses personnelles qu'on peut faire, telles que celles de vêtements, argent de poche, dépenses en plaisirs, voitures, chevaux et présents faits.

On le crédite de ce qui pourrait rentrer de ces dépenses.

On le solde par Pertes et Profits.

On pourrait subdiviser encore ce compte et ouvrir des comptes particuliers à *nourriture*, à *vêtements*, à *voitures et chevaux*, à *deniers de poche*, etc., etc., pour un particulier que ces détails intéresseraient à connaître exactement.

Voir à la fin du volume, COMPTABILITÉ DES GENS DU MONDE.

Mais un négociant ne doit pas multiplier les subdivisions des comptes généraux sans une utilité bien reconnue, parce que la multiplicité des comptes augmente beaucoup le travail du teneur de livres. (Exemples au Mémorial, le 1er novembre, et au GRAND-LIVRE, f° 10.)

DU COMPTE D'INTÉRÊTS.

143. On le débite des intérêts qu'on paye, on le crédite de ceux qu'on reçoit ; on le solde par Pertes et Profits.

Ce compte est en usage dans les maisons de banque et de commission, où les comptes courants des correspondants portent intérêts.

Il est traité dans l'*Arithmétique commerciale*, du même auteur, de toutes les différentes manières de calculer les intérêts ; on y démontre une méthode peu connue de calculer à l'avance les intérêts d'un compte sans fixer l'époque de la clôture : ce qui donne le moyen d'avoir ses comptes courants et d'intérêts constamment prêts à être envoyés, avantage infiniment précieux dans les affaires de banque.

Il faut avoir recours aussi à l'*Arithmétique commerciale*, page 300, pour toutes les manières possibles de calculer les intérêts composés, les annuités et l'amortissement (*a*).

DU COMPTE DE COMMISSION.

144. Chez les négociants-commissionnaires, où l'on veut savoir précisément ce qu'on gagne en commission, on ouvre un compte spécial à *commission*.

On le crédite de toutes les commissions qui sont allouées.

On le solde par Pertes et Profits.

DU COMPTE D'ASSURANCES.

145. Quand on est assureur, on doit ouvrir un compte d'assurances.

On le crédite de toutes les primes reçues, on le débite des sinistres payés, et on le solde par Pertes et Profits.

Il ne faut créditer le compte d'assurances, des primes ou billets de prime, que lorsqu'on en touche le montant, car quelquefois ces billets de primes ne sont pas payés.

DU COMPTE DE SUCCESSION.

146. Lorsqu'on fait une succession dont le recouvrement doit s'opérer lentement et par portions, on ouvre un compte à *succession*.

On crédite ce compte de tous les recouvrements effectués, de la valeur de toutes les propriétés dont on hérite ; en un mot de toutes les valeurs provenant de la succession, en débitant tous les comptes où entrent ces valeurs.

On débite le compte de succession de tous les payements faits pour acquitter les legs, les charges et les frais de la succession.

(*a*) *Arithmétique commerciale pratique*, formant le 1er volume du *Cours complet d'études commerciales*, chez Langlois et Leclercq, rue de la Harpe, 81.

Lorsque la liquidation est entièrement terminée, on solde le compte de *succession* par Pertes et Profits, ou, mieux encore, par capital.

Si l'héritage est simple et doit se recueillir à la fois, on en porte le produit directement au compte de Pertes et Profits ou de capital. (Exemples au Mémorial, le 25 décembre.)

DE QUELQUES COMPTES QUI NE PEUVENT ÊTRE CONSIDÉRÉS COMME DES SUBDIVISIONS DES CINQ COMPTES GÉNÉRAUX PRÉCÉDENTS.

147. Outre les cinq comptes généraux, il est indispensable d'ouvrir trois comptes fort importants et d'une nature particulière, savoir : les comptes de *capital* et de *balance de sortie* ou *d'entrée,* sur lesquels nous allons donner des explications développées.

DU COMPTE DE CAPITAL.

148. Ce compte sert à déterminer la fortune ou l'avoir net du négociant ; en un mot, son capital.

On appelle le capital d'un négociant, l'excédant du montant de tout ce qu'il possède, sur le total de ce qu'il doit ; en d'autres termes, c'est la différence en plus de l'actif sur le passif.

Ce compte doit être crédité :

Avant tout, de la mise de fonds première du négociant, lorsqu'il entre dans les affaires ;

Ou de son capital reconnu, lorsque le négociant est depuis longtemps établi ;

De tous les héritages, legs ou accroissements considérables et accidentels de fortune.

Il doit être débité :

De toutes les pertes importantes qu'il éprouve ;

Des dons considérables qu'il fait ;

Des dots qu'il constitue ou qu'il rend ;

Enfin, de tout ce qui tend à diminuer son capital.

Ainsi, on le débite du montant de la perte qu'il fait dans certaines années mauvaises ; de même qu'on le crédite, lors de la balance générale, du bénéfice annuel provenant de ses opérations commerciales et déterminé par le solde du compte de Pertes et Profits.

On solde le compte de capital par balance de sortie.

Le compte de capital peut servir à commencer les livres d'un négociant, comme celui de balance d'entrée ; dans ce cas on le débite de tout le passif, et on le crédite de tout l'actif.

L'excès de ce dernier sur le passif détermine le capital et reste en excédant au crédit de ce compte.

DU COMPTE DE BALANCE DE SORTIE.

149. Ce compte sert à faire la balance générale des livres, c'est-à-dire à clore ou balancer tous les comptes ouverts au Grand-Livre ; il réunit ainsi et présente tous les soldes qui résultent de cette opération.

Pour opérer la balance générale, on suppose qu'un individu nommé *balance de sortie* prend la suite de nos affaires, qu'on lui cède par conséquent les marchandises en magasin, l'argent en caisse, les effets à recevoir en portefeuille, le droit de toucher les soldes des débiteurs par compte ; en un mot, qu'on lui livre tout l'actif. On suppose encore que *balance de sortie* se charge d'acquitter le passif, c'est-à-dire de payer les effets en circulation, les créanciers par compte, et de rembourser le capital ; d'où il suit que,

Il faut débiter le compte de balance de sortie :

1° Des marchandises qui restent en magasin ;

2° De l'argent en caisse ;

3° Des effets en portefeuille ;

4° Des immeubles ;

5° Des soldes dus par les débiteurs par compte ;

En un mot de tout l'actif quel qu'il soit (*a*) ;

(*a*) Et créditer, par contre, les comptes de *Marchandises générales*, de *Caisse*, d'*Effets à recevoir*, de chaque correspondant, etc., etc.

Il faut le créditer :

1° Des effets à payer en circulation ;

2° Des soldes dus aux créanciers par compte ;

3° En un mot, de tout le passif, quel qu'il soit ;

4° Enfin du solde du compte de capital (a) ;

Le compte de balance de sortie doit se trouver naturellement soldé par lui-même.

Ainsi, règle générale :

Le compte de balance de sortie doit être débité de toutes les valeurs composant l'actif du négociant, au moment où l'on fait la balance générale ; il doit être crédité de toutes les dettes figurant au passif, et du capital qui en résulte ; de manière que ce compte présente en définitive le bilan, l'inventaire général ou état de situation exact du négociant, au moment où il fait sa balance.

DU COMPTE DE BALANCE D'ENTRÉE.

150. Ce compte de balance d'entrée, qui n'est à vrai dire que la contre-épreuve de balance de sortie, sert à *rouvrir* sur les livres tous les comptes que l'on vient de clore par balance de sortie.

En d'autres termes, le compte de balance d'entrée sert à faire reparaître à nouveau, sur d'autres comptes, les soldes qu'on vient de passer par balance de sortie sur les anciens.

Ainsi, le compte de balance d'entrée sert à ouvrir et recommencer des livres.

Pour cela, on suppose qu'un *individu* appelé *balance d'entrée* nous cède la suite de ses affaires ; supposition absolument inverse de celle admise à l'occasion de balance de sortie, et qui doit dès-lors nous faire obtenir des résultats inverses.

En conséquence, il faut débiter balance d'entrée :

1° Des effets à payer en circulation ;

(a) Et débiter, par contre, les comptes d'*Effets à payer*, de chaque correspondant créancier, et de *capital*.

2° Des soldes dus aux créanciers par compte : en un mot, de tout le passif ;

3° Du capital.

Il faut le créditer :

1° Des marchandises en magasin ;

2° De l'argent en caisse ;

3° Des effets en portefeuille ;

4° Des soldes dus par les débiteurs par compte : en un mot de tout l'actif.

En résumé, il faut débiter balance d'entrée de tous les articles dont balance de sortie a été créditée, et réciproquement le créditer de ceux dont balance de sortie a été débitée.

Le compte de balance d'entrée se trouve naturellement soldé par lui-même.

Ainsi, les deux comptes de balance de sortie et d'entrée sont imaginés, le premier pour clore les livres ou solder tous les comptes dont il réunit et présente les résultats, et le second, pour recommencer ces livres ou rouvrir de nouveaux comptes par les soldes des anciens.

DU COMPTE DE LIQUIDATION.

151. Lors de la dissolution d'une société, d'une nouvelle association ou du décès d'un négociant dont on tient les livres, on peut ouvrir un compte sous le nom de *liquidation de telle succession, de l'ancienne société,* ou sous tout autre nom.

Ce compte, si on le destine à solder tous les comptes ouverts sur le Grand-Livre, et à présenter dans un seul compte l'ensemble des soldes, pour connaître par avance le résultat de la liquidation ou de la succession, n'est évidemment autre chose que le compte de balance de sortie sous une autre dénomination.

Avant de solder tous les comptes par celui de liquidation, il faut avoir soldé tous ceux produisant des bénéfices ou des pertes, par le compte des Pertes et Profits, qu'on solde lui-même par celui de capital.

Enfin, on balance capital, en créditant chaque associé ou chaque héritier de la part de capital qui lui revient.

Cela fait, on balance ou solde tous les comptes par celui de *liquidation*.

Si dans la suite il survient quelque déficit ou quelque accroissement dans la liquidation qui en modifie le résultat, on peut débiter ou créditer le compte de chacun des intéressés de sa part de cet accroissement ou de ce déficit, à mesure qu'il a lieu.

Le compte de liquidation ayant le même emploi que le compte de balance de sortie, on ne voit pas la nécessité de multiplier et changer ainsi les dénominations des comptes. On pourra donc dans le cas de décès ou dissolution de société faire usage du compte ordinaire de balance de sortie; seulement, on pourra ouvrir sur les livres du négociant chargé de la liquidation un compte de liquidation, mais qui sera seulement destiné à être débité ou crédité des augmentations et déficits qui surviennent dans la réalisation des marchandises, ou des valeurs actives et passives de la succession ou de la société.

Lorsque tout est fini, on répartit ces pertes ou bénéfices entre tous les intéressés.

SUBDIVISIONS DES COMPTES PERSONNELS.

152. Lorsqu'on fait avec un correspondant des affaires de natures diverses et bien distinctes, on peut lui ouvrir autant de comptes séparés qu'il y a de natures différentes d'opérations, sous la dénomination, par exemple, d'*un tel, son compte de banque;* d'*un tel, son compte de marchandises;* d'*un tel, son compte de commission,* etc.

Cela n'a lieu que lorsqu'il est utile de ne pas confondre les affaires de banque avec celles en marchandises.

Si l'on est en rapport avec beaucoup d'individus auxquels on ne veut pas ouvrir un compte séparé au Grand-Livre, on peut les comprendre dans un seul compte intitulé *débiteurs divers*, ou *créanciers divers*, ou *débiteurs et créanciers divers*; on débite ou crédite ce compte commun, ainsi qu'on débiterait ou créditerait le compte particulier de chacun, et à l'aide de colonnes intérieures et de numéros de rencontre, comme au compte d'Effets à recevoir, on peut connaître la situation du compte de chacun d'eux.

Quand on est en rapport d'affaires avec une société en nom collectif, une compagnie, une administration, on lui ouvre un compte sous son nom, et il est débité ou crédité absolument de la même manière et d'après les mêmes principes que si c'était un correspondant ordinaire.

Lorsqu'il s'agit de la comptabilité de plusieurs commerçants réunis en société, les comptes généraux représentent la maison de commerce ou la société collectivement.

Chaque associé est considéré comme un étranger pour tout ce qui le concerne individuellement, et on lui ouvre un compte particulier que l'on tient comme celui de tout autre correspondant.

DU COMPTE PERSONNEL DU NÉGOCIANT DONT ON TIENT LES LIVRES.

153. Le négociant dont on tient les livres ne devrait pas avoir de compte ouvert sous son nom propre, puisqu'il est représenté par les comptes généraux imaginés pour le débiter et le créditer sous d'autres noms que le sien.

Cependant, quelques teneurs de livres, s'écartant en cela des principes, ouvrent quelquefois un compte sous le nom personnel du négociant; mais c'est pour y porter ordinairement ses dépenses particulières ou toute autre espèce de dépense.

Ces teneurs de livres feraient mieux, pour éviter toute confusion, d'ouvrir ce compte sous le nom de *dépenses personnelles*, ou sous toute autre dénomination indiquant clairement l'usage auquel il est destiné.

Au surplus, ce compte ne doit être considéré que comme un des comptes généraux de *dépenses*.

DU COMPTE DE NOTRE SIEUR TEL.

154. Les comptes généraux représentant la société collectivement, on a déjà dit qu'on ouvrait un compte à chaque associé pour tout ce qui lui est particulier, sous le nom de *notre sieur tel.*

1° On le crédite d'abord de sa mise de fonds ou portion du capital social ;

2° De tous les fonds ou valeurs quelconques qu'il verse en outre dans la société ;

3° De toutes les sommes que l'acte de société lui attribue en particulier.

On le débite de tout ce qu'il reçoit de la société ; des intérêts qu'il lui doit, comme aussi on le crédite de ceux qui lui reviennent.

On le débite de sa part de la perte, s'il y en a, à la fin de l'année, comme on le crédite de sa part de bénéfices, si la société en a recueilli.

Enfin, le compte de notre sieur tel est soldé par balance de sortie.

SUBDIVISION DU COMPTE DE NOTRE SIEUR TEL, ASSOCIÉ.

155. Dans une société, lorsqu'on veut se rendre compte séparément de la mise de fonds, des versements, prélèvements, frais de voyage que peut faire chaque associé, on peut ouvrir des comptes spéciaux à chacune de ces circonstances sous les noms ci-après :

Notre sieur tel, son compte de mise de fonds.
Notre sieur tel, son compte de versement à intérêts.
Notre sieur tel, son compte courant.
Notre sieur tel, son compte de voyage.

DU COMPTE DE NOTRE SIEUR TEL, SON COMPTE DE MISE DE FONDS.

156. Quand l'acte de société, fixant la mise de fonds de

chaque intéressé, permet qu'elle ne soit pas versée immédiatement, mais successivement, on ouvre un compte de mise de fonds à chacun des associés.

On débite ce compte par le crédit de capital, de la part de mise de fonds à faire.

On le crédite de tous les versements partiels qu'il effectue, et ce compte se trouve soldé lorsque chacun des associés a complété sa mise de fonds.

DU COMPTE DE NOTRE SIEUR TEL, SON COMPTE DE CAPITAL.

157. Quelques teneurs de livres, au lieu d'un compte unique de capital, ouvrent un compte de capital à chacun des associés, qui reste ainsi constamment crédité de la portion de capital apportée par lui, et cela pour indiquer d'une manière saillante la mise de fonds de chacun. C'est multiplier inutilement les comptes, car le compte unique de capital, tout en présentant la somme totale, peut fort bien indiquer par des explications la proportion dans laquelle chacun des associés a concouru à sa formation.

DU COMPTE DE NOTRE SIEUR TEL, SON COMPTE DE VERSEMENT A INTÉRÊTS.

158. Souvent dans les actes de société, les intéressés ont la faculté de verser dans la caisse sociale des fonds qui leur rapportent intérêts.

En conséquence, lorsque ces versements s'opèrent, on ouvre le compte : *notre sieur tel, son compte de versement à intérêts,* pour le créditer de tous les versements à mesure qu'ils s'effectuent.

On le débite des fonds qui sont repris.

On le crédite à la fin de l'année des intérêts, et on le solde par balance de sortie.

DU COMPTE DE NOTRE SIEUR TEL, SON COMPTE COURANT.

159. On ouvre, outre les précédents, un compte intitulé :

notre sieur tel, *son compte courant*, pour y porter toutes les sommes, d'abord qui ne produisent aucun intérêt, et ensuite les affaires qui ne peuvent être comprises dans les comptes précédents.

DU COMPTE DE NOTRE SIEUR TEL, SON COMPTE DE VOYAGE.

160. Lorsqu'un associé ou un commis se met en voyage pour compte de la société,

On peut lui ouvrir un compte de voyage.

1° On le débite de toutes les valeurs qu'on lui remet à son départ, qu'on lui envoie après, de ce qu'il reçoit des correspondants, des traites ou mandats qu'il tire sur la maison.

On le crédite, au contraire,

De toutes les remises ou envois de fonds qu'il fait, de ses achats au comptant, des sommes qu'il verse à divers, des payemens des traites ou mandats tirés sur lui qu'il acquitte, enfin de tous ses débours et frais de voyage.

Au retour, le compte est balancé par la somme que le voyageur reçoit ou donne pour solde du compte de voyage : ou encore il est balancé par le compte courant du voyageur, s'il n'en verse pas le solde à son arrivée.

DES COMPTES DIFFÉRENTS QU'ON PEUT OUVRIR A UN MÊME CORRESPONDANT.

161. Si l'on fait avec un correspondant une opération bien distincte, où les frais et les avances, les recettes et les payements, les bénéfices et les pertes sont entièrement pour son compte, pour ne pas confondre ces écritures dans son compte courant ordinaire, on lui ouvre alors un compte séparé intitulé : *tel, son compte de marchandises ou de banque*, etc.

DU COMPTE DE TEL, SON COMPTE DE MARCHANDISES.

On le débite :

De tous les frais occasionnés par les marchandises reçues pour son compte, du montant des avances faites, des mandats ou traites payés, des remises que l'on fait ou des achats pour compte ; en général, on le débite de tout ce qu'on paye pour le compte de tel, à l'occasion de ses marchandises.

On le crédite :

Du produit des ventes des marchandises de tel ; des sommes qu'il nous remet, des traites ou mandats tirés sur lui, et en général de toutes les valeurs reçues ou des recouvrements opérés à l'occasion de ces marchandises. Lorsque l'opération pour laquelle on a ouvert ce compte est terminée, on porte au débit les intérêts, frais de port de lettres, de commission et autres qui nous sont attribués, et l'on solde le compte d'*un tel, son compte de marchandises*, par son compte courant ordinaire.

S'il s'agissait d'opérations de banque au lieu de marchandises, on ouvrirait un compte intitulé : *tel, son compte de banque;* si c'est un navire qui nous est consigné, on ouvre un compte sous le nom de : *tel, son compte de navire*. Certains teneurs de livres intitulent ces comptes : *marchandises d'un tel, navire d'un tel.*

Nous croyons bien préférable de les ouvrir sous le nom de : *un tel, son compte de marchandises, de navire, de banque,* etc., parce que l'on voit clairement que ces comptes ne sont que des subdivisions du compte particulier de *tel*, et non pas d'un compte général de marchandises ou de navire.

DU COMPTE DE TEL, SON COMPTE DE NAVIRE, OU TEL, SON COMPTE DE BANQUE.

162. Tous ces comptes sont tenus sur les mêmes principes que les précédents.

Ils sont débités de tous les débours qu'ils occasionnent, crédités de toutes les rentrées ; enfin, ils sont soldés par le compte courant de *tel*.

DU COMPTE INTITULÉ : TEL MON COMPTE.

163. Quelques teneurs de livres ouvrent un compte sous cette dénomination, pour y porter les affaires faites par un

correspondant entièrement pour notre compte. Ces dénominations sont obscures, et il est mieux de les intituler : *marchandises chez tel, navire à l'adresse d'un tel,* parce qu'il devient évident que ce sont des subdivisions de marchandises générales. Il en a été traité précédemment (119).

DES COMPTES EN PARTICIPATION ET DE COMPTE A 1/2, A 1/3, A 1/4, ETC.

164. Lorsqu'on fait une opération en participation, on ouvre un compte spécial sous le nom de *compte en participation, et de compte* à 1/2, à 1/3 ou à 1/4, *avec tels et tels.*

On y inscrit toutes les affaires relatives à cette opération, comme on le ferait pour celles d'une société ordinaire ; quant aux comptes en participation, à 1/2, à 1/3, à 1/4, etc., qui exigent de doubles, triples ou quadruples colonnes intérieures, il faut avoir recours au *Traité des comptes en participation* du même auteur, ouvrage spécial qui donne des renseignements les plus complets sur cette matière (*a*).

Voir le même ouvrage pour les comptes en participation sur une simple opération.

DES COMPTES OUVERTS EN COMMUN A PLUSIEURS INDIVIDUS NON ASSOCIÉS.

165. Lorsqu'on veut éviter d'ouvrir un trop grand nombre de comptes sur le Grand-Livre, ou lorsque les relations avec certains individus sont trop rares pour leur ouvrir un compte courant à chacun, on peut comprendre une classe nombreuse d'individus sous une même dénomination et dans un seul compte tel que celui :

166. *De divers débiteurs ; de divers créanciers ;* ou *de divers débiteurs et créanciers ; de débiteurs douteux* ou *litigieux ; d'ouvriers,* etc. ; *de légataires et créanciers divers de la succession*, etc., etc.

(*a*) 1 vol. in-8° formant le 4e vol. du *Cours complet d'études commerciales* ; Paris, chez Langlois et Leclercq, libraires, rue de la Harpe, 81.

Et l'on peut encore établir dans ces comptes une certaine régularité par les deux colonnes de numéros de rencontre, semblables à celles pratiquées et expliquées au compte d'Effets à payer. (Voir ce compte au GRAND-LIVRE, f° 4.)

CONCLUSION.

167. Il résulte de tout ce qui précède :

Que la méthode en partie double se prête merveilleusement, par la subdivision de ses comptes, à tous les développements qu'exige la nécessité de détails dans un commerce étendu, en même temps qu'elle centralise, résume et totalise, pour ainsi dire, les détails les plus minutieux dans des comptes destinés à n'en présenter que les résultats ;

168. Que cette méthode peut au besoin se restreindre dans l'application, à l'emploi de cinq comptes généraux avec les comptes de capital et de balance ; enfin, que tous les autres comptes dont les noms peuvent varier à l'infini, selon les divers genres de commerce dont ils sont destinés à noter toutes les particularités, ne sont en réalité que des subdivisions des cinq comptes génériques, et se tiennent absolument de la même manière et d'après le même principe qui ne change jamais.

169. Ajoutons encore en terminant qu'il faut bien se garder de multiplier inutilement les comptes et de les intituler de dénominations équivoques, parce qu'elles répandent sur l'ensemble du système une certaine obscurité à laquelle on n'échappe qu'en conservant au contraire les comptes généraux en petit nombre et sous des désignations bien nettes, qui ramènent cette ingénieuse méthode à sa clarté et à sa simplicité primitives.

Nous allons passer écriture maintenant de la deuxième série d'articles du Mémorial en faisant usage des différents comptes dont nous venons d'expliquer l'emploi et qui ne sont que des subdivisions des cinq comptes généraux.

MÉMORIAL.

Deuxième série d'Articles.

170. — DU 2 OCTOBRE 1847. —

J'ai vendu à Garnier 20 tonneaux de vin rouge à crédit. 15545 fr.

[Je dois débiter Garnier, qui reçoit (31), et créditer le compte de *Marchandises générales*, puisque j'en fournis (34).] J'écris donc au Journal, art. 60.

171. — DUDIT. —

Lebrun m'a payé son billet à mon ordre échu ce jour. 6216 fr.

[Je reçois de l'argent, la *Caisse* doit être débitée (33); et le compte d'*Effets à recevoir* crédité, puisque je remets en échange un billet de Lebrun (34).] J'écris au Journal, art. 61.

172. — DU 4 OCTOBRE. —

Garnier m'a remis les effets suivants, en payement de ma facture du 2 courant :

Sa traite à mon ordre sur Davidson au 2 mars.	5000 fr.
Son billet à mon ordre au 18 novembre. . .	4000 fr.
Billet de Didier à son ordre au 24	3545 fr.
	12545 fr.

[Je reçois ou il entre dans mon portefeuille des valeurs diverses à recevoir, je débite le compte d'*Effets à recevoir* (33); et je crédite Garnier, qui me les donne en payement d'une vente faite précédemment (53).] J'écris au Journal, art. 62.

173. — DU 6 OCTOBRE. —

Arnauld m'a remis sa facture de 440 douzaines de paires de bas de soie qu'il m'a expédiées, à 120 fr. la douzaine. Elle s'élève, y compris 454 fr. de frais, à. . . 53254 fr.

Frais déboursés à sa réception . . . . 100 fr.

53354 fr.

[Je reçois des marchandises, le compte de *Marchandises générales* doit être débité; Arnauld qui me les fournit et la *Caisse*, qui donne 100 fr. pour acquitter les frais de réception, doivent être crédités.] J'écris au Journal, art. 63.

On doit se rappeler que les frais sont considérés comme augmentation du prix coûtant des marchandises, et que c'est pour cette raison qu'il faut débiter ce compte (80).

174. — DU 7 OCTOBRE. —

J'ai vendu aux suivants ce qui suit :

A Nanteuil, 200 douzaines de paires de bas de soie montant à. . . . . 32713 fr. 88 c.

A Lebrun, 215 douzaines de paires de bas de soie pour. . . . . 38338 fr. »

A Villeneuve, 25 douzaines de paires de bas de soie pour. . . . . 3376 fr. »

74427 fr. 88 c.

[Je vends des marchandises, *Marchandises générales* doivent être créditées et les acheteurs débités.] J'écris au Journal, art. 64.

175. — DU 10 OCTOBRE. —

J'ai payé mon billet, ordre de Paul, échu ce jour, 2914 fr. 46 c.

[Je donne de l'argent, la *Caisse* doit être créditée; on me rend en échange acquitté mon propre billet qui me rentre, je débite le compte d'*Effets à payer* (33).] Et j'écris au Journal, art. 65.

176. — DU 10 OCTOBRE. —

Les suivants m'ont remis les effets ci-après en payement de la vente que je leur ai faite le 7 courant.

Nanteuil m'a remis 32,713 fr. 88 c. comme suit :

Une traite sur Londres de 382 livres 10 sous 6 deniers, faisant au change de 25, 50.	9754 38
Son billet à mon ordre au 18 novembre. . .	9000 »
Id. . . . . au 11 mars.	8000 »
Id. . . . . au 18 novembre. . .	5959 50
	32713 88

Lebrun m'a remis 38338 fr. comme suit :

Une traite sur Amsterdam de 2940 florins 3 deniers, faisant au change de 54 ci.	6533 50	
Une traite sur Cadix de 3915 piastres 3 réaux 50 marav., faisant au change de 3, 40.	12313 50	
Son billet à mon ordre au 13 novembre.	3000 »	
Id. . . . . le 18.	4000 »	
Id. . . . . *id.*	2245 »	
En espèces pour solde.	9246 »	38338 »

Villeneuve m'a remis 3376 fr. comme suit :

Son billet à mon ordre au 1er mars.		1688 »	
En espèces sous l'escompte de 2 0/0, argent.	1654 24		
Escompte retenu. . . .	33 76	1688 »	3376 »
			74427 88

[Dans cet article de Divers à Divers (77), je commence

par chercher tous les débiteurs sans m'occuper des créanciers ; ce sont les comptes d'*Effets à recevoir*, de *Caisse* et de *Pertes et Profits*, car je reçois des effets à recevoir, de l'argent, et je fais une perte d'escompte : j'écris donc au Journal, art. 66, dans l'ordre indiqué et je *renferme le montant de tous les comptes débiteurs entre deux lignes à l'encre, dans la colonne intérieure*. Cela fait, je cherche les comptes créanciers qui ont fourni les valeurs ; ce sont : Nanteuil, Lebrun et Villeneuve ; en conséquence, je les crédite et je sors le montant des créanciers dans la dernière colonne (77).] J'écris au Journal, art. 66.

Cet article, dans la pratique, se passerait en plusieurs articles plus simples ; il n'est ainsi présenté que pour exercer aux difficultés.

Pour changer les monnaies étrangères en monnaies de France, si l'on ne sait pas les changes étrangers et qu'on ignore les opérations arithmétiques à faire dans ce cas, il faut avoir recours au *Traité de change* du même auteur (*a*).

177. ——— DU 18 OCTOBRE. ———

J'ai donné en payement à Arnauld la traite sur Londres de 382 livres 10 sous 6 deniers, faisant un change de 25 fr. 9563 fr. 12 c.

[Cette traite m'avait été remise par Nanteuil au change de 25 fr. 60 c. pour 9754 fr. 38 c. ; conséquemment, en la donnant à Arnauld au change de 25 fr. pour 9563 fr. 12 c., je perds 191 fr. 26 c. provenant de la différence du change : il faut débiter *Pertes et Profits* de cette perte, Arnauld des 9563 fr. 12 c., somme pour laquelle je lui remets cette valeur, et créditer *Effets à recevoir* de la somme totale de 9754 fr. 38 c., car, les effets à recevoir ayant été débités de cette somme lors de l'entrée de la traite, il faut aujourd'hui

(*a*) Se vend à Paris, chez Langlois et Leclercq, rue de la Harpe, 81.

la faire sortir pour la même somme.] J'écris au Journal, art. 67.

178. ——————— DU 18 OCTOBRE. ———————

J'ai remis à Arnauld la traite sur Amsterdam de 2940 flor. 3 deniers, faisant au change de 53. . . . . 6656 fr. 77 c.

[Je recherche pour quelle somme cette traite était entrée au compte d'*Effets à recevoir*, et je vois que Nanteuil me l'avait négociée au change de 54 d. g. pour 6533 fr. 50 c.; ainsi, en la donnant à Arnauld au change de 53 pour 6656 fr. 77 c., je fais un bénéfice de 123 fr. 27 c., dont il faut créditer *Pertes et Profits* (34). Il faut créditer aussi *Effets à recevoir*, car je donne un effet; mais seulement de 6533 fr. 50 c., puisque, n'étant entré que pour cette somme, il ne doit sortir que pour la même : enfin je débite Arnauld de la somme totale de 6656 fr. 77 c., pour laquelle je lui ai négocié la traite.] Et j'écris au Journal, art. 68.

179. ——————— DUDIT. ———————

J'ai remis à Arnauld la traite sur Cadix de 3915 piast. 3 r. 50 marav., faisant au change de 340. . 13313 fr. 50 c.

Mon billet à son ordre au 15 mars. .	9000 fr. »
Id. . . . . 31.	8000 fr. »
Id. . . . . 15 avril. .	7408 fr. 08
	32721 fr. 58 c.

[En recherchant pour quelle somme était entrée la traite sur Cadix, je vois qu'elle m'avait été remise pour la même somme que je la remets à Arnauld; par conséquent je ne fais ni perte ni gain : le compte de *Pertes et Profits* ne doit donc être débité ni crédité, mais seulement le compte d'*Effets à recevoir* doit être crédité pour la traite qui sort du portefeuille.

Le compte d'*Effets à payer* doit être également crédité de mes propres billets souscrits et remis à Arnauld, que je débite de toutes ces valeurs.] Et j'écris au Journal, art. 69.

180. Règle générale. *Quand il sort une valeur en monnaies étrangères, soit en payement, soit par voie de négociation, il faut vérifier pour quelle somme cette valeur était entrée au compte d'*Effets à recevoir, *afin de la faire sortir pour la* même somme; *et porter la différence provenant du change au compte de* Pertes et Profits.

181. On a déjà dit qu'il existait une autre manière plus abrégée de passer écriture de la négociation des effets en usage chez les banquiers; il en est traité paragraphe 223.

182. ———— du 21 octobre. ————

J'ai reçu d'envoi de Barry 4 caisses de borax dont la facture s'élève à 4500 fr. pour le payement de laquelle il a tiré sur moi, à l'ordre de Léonard, une traite au 5 novembre prochain que j'ai acceptée de. . . . . 4500 fr.

Frais déboursés à la réception. 200

4700 fr.

183. [Je reçois des marchandises et je débourse quelques frais à leur réception; donc *Marchandises générales* doivent être débitées. Barry qui me les fournit devrait être crédité; mais, comme pour se payer il a tiré sur moi une traite que j'ai acceptée, ce n'est plus lui qu'il faut créditer, mais bien les *Effets à payer,* puisque j'ai donné mon acceptation (34); je crédite aussi la *Caisse* de l'argent déboursé pour les frais.] Et j'écris au Journal, art 70.

184. ———— du 23 octobre. ————

J'ai expédié à Weymann 4 caisses de borax raffiné, s'élevant suivant facture à 6000 fr.; en payement de laquelle j'ai tiré une traite sur lui, au 31 courant, à l'ordre de Ruffier, qui l'a escomptée à 1/4 pour 0/0.

L'escompte déduit est de. . . . . 15 fr.

Net reçu en espèces de Ruffier. 5985

6000 fr.

[Je fournis pour 6000 fr. de borax; donc les *Marchandises*

générales doivent être créditées de 6000 fr. Weymann ne doit rien et ne peut être débité, car je me suis payé en tirant sur lui une traite dont je débiterais les *Effets à recevoir* si je ne la négociais aussitôt à Ruffier que je devrais débiter; mais il m'en donne aussitôt le montant en argent sous la déduction de l'escompte de 15 fr.

C'est donc la *Caisse* qu'il faut débiter en définitive des 5985 fr. qui entrent en espèces, et *Pertes et Profits* des 15 fr. d'escompte retenus.] J'écris Divers à Marchandises générales, au Journal, art. 71.

185. En effet, cette opération, avec des circonstances si compliquées, n'est autre chose qu'une vente de marchandises qui finit par nous être payée au comptant sous escompte.

186. Règle générale. *Dans un article très-compliqué il faut examiner avec attention quel est le compte général qui reçoit, pour le débiter, sans se préoccuper des circonstances accessoires, et aussi quel est le compte général qui fournit, pour le créditer, parce que, quels que soient les incidents intermédiaires, dès que dans un article on reçoit de l'argent, il faut* INVARIABLEMENT *débiter la* Caisse, *et lorsqu'on vend des marchandises le compte de* Marchandises générales *doit être* INVARIABLEMENT *crédité.*

186 *bis.* Dans la pratique les articles ne se présentent pas aussi compliqués que ceux donnés ici pour exemples; le plus souvent ils sont tout simples; mais il faut bien créer des difficultés, afin d'exercer à les résoudre.

187. ——— DU 24 OCTOBRE. ———

Encaissé le billet de Didier à mon ordre échu. 3545 fr.

[Il faut débiter la *Caisse* dans laquelle il entre en espèces le montant du billet, et créditer les *Effets à recevoir* pour le billet qu'on rend acquitté et qui sort du portefeuille.] J'écris au Journal, art. 72.

188. ——— DUDIT. ———

J'ai tiré un mandat sur Arnauld de 3400 fr. au 20 janvier

prochain, que j'ai donné à Garnier pour le payement de 6 caisses d'indigo qu'il m'a vendues ce jour. . . . 3400 fr.

189. Toutes les fois qu'on tire un mandat ou une traite sur un correspondant, il faut le créditer, parce qu'il payera pour notre compte le montant de la traite ou du mandat (106).

[Je reçois des marchandises que j'achète à Garnier, il faut débiter *invariablement* les *Marchandises générales* (186). J'aurais crédité Garnier si je ne l'avais aussitôt payé avec un mandat sur mon correspondant Arnauld, qu'il faut créditer à sa place, parce que c'est lui qui en payera le montant (106).] Et j'écris au Journal, art. 73.

Le compte d'*Effets à recevoir* n'est ni débité ni crédité, parce que le mandat n'entre pas dans mon portefeuille; il n'est créé que pour être aussitôt donné à Garnier.

190. ——— DU 26 OCTOBRE. ———

Arnauld de Lyon ayant tiré sur moi une traite de 9563 fr. 12 c. à l'ordre de Léonard, au 31 mars, je l'ai revêtue de mon acceptation, en remboursement de la traite sur Londres de 382 livres 10 sous 6 deniers que je lui avais cédée au change de 25 fr. et qu'il m'a renvoyée protestée faute de payement.

J'ai aussitôt renvoyé cette traite à Nanteuil qui me l'avait négociée au change de 25 fr. 50 c., faisant 9754 fr. 38 c.

[J'accepte une traite de 9563 fr. 12 c., le compte d'*Effets à payer* doit être *invariablement* crédité (186); et Arnauld qui tire cette traite devrait être débité; mais je ne le puis, parce qu'il n'a tiré cette traite que pour se rembourser d'une remise que je lui avais faite sur Londres, et qu'il me renvoie protestée faute de payement. A sa place je devrais débiter le compte d'*Effets à recevoir*, car il me rentre en échange la traite sur Londres qu'il me renvoie; mais, comme je la renvoie moi-même aussitôt à Nanteuil de qui je la tiens, c'est en définitive Nanteuil qu'il faut débiter de la somme de 9754 fr. 38 c. pour laquelle il m'avait cédé cette valeur.

La traite que j'ai acceptée ne s'élevant qu'à 9563 fr. 12 c., je ne puis créditer les *Effets à payer* que de cette somme; en conséquence je porte la différence 191 fr. 26 c. au crédit de *Pertes et Profits,* parce que c'est un bénéfice que je fais aujourd'hui.

En effet, lorsque je négociai précédemment pour 9563 fr. 12 c. une remise qui m'avait été donnée pour 9754 fr. 38 c., je perdais 191 fr. 26 c. qui me rentrent aujourd'hui que l'affaire se trouve annulée par le non-payement de cette remise. Ainsi c'est un gain ou la rentrée d'une perte dont le compte de *Pertes et Profits* doit être crédité.] J'écris au Journal : Nanteuil à Divers, art. 74.

191. —————— DU 26 OCTOBRE. ——————

J'ai acquitté mon billet ordre de Paul échu ce jour. 2914 fr. 46 c.

[Je donne de l'argent, il faut créditer la *Caisse* en échange d'un de mes billets qui me rentre acquitté; donc il faut débiter les *Effets à payer* (33).] Et écrire au Journal, art. 75.

192. —————— DUDIT. ——————

Nanteuil m'a remboursé 9754 fr. 38 c. en espèces pour sa traite sur Londres revenue protestée. . . 9754 fr. 38 c.

[Je reçois de l'argent, la *Caisse* doit être débitée; et Nanteuil qui le donne doit être crédité.] J'écris au Journal, art. 76.

193. —————— DU 1er NOVEMBRE. ——————

J'ai payé mes dépenses du mois dernier :

Pour les frais de maison.	1200 fr.
Pour mes dépenses personnelles, d'entretien et autres.	500 fr.
Aux cochers, domestiques, aux grenetiers, selliers, etc.	1000 fr.
Payé pour impositions, patente, appointements et ports de lettres.	1000 fr.
	3700 fr.

194. Désirant connaître exactement à combien s'élèvent les dépenses de ménage ou de ma maison d'une part, et celles de mon commerce d'autre part, ainsi que mes dépenses particulières ou personnelles, j'ouvrirai un compte particulier à chacune de ces diverses natures de dépenses. Je pourrai voir ainsi journellement à combien s'élève chacune d'elles.

J'ouvrirai également un compte séparé pour les frais généraux de mon commerce.

Ces nouveaux comptes que je vais ouvrir ne sont que des subdivisions du compte de *Pertes et Profits* (139). On pourrait en multiplier le nombre ; mais nous nous bornerons ici aux distinctions principales de *frais de maison*, de *dépenses personnelles* et de *frais généraux*.

On comprend que le compte de frais généraux lui-même pourrait se subdiviser en comptes de *ports de lettres*, d'*appointements*, de *frais de bureaux*, etc.; celui de dépenses personnelles en comptes d'*habillement*, de *voitures et chevaux*, de *deniers de poche*, etc.; mais il faut s'en tenir aux trois précédents.

Dans l'article proposé, je crédite la *Caisse* de l'argent qui en est sorti ; je débite chacun de ces comptes des articles qui le concerne. Et j'écris au Journal, art. 77.

195. ——— DU 1er NOVEMBRE. ———

Des contre-parties.

Ayant reconnu que le mois dernier j'ai débité par erreur sur le Journal le compte de Nanteuil et crédité la *Caisse* de 9754 fr. 38 c., au lieu de le créditer au contraire par le débit de *Caisse*, il faut rectifier cette erreur qui m'est échappée.

Comme la loi défend de faire aucune rature ou surcharge au Journal, je n'ai pas d'autre moyen de rectification que de *contre-passer* d'abord cet article pour l'annuler, et de le passer ensuite tel qu'il devait être ; ainsi, j'écris au Journal :

Caisse de Nanteuil, fr. 9754 38 pour contre-passer et annuler un article de pareille somme, porté par erreur au débit de Nanteuil et au crédit de caisse. . 9754 fr. 38 c.

Cet article, rapporté au Grand-Livre au crédit de Nanteuil, balancera ou annulera la somme pareille qui figure à son débit; il opérera une rectification analogue au compte de *Caisse.*

Cela fait, je passe l'article tel qu'il aurait dû l'être, et j'écris au Journal, art. 79.

Si l'on commettait une erreur au Grand-Livre, on pourrait la rectifier en effaçant les sommes, mais au Journal la loi le défend expressément : en conséquence il faut d'abord contre-passer l'article erroné, c'est-à-dire passer un article absolument inverse, qui l'annule, et ensuite il faut passer un second article tel qu'il devait être rédigé primitivement.

196. ——— DU 1er NOVEMBRE. ———

J'ai renouvelé mon mobilier et j'ai payé pour achat de meubles nouveaux. . . . . 15000 fr.

[Mon mobilier prenant de l'importance, j'ouvre un compte spécial sous le nom de *Mobilier* (122).

Je débite ce compte par le crédit de la *Caisse* de la somme que j'ai déboursée à cette occasion.] Et j'écris au Journal, art. 80.

197. ——— DUDIT. ———

J'ai reçu en espèces pour quelques parties que j'ai vendues de mon ancien mobilier. . . . . 3000 fr.

[Je crédite le compte de *mobilier* de cette vente par le débit de la *Caisse,* qui en reçoit le prix.] Et j'écris au Journal, art. 81.

198. ——— DU 3 NOVEMBRE. ———

J'ai expédié à Arnauld 20 tonneaux de vin de Médoc dont

la facture s'élève à 10,100 fr.; et je lui ai donné l'ordre d'en payer le montant à Didier de Lyon.

[Je crédite *Marchandises générales*, puisque je livre des marchandises; Arnauld qui les reçoit devrait être débité, mais comme je lui donne ordre d'en compter le montant à Didier, c'est Didier qui reçoit en définitive pour mon compte les 10,000 fr. qu'il faut débiter (100).] Et j'écris au Journal, art. 82.

199. ———— DU 4 NOVEMBRE. ————

Raymond de Sédan m'a expédié une balle de draps divers, montant à 8355 fr. dont il m'a donné ordre de compter la valeur à Nanteuil, ce que j'ai fait en remettant acquitté audit Nanteuil son billet de 8000 fr. au 11 mars, que j'avais en portefeuille, et en lui comptant pour solde 355 fr.

8355 fr.

Ces marchandises ont fait 100 fr. de frais que j'ai payés à leur réception. . . . . 100 fr.

8455 fr.

[Je reçois une balle de draps de la valeur de 8355 fr., à la réception j'ai payé 100 fr. de frais qui sont une augmentation du prix coûtant (80); donc il faut débiter *Marchandises générales* de 8455 fr. Raymond, à qui je dois les 8355 fr. de draps qu'il me fournit, m'ordonne de les compter pour son compte à Nanteuil, ce que je fais; je ne dois donc plus créditer Raymond, mais à sa place le compte d'*Effets à recevoir* d'où sort le billet de Nanteuil que je lui rends acquitté. La *Caisse* doit être également créditée des 100 fr. déboursés à la réception et des 355 fr. que j'ai comptés pour solde à Nanteuil, qui, dans cette circonstance, ne doit être ni débité ni crédité (66). J'écris au Journal, art. 83.

200. RÈGLE GÉNÉRALE. *Lorsqu'on reçoit l'ordre d'un correspondant de payer pour son compte à un tiers une somme, ce n'est pas le tiers, qui nous est étranger, qu'il faut débiter,*

mais bien le correspondant pour le compte et par l'ordre duquel on opère. Principe déjà donné (101).

201. ——— DU 5 NOVEMBRE. ———

J'ai acheté au comptant à Desbassyns de Richemont, 42 actions nominatives de la Compagnie d'assurances contre l'incendie, dite du *Soleil*, à 66 pour 0/0 de perte pour lui sur le pair des 1890 fr. de rentes à 5 pour 0/0 sur l'Etat, qui en forment la garantie et autres accessoires (*a*), pour 18500 fr.

[J'achète des actions, je pourrais en débiter *Marchandises générales,* mais comme c'est un achat important qui peut donner lieu à plusieurs reventes, j'ouvre un compte spécial à *actions de la Compagnie du Soleil,* que je débite de mon achat, et je crédite la *Caisse* d'où sortent les fonds donnés en payement.] J'écris au Journal, art. 84.

202. ——— DUDIT. ———

J'ai payé mon acceptation à la traite de Barry, ordre de Léonard, échue ce jour. . . . . 4500 fr.

[Je débite les *Effets à payer* pour l'acceptation qui me rentre acquittée (66), et je crédite la *Caisse* d'où sortent les fonds pour la payer.] J'écris au Journal, art. 85.

203. ——— DU 12 NOVEMBRE. ———

J'ai acheté aux suivants ce qui suit, et je leur ai donné ordre de tirer pour mon compte sur Didier de Lyon, le montant de leur facture.

Acheté à Garnier 7 ton[x] de vin de Médoc pour	3500	fr.
Id. . . . . Paul 10 *id.*	4000	
Id. . . . Lebrun 5 *id.*	2600	
	10100	fr.

[Puisque j'achète des marchandises, je débite le compte de

(*a*) Cet achat a eu lieu lorsque cette compagnie était sous le coup d'un appel de fonds; sans se préoccuper des détails, il faut ne passer écriture que de la somme déboursée.

Marchandises générales. Je devrais créditer ceux qui me les fournissent; mais comme je les leur paye aussitôt en les autorisant à disposer pour mon compte du montant de ce que je leur dois, sur Didier de Lyon, c'est Didier que je dois créditer, parce qu'il opère pour mon compte un payement dont je dois lui donner crédit (100).] J'écris au Journal, art. 86.

204. Règle générale. *Quoique le payement ne soit pas encore fait, il n'en faut pas moins créditer le correspondant chargé de l'effectuer; il suffit qu'on lui en ait donné l'ordre pour que son compte doive être crédité.*

205. ——— DU 16 NOVEMBRE. ———

J'ai vendu aux suivants ce qui suit :

A Durand, 10 tonneaux de vins de Médoc payables à l'escompte de 3/4 pour 0/0. . . . . 5060 fr.

A Beaufond, 12 tonneaux, même qualité, payables en papier sur Hambourg. . . . . . . 6990 fr.

12050 fr.

[Je vends des marchandises, les *Marchandises générales* doivent être créditées; Durand et Beaufond qui les achètent doivent être débités.] J'écris au Journal, art. 87.

206. ——— DU 18 NOVEMBRE. ———

Beaufond m'a remis une traite sur Hambourg de 3677 marcs banco, faisant, au change de 190, la somme de 6990 fr. en payement des marchandises à lui vendues le 16 du courant. . . . . 6990 fr.

[Je reçois un effet à recevoir, ce compte doit être débité; et Beaufond qui le remet doit être crédité.] J'écris art. 87.

207. ——— DUDIT. ———

Les suivants m'ont compté ce qui suit pour l'acquit de leurs billets échus ce jour :

Garnier, son billet à mon ordre.	4000 fr.	»
Id. *id.*	3000 fr.	»
Nanteuil, *id.*	9000 fr.	»
Id. *id.*	5959 fr.	50 c.
Lebrun, *id.*	3000 fr.	»
Id. *id.*	4000 fr.	»
Id. *id.*	2245 fr.	»
	31204 fr.	50 c.

[Je débite la *Caisse* de l'argent qui entre en caisse, et je crédite le compte d'*Effets à recevoir* pour les billets qui sortent de mon portefeuille (66). J'écris au Journal, art. 69.

208. ———— DU 24 NOVEMBRE. ————

Durand m'a compté 5060 fr. sous l'escompte de 3 1/4 p. 0/0, en payement des marchandises que je lui ai vendues le 16 courant. L'escompte qu'il a retenu est de. 164 fr. 48 c.

Espèces reçues. . . . . 4895 fr. 52 c.

[Je reçois 4895 fr. 52 c. espèces, et un escompte de 164 fr. 48 c. est retenu ; je débite donc la *Caisse* de 4895 fr. 52 c., et le compte de *Pertes et Profits* de cet escompte. Il faut créditer de la totalité Durand qui éteint réellement une dette de 5060 fr.] Et j'écris au Journal, art. 90.

209. ———— DU 27 NOVEMBRE. ————

J'ai acquitté mon billet, ordre Lebrun, échu ce jour. 6000 fr.

[Je crédite la *Caisse* de l'argent que je donne, et débite les *Effets à payer* du billet qui me rentre acquitté (66).] J'écris au Journal, art. 91.

210. ———— DU 28 NOVEMBRE. ————

Arnauld m'ayant expédié 80 pièces de drap de soie assorties pour vendre pour son compte à la commission, j'ai déboursé 200 fr. de frais à la réception de ces marchandises. 200 fr.

[Je reçois des marchandises que je n'achète pas, mais que je dois, au contraire, vendre à la commission pour le compte d'Arnauld ; par conséquent ce n'est pas *Marchandises générales* qu'il faut débiter, mais Arnauld pour compte de qui je débourse les 200 fr. de frais de la réception : ainsi je devrais écrire *Arnauld* à *Caisse*. . . . . 200 fr.

Mais comme cette consignation importante va donner lieu à de nombreux articles, je puis ouvrir un compte spécial à cette opération, sous le nom d'*Arnauld son compte de marchandises,* pour ne pas le confondre avec son compte courant (*voyez :* Des divers comptes qu'on peut ouvrir au même correspondant (161).] Et j'écris au Journal, art. 92.

211. —— DU 30 NOVEMBRE. ——

Payé pour les dépenses de maison.		850 fr.	
Pris en caisse pour mes dépenses personnelles.		750 fr.	
Versé dans la petite caisse des ports de lettres.	200 fr.		
Payé les appointements. .	500 fr.	700 fr.	2300 fr.

[Je crédite la *Caisse* des 2300 fr. payés pour dépenses diverses ; et, au lieu d'en débiter *Pertes et Profits,* comme précédemment, je débite les comptes de *dépenses de maison, dépenses personnelles* et *frais généraux* de la somme qui concerne chacun d'eux.] Et j'écris au Journal, art. 93.

212. —— DU 3 DÉCEMBRE. ——

J'ai vendu à Strekeysen 60 pièces de drap de soie d'Arnauld, montant à 20000 fr.; en payement desquelles il m'a ouvert un crédit sur le banquier Rougemont de Lowemberg. 20000 fr.

[Je vends des marchandises d'Arnauld et non des miennes,

c'est donc *Arnauld son compte de Marchandises* qu'il faut créditer et non *Marchandises générales.* Je devrais débiter Strekeysen qui les achète ; mais, comme il les paye en m'ouvrant un crédit sur Rougemont de Lowemberg, c'est Rougemont qu'il faut débiter à sa place.] J'écris au Journal, art. 94.

213. ——— DU 8 DÉCEMBRE. ———

J'ai tiré une lettre de change à vue sur Rougemont de Lowemberg à l'ordre d'Arnauld, à qui j'ai fait cette remise à valoir sur la vente de ses draps de soie . . . 10,000 fr.

[Je fais une remise à Arnauld à valoir sur le produit de la vente de ses draps de soie, je dois donc débiter spécialement son compte de marchandises.

La remise que je donne ne sort point de mon portefeuille, je la crée à l'instant pour la donner ; je ne crédite donc pas *Effets à recevoir*, mais Rougemont, sur qui je tire la traite et qui doit être crédité.] J'écris au Journal, art. 95.

214. ——— DU 9 DÉCEMBRE. ———

J'ai tiré une traite à vue sur Rougemont à l'ordre de Peyrayre, qui m'en a compté le montant au pair. 10,000 fr.

[Je tire une traite sur Rougemont, je dois le créditer ; Peyrayre, à qui je la négocie, m'en remet aussitôt le montant, je débite la *Caisse.*] Et j'écris au Journal, art. 96.

215. ——— DUDIT. ———

Je me suis fait ouvrir un compte courant à la Banque de France, et j'y ai versé 20,000 fr. en espèces.

[J'ouvre un compte à Banque de France, que je débite de l'argent que j'y verse ; je crédite la *Caisse.*] Et j'écris au Journal, art. 97.

216. ——— DU 13 DÉCEMBRE. ———

Bonneval m'a fait un billet de 1000 fr. à trois mois ; je lui en ai fait un en retour de la même somme à la même échéance . . . . 1000 fr.

Il m'a compté 1/2 p. 0/0 de bonification pour lui avoir prêté ma signature. . . . . 106 fr.

[Je reçois un effet à recevoir et de l'argent, je débite la *Caisse* et les *Effets à recevoir*; je donne mon billet et je fais un bénéfice, je crédite *Effets à payer* et *Pertes et Profits.*] J'écris au Journal, 98.

217. ——————— DU 17 DÉCEMBRE. ———————

J'ai vendu à Decliéver les 20 dernières pièces de drap de soie d'Arnauld, montant, suivant facture, à 7345 fr. Il m'a payé en une traite sur ledit Arnauld au 8 avril prochain, qu'il a passée à mon ordre, et que j'ai envoyée à Arnauld acquittée, à valoir sur ses draps de soie; ici. . . . 7345 fr.

J'ai vendu des marchandises provenant de la consignation d'Arnauld; je dois donc créditer *Arnaud son compte de marchandises* (161); quant à Decliéver, qui les achète, comme il me les paye immédiatement en une traite sur Arnauld, ce serait les *Effets à recevoir* que je devrais débiter à sa place, si je ne donnais cette traite aussitôt en payement à Arnauld lui-même; c'est donc *Arnauld son compte de marchandises* qu'il faut débiter, puisque cette remise lui est faite à valoir sur le produit de ses draps de soie.] J'écris au Journal, art. 99, ARNAULD SON COMPTE DE MARCHANDISES A ARNAULD SON COMPTE DE MARCHANDISES, fr. 7345, etc.

218. Voilà un compte débité et crédité de la même somme, ce qui s'annule.

En effet, il est certain que le solde du compte de *Arnauld son compte de marchandises* restera le même; puisque le même chiffre va figurer au débit comme au crédit. Cependant il est utile de passer ainsi cet article, qui se balance; car, si on le supprimait, il manquerait au débit la mention de cette remise de 7345 fr. que je fais à Arnauld en son propre billet, à valoir sur ses draps de soie; il manquerait aussi au crédit la mention de la vente des 20 dernières pièces de draps de soie. Le compte serait donc incomplet dans les renseignements qu'il présenterait (186 *bis*).

219. —— DU 17 DÉCEMBRE. ——

La vente des draps de soie d'Arnauld étant terminée, il faut passer écriture de la commission de vente et de garantie de 4 0/0 qui me revient et s'élève à. . . 1093 fr. 80 c.

[Cette soumission est un bénéfice pour moi, dont je crédite *Pertes et Profits*; j'en débite Arnauld son compte de marchandises (161). [Et j'écris au Journal, art. 100.

220. —— DUDIT. ——

Il faut solder le compte de *Arnauld son compte de marchandises*, qui est aujourd'hui sans objet puisque la vente est terminée : en conséquence, j'additionne les sommes du débit de ce compte au Grand-Livre et celles du crédit. Il en résulte une différence ou solde qui s'élève à 8706 fr. 20 c., qui se trouve en excédant au crédit et revient nécessairement à Arnauld.

[Comme, pour balancer son compte de marchandises, il faut que je porte au débit ce solde de 8706 fr. 20 c. , j'en débite Arnauld son compte de marchandises, et j'en crédite en même temps Arnauld son compte courant.] J'écris au Journal, art. 101.

221. —— DU 21 DÉCEMBRE. ——

J'ai pris à l'escompte à Martin les effets ci-après :

Une traite sur Londres de 82 livres 17 sous 6 deniers, faisant, au change de 25, 10. . . . . . . 2080 16 c.

Une traite sur Amsterdam de 1283 florins 19 sous, faisant au change de 54. . . 2750 50 c.

Une traite sur Hambourg de 1517 marcs banco 13 sols au change de 188. . . . . 3445 88 c.

8276 54 c.

[Je reçois des effets, le compte d'*Effets à recevoir* doit être débité; je donne en payement de l'argent, je crédite la *Caisse.*] Et j'écris au Journal, art. 102.

222. Quand on escompte des traites sur l'étranger, en monnaies étrangères, il n'y a pas d'escompte, parce que le prix du change est fixé plus ou moins haut, suivant le temps à courir, ce qui tient lieu d'escompte.

223. ——— DU 21 DÉCEMBRE. ———

J'ai escompté à Forestier son billet à mon ordre au 20 juin, de . . . . 1000 fr.

Escompte que j'ai retenu . . . . 30 fr.

Net payé . . . 970 fr.

Il y a deux manières de passer écriture des escomptes et négociations de billets; celle que nous avons suivie jusqu'à présent est plus en usage chez les commerçants; elle consiste à passer par *Pertes et Profits* la différence en escompte qu'ils gagnent ou perdent à chaque négociation.

224. Mais on sent bien que chez les banquiers ou chez les escompteurs qui font le commerce spécial du papier et qui donnent ou prennent des effets en grand nombre il serait fort difficile et très-long de passer par *Pertes et Profits* les pertes ou le gain qu'ils peuvent faire à chaque opération; en conséquence, ils tiennent leur compte d'*Effets à recevoir* absolument comme les commerçants tiennent celui de *Marchandises générales*; ils débitent le compte d'*Effets à recevoir* de tous les billets qu'ils escomptent ou achètent au prix coûtant; ils créditent le compte d'*Effets à recevoir* de ceux qu'ils négocient au prix de vente ou négociation, sans s'occuper de l'escompte ni de la somme pour laquelle ils sont entrés.

225. A la fin de l'année, lorsque tout est négocié ou encaissé, la différence du crédit, où sont portés les effets négociés ou vendus, avec le débit où figurent les effets achetés ou escomptés, détermine nécessairement le bénéfice ou la

perte que l'ensemble des négociations de l'année a produit ; bénéfice ou perte qu'on porte au compte de *Pertes et Profits.*

Ainsi, c'est passer en bloc à la fin de l'année par le compte de *Pertes et Profits* toutes les différences qu'on y eût portées partiellement à chaque négociation dans le cours de l'année.

226. Dans cette manière abrégée on ne passe jamais écriture que du produit net des effets escomptés ou négociés, c'est-à-dire seulement de la somme déboursée ou reçue en espèces, sans s'occuper ni de l'escompte retenu ni des sommes stipulées dans le corps du billet ; mais, ces sommes devant être nécessairement énoncées, on pratique au compte d'*Effets à recevoir*, au Grand-Livre, une colonne intérieure dans laquelle ces sommes sont placées, et l'on ne sort dans la dernière colonne que le produit net figurant au Journal, afin qu'il y ait toujours concordance entre ces deux livres.

Pour appliquer cette manière à l'article proposé, on écrirait au journal :

Effets a recevoir a Caisse fr. 970, escompté le billet de Forestier à mon ordre, au 20 juin, de. . . . . . 1000 fr.

Escompte déduit.	30 fr.
Net payé.	970 fr.

Ainsi, les effets ne sont débités que de 970 fr., bien que la somme stipulée au corps du billet s'élève à 1000 fr., et le compte de *Pertes et Profits* n'est pas crédité de l'escompte ; mais cela n'est que différé et suspendu jusqu'à la fin de l'année, époque où cette différence avec toutes les autres provenant des escomptes et négociations seront portées ensemble et en un seul article au compte de *Pertes et Profits* (225).

Nous continuerons à passer écriture selon la première méthode usitée par les négociants, en portant chaque fois l'escompte à *Pertes et Profits.*

Dans l'article ci-dessus, il entre un billet à recevoir de 1000 fr. ; j'en débite le compte d'*Effets à recevoir*. Je cré-

7

dite la *Caisse* des 970 fr. qui en sortent, et le compte de *Pertes et Profits* des 30 fr. d'escompte que je gagne. J'écris au Journal, art. 103.

227. ——— DU 21 DÉCEMBRE. ———

Arnauld m'a donné ordre de remettre à Williams de Londres 2113 fr. 31 c., au change de 25, 50, ce que j'ai fait en remettant à Williams la traite sur Londres que j'avais en portefeuille, de 82 livres 7 sous 6 deniers, et qui m'avait été cédée au change de 25, 10. . . . . 2113 fr. 31 c.

Arnauld m'ayant donné ordre de remettre pour son compte à Williams 2113 fr. 31 c., c'est Arnauld qu'il faut débiter et non Williams (101). [Je remets à Williams une traite, il faut créditer *Effets à recevoir;* mais, en vérifiant pour combien cette traite était entrée (180), je vois que c'était seulement pour 2080 fr. 16 c. : je ne puis donc la faire sortir, ou, en d'autres termes, créditer le compte d'*Effets à recevoir* que de cette somme. En conséquence je crédite *Pertes et Profits* de la différence 33, 15, qui est un bénéfice pour moi.] J'écris au Journal, art. 104.

228. Dans la seconde manière, on dirait seulement : *Arnauld à Effets à recevoir* fr. 2113, 31 c., sans s'occuper de la somme pour laquelle est entrée sa traite sur Londres, ni de la différence en plus que présente la somme pour laquelle elle est sortie; parce que cette différence doit se retrouver à la fin de l'année au compte d'*Effets à recevoir*, et sera portée en bloc au compte de *Pertes et Profits* avec toutes les autres différences (225).

229. ——— DUDIT. ———

J'ai vendu au comptant vingt actions de la Compagnie du Soleil à 50 pour 0/0 de perte, y compris les 900 fr. de rente 5 0/0 qui en forment la garantie. . . . . . . 10000 fr.

J'en ai vendu 10 autres au comptant à Lefebvre, à 30 pour 0/0 de perte sans les divers accessoires. 7000 fr.

[Je débite la *Caisse* de l'argent que je reçois, et je crédite le compte ouvert aux actions de la Compagnie du Soleil pour les 30 actions qui en sortent.] J'écris, art. 105. [Cette perte de 50 pour 0/0 n'est pas une perte pour nous, ce n'est qu'une manière usitée d'exprimer commercialement le discrédit de cette compagnie.]

230. —— DU 21 DÉCEMBRE. ——

La rente étant tombée à 105, j'ai acheté à ce cours 2000 fr. de rentes 5 0/0 :

Payé en espèces.	22000
En un mandat sur la Banque de France. . .	20000
	42000 fr.

[J'ouvre un compte spécial à *rentes sur l'État* (117), que je débite du prix d'achat de ces rentes ; je crédite la *Caisse* et la Banque de France, par lesquelles j'en effectue le payement.] J'écris au Journal, art. 106.

231. —— DUDIT. ——

J'ai prêté à Neuville 10000 fr., pour lesquels il m'a donné sur sa maison une première hypothèque remboursable dans dix ans. . . . . 10000 fr.

[Le contrat d'hypothèque étant à une trop longue échéance, je ne le porterai pas au compte d'*Effets à recevoir ;* j'ouvre un compte à *obligations hypothécaires à recevoir*, que je débite de celle qui entre dans mon portefeuille (133) ; et je crédite la *Caisse.*] J'écris au Journal, art. 107.

232. —— DU 22 DÉCEMBRE. ——

J'ai négocié à Wells et compagnie une traite sur Hambourg de 3677 marcs 1 sol lubs., faisant, au change de 180, 7278 fr. 20 c.

[Je négocie à Wells et compagnie une traite sur Hambourg contre de l'argent, je débite d'abord la *Caisse* des 7278 fr. 20 c. que je reçois en espèces ; je vérifie ensuite pour quelle somme cette traite m'avait été donnée, afin de créditer les *Effets à recevoir* de pareille somme (180) : elle était entrée pour 6990 fr. Je crédite donc les *Effets à recevoir* de 6990 ; il me faut créditer aussi *Pertes et Profits* des 288 fr. 20 c. de différence, qui sont un gain pour moi.] J'écris au Journal, art. 108.

Selon la manière des banquiers, je débiterais seulement la *Caisse* et créditerais les *Effets à recevoir* de 7278 fr. 20 c., sans apprécier de suite le bénéfice que je fais ; ce bénéfice se trouverait à la fin de l'année, avec tous les autres, compris dans le solde du compte d'effets à recevoir et porté au compte de *Pertes et Profits* (225).

233. ——— DU 22 DÉCEMBRE. ———

J'ai acheté à Lebrun 10 tonneaux de vin rouge à 400 fr. le tonneau, et je les ai expédiés de suite à Arnauld pour être vendus pour mon compte. . . . . 4000 fr.

J'ai déboursé 250 fr. de frais d'expédition. . 250

4250 fr.

[J'achète des marchandises, *Marchandises générales* doivent être débitées ; mais comme je les expédie en consignation à Arnauld pour être vendues pour mon compte, désirant me rendre un compte particulier de cette consignation, j'ouvre un compte spécial sous le nom de *Marchandises en consignation chez Arnauld* (119), je crédite Lebrun de ces marchandises fournies à crédit et la *Caisse* des 250 fr. de frais déboursés.] J'écris au Journal, art. 109.

234. ——— DUDIT. ———

J'ai acheté à Lebrun 10 tonneaux de vin rouge montant à 6676 fr. que je lui ai payés comme suit :

En mon billet à son ordre au 22 mars. 4000 fr.
En un mandat sur la Banque de France. 2676 fr. 21 c.

6676 fr. 21 c.

[J'achète des marchandises, je débite le compte de *Marchandises générales;* je crédite le compte d'*Effets à payer* pour mon billet, et le compte de *Banque de France* pour le mandat tiré sur elle.] J'écris au Journal, art. 110.

235. —— DU 23 DÉCEMBRE. ——

J'ai emprunté à Tixier 20000 fr. en espèces et je lui en ai fait mon billet à son ordre au 10 janvier, sur lequel il a retenu l'escompte de 1 p. 0/0. . . . . 20000 fr.

[Je souscris un billet à l'ordre de Tixier; donc il faut que je crédite le compte d'*Effets à payer;* je débite la *Caisse* des espèces seulement qui y entrent en numéraire, et le compte de *Pertes et Profits* de la perte ou escompte que Tixier me retient.] J'écris au Journal, art. 111.

236. —— DUDIT. ——

J'ai acheté au comptant à Jackson 20 tonneaux de vin de Médoc à 1000 fr. le tonneau, et je les ai expédiés de suite à Arnauld pour qu'il les vende pour mon compte à la commission de 1/2 pour 0/0. . . . . 20000 fr.
Frais d'expédition. 300

20300 fr.

[J'achète des marchandises que j'adresse à Arnauld pour les vendre pour mon compte; je débite le compte de *Marchandises en commission chez Arnauld,* et je crédite la *Caisse* des espèces données en payement.] J'écris au Journal, art. 112.

237. —— DUDIT. ——

J'ai expédié également à Arnauld pour être vendu pour mon compte, au mieux de mes intérêts, un baril d'indigos avariés qui se trouvait dans mes magasins, et que j'évalue à. . . . . 1000 fr.

[Puisque j'expédie un baril de marchandises à Arnauld, je dois créditer les *Marchandises générales* et débiter le compte spécial de *Marchandises en commission chez Arnauld* du prix de ce baril avarié.] J'écris au Journal, art. 113.

238. — DU 23 DÉCEMBRE. —

J'ai acheté à Nanteuil 20 tonneaux de vin rouge montant à 8700 fr. que je lui ai payés.

En mon billet à son ordre au 15 juin, de. . .	4350 fr.
En un mandat sur la Banque de France. . . .	4350
	8700 fr.

[Je débite *Marchandises générales* des marchandises que j'achète, et je crédite *Effets à payer* et le compte de *Banque de France* de mon billet et du mandat sur elle donnés en payement.] J'écris au Journal, art. 114.

239. — DUDIT. —

J'ai emprunté à Nanteuil 6000 fr. pour deux mois à l'escompte de 1/2 pour 0/0 par mois.

Espèces que j'ai reçues.	5940 fr.
Escompte retenu.	60 fr.
	6000 fr.

[Je crédite Nanteuil de la somme de 6000 fr. qu'il me prête; je débite la *Caisse* des espèces qui entrent dans ma caisse, et le compte de *Pertes et Profits* de l'escompte qui m'a été retenu.] J'écris au Journal, art. 115.

240. — DUDIT. —

J'ai escompté à 6 pour 0/0 à Lebrun son billet à mon ordre au 20 décembre, de. . . . . 6000 fr.

Escompte que j'ai retenu.	360
Net payé.	640 fr.

[Il entre dans mon portefeuille un billet de 6000 fr., je débite le compte d'*Effets à recevoir;* je crédite la *Caisse* des espèces qui en sont sorties, et le compte de *Pertes et Profits* de 360 fr. d'escompte que j'ai gagnés.] J'écris au Journal, art. 116.

241. —————— DU 24 DÉCEMBRE. ——————

J'ai payé mes billets échus ce jour avec des mandats à vue sur la Banque de France :

Mon billet ordre Paul au 24 courant. .	2914 fr. 48 c.
Id. ordre Lebrun au 24.	5000 »
	7914 fr. 48 c.

[Je débite les *Effets à payer* de mes billets qui rentrent acquittés, et je crédite la *Banque de France* des mandats tirés sur elle servant à payer mes billets.] J'écris au Journal, art. 117.

242. —————— DUDIT. ——————

Les suivants m'ont compté les sommes ci-après, pour l'acquit de leurs billets échus ce jour :

Nanteuil, son billet à mon ordre au 24 courant.	1029 fr.
Royer, *id.*	1024
	2053 fr.

[Je débite la *Caisse* de l'argent que je reçois ; je crédite les *Effets à recevoir* des billets que je rends en échange.] Et j'écris au Journal, art. 118.

243. —————— DU 25 DÉCEMBRE. ——————

J'ai hérité de mon oncle ce qui suit :

En espèces.	25000 fr.
10000 fr. de rente 5 p. 0/0 sur l'Etat, valant au cours de 108.	216000
D'une maison à Bordeaux, estimée.	40000
D'un château à C***.	50000
	331000 fr.

Le montant des legs et des créanciers de la succession s'élève à. . . . . 50000 fr.

[L'héritage de mon oncle est un bénéfice dont je pourrais créditer le compte de *Pertes et Profits;* mais comme c'est un accroissement considérable de ma fortune, je le porte directement au crédit du compte de *capital* (148) en débitant les comptes qui reçoivent les valeurs dont se compose l'héritage: tels que celui de *Caisse,* de *rentes sur l'État* (117), de *maison à Bordeaux* (121), de *château de C**** (121); car il faut ouvrir de nouveaux comptes à ces nouvelles parties de mon avoir.] J'écris au Journal, DIVERS à CAPITAL, art. 119.

244. Quant aux legs et dettes de la succession, s'élevant à 50000 fr., comme ils diminuent d'autant mon héritage, j'en débite le compte de capital et je crédite nominativement chacun des légataires ou créanciers s'ils sont en petit nombre; mais s'ils sont trop nombreux, j'ouvre un seul compte de *légataires et créanciers divers de la succession* (165) que je crédite de la somme de 50000 fr. en détaillant au Grand-Livre comme au Journal le nom des légataires et des créanciers. Et j'écris au Journal, art. 120.

Ce compte sera débité par le crédit de *Caisse,* lorsqu'on acquittera les legs ou créances.

On établit des folios de rencontre, comme dans le compte d'*Effets à payer* (*voir* GRAND-LIVRE, f° 4).

245. On pourrait encore, si la succession était très-compliquée et la liquidation difficile, ouvrir un seul compte à *succession* (146) que l'on créditerait, au lieu de capital, de toutes les valeurs actives de la succession, et qu'on débiterait de tous les legs, dettes et charges quelconques de la succession.

Tout ce qu'on recevrait pendant la liquidation serait porté au crédit de la succession, tout ce qu'on payerait au débit, et à la fin de la liquidation on solderait le compte de succession par celui de capital. Ce solde serait le produit net de la succession.

246. —————— DU 26 DÉCEMBRE. ——————

La rente 5 pour 0/0 étant montée à 108 fr., j'ai donné ordre à mon agent de change de vendre 2000 fr. de rentes à ce cours; ce qu'il a fait et livré : il m'en a compté le montant sous la déduction de 1/8 de courtage, s'élevant à 54 fr.

Net reçu. . . . . . 43146 fr.

[Je reçois de l'argent, je débite la *Caisse;* je vends des rentes, je crédite le compte de *rentes sur l'État.*] Et j'écris au Journal, art. 121.

247. —————— DUDIT. ——————

J'ai payé à Châteaubourg le legs que lui avait fait mon oncle, de. . . . . 10000 fr.

[Je donne de l'argent, je crédite la *Caisse;* c'est un légataire qui le reçoit, je débite le compte de *légataires et créanciers divers de la succession* (244) de ce payement d'un legs : ce qui diminue d'autant ceux qui restent à payer.] J'écris au Journal, art. 122.

248. —————— DUDIT. ——————

J'ai acheté de compte à 1/3 avec Boyer et Darnay 50 boucauts de café pesant 20000 livres à 1, 50. . . 30000 fr.

[J'achète des marchandises de compte à 1/3 que je paye, je crédite la *Caisse*, qui fournit les 30000 fr., et je débite chacun des co-intéressés de son tiers de l'achat (118), Boyer de 10000 fr., Darnay de 10000 fr., et moi de mon tiers sous le nom de *Marchandises générales.*

Je pourrais porter mon tiers au compte de *Marchandises de compte à* 1/3 ; mais cette manière est obscure, nous l'avons déjà dit (118 *bis*).] J'écris au Journal, art. 123.

249. —————— DU 28 DÉCEMBRE. ——————

J'ai payé les frais de transport et magasinage des marchandises de compte à 1/3, s'élevant à. . . . . . 600 fr.

[Au lieu de partager par tiers les frais et les produits des marchandises en participation, à chaque article, ce qui serait trop long, on en débite en entier le compte de *Marchandises de compte à* 1/3 ; mais lorsqu'on en fera le solde, on devra porter au compte de chaque intéressé sa part afférente de ce solde (118 *bis*).] J'écris au Journal, art. 124.

250. ——— DU 28 DÉCEMBRE. ———

J'ai vendu au comptant les 50 boucauts de café en compte à 1/3 avec Boyer et Darnay, pesant 20000 livres, à 1 fr. 75 c. la livre. . . . . 35000 fr.

Je débite la *Caisse,* qui reçoit, et je crédite le compte de *Marchandises de compte à* 1/3 de la totalité des produits, bien qu'il en revienne le 1/3 à chaque intéressé ; mais lorsqu'on soldera ce compte ils seront crédités en conséquence.] J'écris au Journal, art. 125.

251. ——— DUDIT. ———

La vente des marchandises en société étant terminée, il faut passer écriture de la commission de vente à 2 pour 0/0 qui m'est allouée en particulier. . . . . 700 fr.

[Je débite le compte de *Marchandises de compte à* 1/3 *avec Boyer et Darnay,* et je crédite *Pertes et Profits* de ce bénéfice. J'écris au Journal, art. 126.

252. ——— DUDIT. ———

Il faut aussi solder le compte de *Marchandises de compte à* 1/3 *avec Boyer et Darnay,* qui présente le résultat suivant :

COMPTE DE VENTE ET NET PRODUIT *des 50 boucauts de café en compte à 1/3 avec MM. Boyer et Darnay.*

10000 k. de café Bourbon à 3, 50 le k.		35000 fr.	»
Frais à déduire :			
Magasinage et port.	600		
Ma commission de 2 p. 0/0. . .	700	1300	»
Produit net à partager.		33700 fr.	»
Le 1/3 qui revient à Boyer est de. . .		11233	33
Id. . . . . à Darnay.		11233	33
Mon 1/3 est de.		11233	34

[Je crédite Boyer et Darnay de leur part de ce produit net des marchandises en société, s'élevant pour chacun à 11233 fr. 33 c., et j'en débite le compte de *Marchandises de compte à 1/3* par la raison que j'avais provisoirement porté en entier à ce compte le produit total de la vente, quoiqu'il en revînt le 1/3 à chacun des intéressés (118 *bis*); je débite également le compte de *Marchandises de compte à 1/3* avec Boyer et Darnay, de mon 1/3 du produit, et j'en crédite le compte de *Marchandises générales,* qui a été débité de mon 1/3 de l'achat (248) : ainsi mon bénéfice se trouvera confondu dans le compte de *Marchandises générales.*

Mais si je veux constater de suite le bénéfice de cette opération particulière, je puis créditer *Marchandises générales* de 10000 fr. seulement, pour rentrée de mon prix coûtant, et le compte de *Pertes et Profits* de 1233 fr. 34 c. pour mon bénéfice net.] J'écris au Journal, art. 127.

253. ——— DU 28 DÉCEMBRE. ———

J'ai négocié à la Banque de France les effets ci-après :

Billet de Durand au 20 janvier.	1200 fr.
Acceptation Bosc et compagnie au 15 février.	1000 fr.
Billet de Durieu au 3 mars.	1000 fr.
Traite sur Davidson au 2 mars.	5000 fr.
	8200 fr.
Escompte à déduire.	31 fr.
Net à recevoir.	8169 fr.

[Je crédite les *Effets à recevoir* des effets que je négocie; je débite la Banque du net produit du bordereau qu'elle m'escompte, et le compte de *Pertes et Profits* doit être débité des 31 fr. de perte.] J'écris au Journal, art. 128.

254. —— DU 28 DÉCEMBRE. ——

J'ai payé les comptes de construction d'une aile de bâtiment de ma maison de Bordeaux, s'élevant à. . 20000 fr.

Pour les frais de plantations et réparations intérieures du château de C***. . . . . 10000 fr.

[Je crédite la *Caisse* de l'argent qui en sort, et je débite chacune de ces propriétés des frais faits pour chacune d'elles (121).] J'écris au Journal, art. 129.

255. —— DUDIT. ——

Arnauld m'a écrit que mes vins en consignation chez lui étaient vendus, et il m'en a remis le compte de vente s'élevant à. . . . . 28000 fr.

Dès que la vente de mes marchandises en consignation est terminée, Arnauld devient personnellement débiteur de son produit; en conséquence je débite son compte courant de cette somme, dont je crédite le compte de *Marchandises en consignation chez Arnauld.*] Et j'écris au Journal, art. 130.

256. —————— DU 31 DÉCEMBRE. ——————

J'ai touché les loyers de ma maison à Bordeaux.	6000 fr.
Et les produits de vente de la coupe de bois et des foins du château de C***.	4000 fr.
	10000 fr.

[Je débite la *Caisse;* je crédite chacune de ces propriétés de leur produit (121).] Et j'écris au Journal, art. 131.

257. —————— DUDIT. ——————

J'ai payé cette fin d'année tous les comptes de mes ouvriers et fournisseurs :

Ceux relatifs aux frais de ma maison s'élevaient à		2100 fr.
Id.	aux frais généraux.	1800 fr.
Id.	à mes dépenses personnelles. . .	1500 fr.
		5400 fr.

[Je crédite la *Caisse* de ces sommes, et je débite chacun des comptes ouverts à ces diverses natures de dépenses.] J'écris au Journal, art. 132.

MANIÈRE DE CLORE LES LIVRES

ET D'EN TIRER LE RÉSULTAT.

258. Maintenant qu'on est parvenu à la fin de l'année, il faut tirer le résultat des livres qu'on a tenus et en extraire le résumé, appelé bilan, état de situation ou inventaire général.

On ne peut obtenir le bilan exact et conforme aux livres, que par la balance générale.

DE LA BALANCE GÉNÉRALE.

259. On fait la balance générale des livres tous les semestres ou tous les ans, à l'époque du décès, de la faillite, de l'association d'un négociant ou de la dissolution d'une Société.

Cette opération, la plus essentielle de la tenue des livres, est nommée *balance générale,* parce que, pour l'opérer, on balance généralement tous les comptes (*a*).

260. Elle a pour objet :

1° De faire connaître la perte ou le bénéfice net du semestre ou de l'année.

2° De déterminer, d'après les livres et avec contrôle, le bilan, état de situation ou inventaire général du négociant.

Il y a quelques préparations préliminaires qui doivent précéder la balance.

(*a*) On sait que balancer ou solder un compte, c'est rendre le débit et le crédit égaux ; en d'autres termes, c'est ajouter, soit au débit, soit au crédit d'un compte, mais du côté où la somme se trouve la plus faible, la différence ou *solde* qui le rend égal au plus fort.

Préparations qui précèdent la balance générale.

261. Pour déterminer le solde d'un compte, il faut nécessairement avoir fait l'addition du débit de ce compte et aussi celle du crédit.

On doit donc, avant de se livrer à la balance générale ou solde de tous les comptes, avoir opéré la balance mensuelle ou trimestrielle de vérification (113), qui consiste en additions de tous les débits et de tous les crédits des comptes ouverts, afin de s'assurer que le montant de tous ces débits est égal au montant de tous les crédits.

262. On place alors sur une *feuille séparée* tous ces montants à la suite les uns des autres en laissant entre eux quelque distance pour figurer à peu près le Grand-Livre, et de manière à pouvoir écrire les soldes dans l'intervalle.

Ces préparations terminées, on balance successivement tous les comptes sur cette *feuille* qui n'est, pour ainsi dire, qu'un brouillon du Grand-Livre.

263. Il faut aussi avoir fait, avant tout, l'inventaire des marchandises non vendues qui restent dans le magasin, en les évaluant au prix coûtant; avoir dressé le bordereau des espèces en caisse, des effets en portefeuille, et avoir relevé sur le carnet d'échéances la note des effets en circulation.

264. *Pour faire la balance générale, on ne fait usage que de deux comptes, de celui de* PERTES ET PROFITS *et de* BALANCE DE SORTIE.

Le premier sert à solder les seuls comptes qui présentent bénéfice ou perte, et le second sert à balancer tous les autres (149).

En conséquence nous allons, à l'aide de ces deux comptes, solder successivement tous les autres.

Manière de solder le compte de Marchandises générales.

265. Le débit du compte de *Marchandises générales* se compose des achats au prix coûtant, et le crédit des ventes au prix de vente : conséquemment, si toutes les marchandises étaient vendues l'excédant du débit sur le crédit indiquerait la perte; et l'excédant, au contraire, du crédit sur le débit déterminerait le bénéfice.

Supposons, par exemple, que le débit du compte de *Marchandises générales* se monte à 100000 fr., cela veut dire qu'on a acheté pour 100000 fr. de marchandises; que le crédit de ce compte s'élève à 125000 fr., cela veut dire que les mêmes marchandises, ayant coûté 100000 fr., ont été vendues 125000 fr., d'où il résulte un gain de 25000 fr. qu'il faut porter au compte de *Pertes et Profits.* Ceci a lieu lorsque les marchandises achetées ont toutes été vendues; mais, quand il en reste encore en magasin, il faut d'abord ajouter au crédit la valeur de celles qui restent, suivant l'inventaire qu'on en a préalablement dressé (263), et balancer après le compte de *Marchandises générales* par celui de *Pertes et Profits.*

Ainsi, pour exemple, supposons que le débit du compte de *Marchandises générales* s'élève à 100000 fr., le crédit seulement à 75000 fr., et qu'il reste encore pour 50000 fr. de marchandises en magasin; il faut bien ajouter aux 75000 fr. de marchandises vendues, figurant au crédit, les 50000 fr. de marchandises non vendues, pour obtenir un total de 125000 fr., qui, comparé aux 100000 fr. de marchandises achetées figurant au débit, donne un excédant ou bénéfice de 25000 fr. qu'on passe alors par *Pertes et Profits.*

Ainsi, quand il reste des marchandises, il faut, avant de solder ce compte porter au crédit de *Marchandises générales*, leur valeur, d'après l'inventaire, par le débit de *balance de sortie;* car on se rappelle que *balance de sortie,* qu'on suppose prendre la suite de nos affaires (149), est censé nous acheter ces marchandises comme toutes les autres valeurs actives : il doit, par conséquent, en être débité.

266. Règle générale. On balance le compte de *Marchandises générales* et toutes ses subdivisions, en portant d'abord au crédit, par le débit de balance de sortie, la valeur, suivant inventaire, des marchandises qui restent invendues; ensuite on solde le compte par celui de *Pertes et Profits*. On peut voir l'application de ce principe au compte de *Marchandises générales* (f° 1 du Grand-Livre).

Manière de solder le compte de Caisse.

267. Le débit du compte de *Caisse* est l'argent reçu, le crédit celui donné; or, si l'on ajoute à la somme de l'argent donné, celle qui reste dans la *Caisse*, on obtiendra un montant égal à celui de l'argent reçu.

Supposons au débit de la *Caisse* 100000 fr. qui ont été reçus, et au crédit 75000 fr. qu'on a payés; si l'on ajoute au crédit les 25000 fr. de numéraire qui restent suivant l'inventaire, le compte de la *Caisse* sera nécessairement balancé.

268. Ainsi ce compte, qui ne présente ni bénéfice ni perte, puisque les pièces de monnaie entrent et sortent pour la même valeur, est balancé sans le secours de *Pertes et Profits*. Il faut seulement porter au crédit, par le débit de balance de sortie, le montant des espèces qui restent en caisse.

S'il existait une différence, elle proviendrait d'une erreur qu'il faudrait rechercher et faire disparaître.

(Voir, au compte de *Caisse*, la manière dont on l'a balancé, f° 2 du Grand-Livre.)

Manière de balancer le compte d'Effets à recevoir.

269. Le débit du compte d'*Effets à recevoir* se compose des effets entrés en portefeuille; le crédit, des effets qui en sont sortis. Or, si l'on ajoute aux effets sortis ceux qui restent

encore en portefeuille suivant l'inventaire, ce compte doit se trouver balancé.

Supposons, par exemple, qu'il soit entré 100000 fr. de billets à recevoir, qu'il en soit sorti pour 75000 fr.; si l'on ajoute aux 75000 fr. de billets sortis les 25000 fr. qui restent, le débit sera nécessairement égal au crédit.

Mais, pour cela, il faut que les effets soient entrés et sortis pour la même somme, c'est-à-dire qu'on ait passé par le compte de *Pertes et Profits* la perte ou le gain fait à chaque escompte ou négociation, comme dans les exemples précédemment proposés (223).

270. Dans ce cas le compte d'*Effets à recevoir* est balancé comme celui de *Caisse* par balance de sortie, en portant à son crédit, par le débit de balance de sortie, le montant des effets qui restent en portefeuille.

271. Mais si, au contraire, on a suivi la manière des banquiers, qui consiste à passer écriture des effets comme d'une marchandise, seulement pour leur prix coûtant ou produit net, reçu ou payé, sans porter à *Pertes et Profits* la perte ou le gain de chaque négociation ou escompte; en un mot, si les effets sont entrés et sortis pour des sommes inégales, qui produisent une perte ou un gain quelconque, il faut alors solder le compte comme celui de *Marchandises générales* avec le concours de balance de sortie et de *Pertes et Profits.*

Ainsi, on porte d'abord au crédit du compte d'*Effets à recevoir,* par le débit de balance de sortie (149), le montant des effets qui restent en portefeuille; cela fait, la différence qui existe entre le débit et le crédit, ne pouvant provenir que des escomptes, doit être portée au compte de *Pertes et Profits.*

De cette manière, les différences qui n'ont pas été passées par *Pertes et Profits* à chaque négociation se trouvent portées à la fin de l'année en bloc en un seul et même article (225).

272. En résumé, comme il y a deux manières de tenir le compte d'*Effets à recevoir,* il y a nécessairement aussi deux manières de le balancer.

1° Quand les effets sont entrés et sortis pour la même somme, on le solde par balance de sortie en portant au crédit du compte d'*Effets à recevoir* le montant de ceux qui restent en portefeuille.

2° Lorsque les effets sont entrés pour des sommes inégales, on doit balancer le compte d'*Effets à recevoir* en portant d'abord à son crédit, par le débit de balance, le montant des effets qui restent en portefeuille ; on solde ensuite par le compte de *Pertes et Profits.*

On peut voir au Grand-Livre, au compte d'*Effets à recevoir,* l'une des deux manières suivies pour le balancer.

De la manière de solder le compte d'Effets à payer.

273. Le débit du compte d'*Effets à payer* se compose des effets rentrés à leur échéance, et, en d'autres termes, des effets payés ; et le crédit, des effets souscrits ou donnés en payement.

Or, si l'on ajoute aux effets payés figurant au débit, ceux qui restent encore à payer suivant l'inventaire (263), on obtiendra nécessairement une somme égale aux billets souscrits, qui sont portés au crédit.

Supposons, par exemple, que nous ayons souscrit pour 100000 fr. de billets, ils sont notés au crédit : que nous en ayons payé pour 75000 fr., lesquels figurent comme rentrés au débit, si nous ajoutons à ce débit les 25000 fr. de billets encore en circulation, il est évident que le compte sera balancé.

274. Ainsi, on solde le compte d'*Effets à payer* en portant au débit, par le crédit de balance de sortie (149), le montant des effets qui restent à payer.

On doit remarquer que le compte d'*Effets à payer* est balancé d'une manière toute contraire à celle employée pour solder le compte d'*Effets à recevoir ;* car on a débité *balance de sortie* des effets qui restent en portefeuille, tandis qu'on le crédite des effets à payer qui sont en circulation.

La raison en est simple; c'est que *balance de sortie*, qui est supposée prendre la suite de nos affaires, doit être débitée de toutes les valeurs actives dont il doit recevoir le montant, telles que les *Effets à recevoir;* et créditée, au contraire, des valeurs passives, telles que les *Effets à payer*, qu'il s'oblige à acquitter à leur échéance (149).

On peut voir au Grand-Livre, au compte d'*Effets à payer*, la manière dont il est balancé.

Manière de solder le compte de Pertes et Profits.

275. Le débit de *Pertes et Profits* se compose de toutes les dépenses ou pertes partielles; le crédit, de tous les bénéfices : par conséquent l'excès du débit sur le crédit détermine la perte, et l'excès du crédit sur le débit présente le bénéfice net fait dans l'ensemble des opérations.

Or, cette perte ou ce bénéfice net, qui diminue ou accroît notre capital, doit être porté au compte de capital.

Le compte de *Pertes et Profits* doit donc être soldé par le compte de capital.

On réserve ce compte pour le balancer un des derniers, parce que, servant à solder beaucoup d'autres comptes, il est indispensable, avant de le balancer lui-même, d'y avoir rapporté les soldes qui ont servi à clore ces comptes.

276. Toutes les subdivisions de *Pertes et Profits* doivent être soldées par ce compte; ainsi, dans la balance des affaires proposées pour exemple, nous avons commencé par solder ainsi les comptes de frais de maison, de dépenses générales, de frais généraux (*voir ces comptes soldés au Grand-Livre*).

Tout cela fait, on a soldé le compte de *Pertes et Profits* par capital qui se trouve le dernier de tous à balancer.

De la manière de solder tous les autres comptes généraux.

277. Tous les comptes imaginables, quelle que soit leur

dénomination, ne peuvent être que des subdivisions des cinq comptes généraux.

On balance ces derniers comptes comme le compte général ou générique dont ils proviennent.

Ainsi, les comptes de *fers*, *cotons*, *usines*, *maison*, *navires*, etc., doivent être balancés comme celui de *Marchandises générales*, en portant d'abord au crédit, par le débit de balance de sortie, la valeur, au prix coûtant, des fers, des cotons, de l'usine, de la maison, du navire, etc., et en soldant après par le compte de *Pertes et Profits*.

(On peut voir, pour exemple, les comptes soldés de rentes sur l'État, maison, actions, château, au GRAND-LIVRE, f° 11.)

De la manière de balancer les comptes des particuliers.

278. Les comptes des particuliers, ne présentant ni bénéfice ni perte, sont toujours soldés par balance de sortie, parce que le solde qu'un correspondant doit ou qui lui est dû sera payé ou reçu par balance de sortie (149), qu'on suppose prendre la suite de nos affaires.

De la manière de solder le compte de capital et de balance de sortie.

279. Après avoir soldé successivement tous les comptes du Grand-Livre, avoir reporté au débit et au crédit du compte de *Pertes et Profits* les soldes qui ont servi à balancer tous les comptes, on le solde lui-même par capital.

On rapporte ce solde au compte de capital, qu'on balance enfin le dernier par balance de sortie.

280. Il resterait encore à solder le compte que nous avons ouvert à *balance de sortie;* mais ce compte doit se trouver naturellement balancé, si toutefois on n'a commis aucune erreur dans tout le cours de la balance générale.

En effet, avant de commencer la balance générale des comptes, ne s'est-on pas assuré que le montant de tous les débits du Grand-Livre était égal au montant de tous les crédits (261) ? Supposons, pour exemple, qu'il s'élevât à 100000 fr. de part et d'autre.

Maintenant que la balance est achevée et que, par conséquent, le débit de chacun des comptes en particulier est égal à son crédit, il est évident que le montant général de tous les débits est égal au montant général de tous les crédits.

Supposons ce montant général s'élever à 150000 fr, par exemple. Il faut en conclure qu'on a ajouté, pour opérer la balance, 50000 fr. de soldes au débit et 50000 fr. de soldes au crédit du Grand-Livre.

Or, comme tous ces soldes ont été rapportés, les uns au débit et les autres au crédit de balance de sortie, il est tout simple qu'il se trouve naturellement balancé.

281. Il faut donc vérifier si toutes les sommes rapportées, au débit de balance de sortie produisent le même total que celles rapportées à son crédit, en opérant effectivement le rapport de tous les soldes obtenus par l'opération de la balance générale au compte de balance de sortie qu'il faut ouvrir sur la feuille dont on a déjà parlé(262).

282. Ce travail fait, tous les comptes sont soldés sur la feuille qui représente le Grand-Livre et qui a servi de brouillon pour faire la balance (262) ; cette feuille sert encore à guider le teneur de livres pour passer au Journal les quatre articles qui devront produire au Grand-Livre la balance générale des comptes. Comme on n'a fait usage que des comptes de *Pertes* et *Profits* et de *balance de sortie*(264), ces articles sont au nombre de quatre :

1° Un article de *Divers* à *Pertes et Profits ;*

2° Un second de *Pertes et Profits* à *Divers ;*

3° Un troisième de *balance de sortie* à *Divers ;*

4° Enfin un quatrième de *Divers* à *balance de sortie.*

283. Ces articles, qui sont le résumé et la base de la balance générale, doivent être inscrits sur le Journal et rapportés ensuite sur le Grand-Livre, dont ils solderont évidemment

tous les comptes; il faudra renfermer, entre deux lignes à l'encre, les montants au débit comme au crédit.

Conclusion de la balance générale.

284. Examinons maintenant les résultats que présentent les quatre articles (133, 134, 135, 136) qui ont été passés au Journal pour clore tous les comptes du Grand-Livre.

1° Dans le premier article, où le compte de *Pertes et Profits* est crédité, on a les bénéfices particuliers et distincts faits sur les *Marchandises générales*, sur les *actions*, sur les *rentes* et les revenus de chacune des propriétés.

2° Dans le second article, où le compte de *Pertes et Profits* est débité, on a le montant distinct et séparé des *frais de maison*, des *dépenses particulières*, des *frais généraux*, des *commissions*, etc., si l'on a tenu tous ces comptes; enfin, on a le solde même du compte de *Pertes et Profits*, solde qui présente les gains nets ou les pertes faits en définitive dans l'ensemble des affaires pendant l'année ou le semestre.

3° Dans l'article de *balance de sortie à divers* on a tous les soldes qui fournissent les valeurs dont l'actif se compose, et cet actif n'est point le résultat de relevés faits sans moyen de vérification; mais il est doublement contrôlé sur les objets matériellement existant en magasin, en caisse, en portefeuille, etc.

4° Enfin, l'article de *Divers à balance de sortie* représente avec la même exactitude le passif, et, en outre, le *capital*, qui, additionné avec le passif, doit donner une somme égale au montant de l'article de balance de sortie à divers, s'il n'y a pas eu d'erreur dans tout le cours de cette opération.

Tous ces articles se balancent donc entre eux, se contrôlent mutuellement et sont vérifiés indépendamment par des inventaires dressés sur les objets mêmes (263) avec lesquels il faut qu'ils soient d'accord : de sorte qu'on arrive à des résultats rigoureux, qui ne peuvent varier d'un centime; à des résultats de la plus haute importance, puisqu'ils éclairent parfaitement le négociant sur sa véritable situation.

C'est ainsi que la balance générale remplit complétement le but pour lequel elle a été imaginée, d'extraire des livres qu'on a tenus un résumé qui en présente les résultats avec une exactitude et une précision mathématiques.

Du bilan et du livre d'inventaire.

285. La loi prescrit à chaque commerçant de faire, au moins une fois tous les ans, un inventaire général, et de l'inscrire sur un livre spécial appelé *livre d'inventaire,* qui doit être timbré, coté et paraphé comme le Journal, circonstance qui indique l'importance qu'on attache à ce livre d'inventaire.

Il faut donc transcrire sur ce registre l'inventaire général, ou, en d'autres termes, le bilan que nous venons d'extraire par la balance générale des livres déjà tenus pendant l'année, et dont tous les éléments se trouvent au compte de balance de sortie, mais par totaux et sans détails.

Nous avons déjà fait observer précédemment (284) que le débit du compte de balance de sortie réunissait toutes les sommes qui forment l'actif, et que son crédit présentait toutes celles dont le passif se compose, et, en outre, le chiffre du capital, qui rend le passif égal à l'actif.

Le compte de balance de sortie n'est donc autre chose que le bilan ou inventaire général, présenté en résumé, sans détails, et revêtu de formes particulières à la méthode en partie double qui ne sont pas familières à tout le monde.

286. Il ne s'agit maintenant, pour inscrire le bilan ou inventaire général sur le livre prescrit par la loi, que de dépouiller le compte de balance de sortie de la forme spéciale de la double méthode pour lui en donner une autre, sinon plus simple, du moins plus intelligible pour tous, en y ajoutant les renseignements les plus circonstanciés de quantité, poids, qualités et prix.

287. C'est, en effet, sur l'inventaire qu'on relègue tous ces détails. On relate sur le Journal seulement les sommes totalisées, pour éviter des répétitions longues et minutieuses; enfin c'est au livre d'inventaire qu'on est convenu de leur donner beaucoup d'étendue.

288. Voici dans quelle forme le bilan est ordinairement inscrit sur le livre d'inventaire par le teneur de livres; ce sont, comme on peut le voir, les mêmes éléments que le compte de balance de sortie, les mêmes sommes, les mêmes résultats, présentés seulement avec *beaucoup* plus de détails, dans un autre arrangement, et sous des dénominations différentes de celles consacrées en partie double.

Il faut qu'un bilan ou inventaire général renferme bien peu de détails pour pouvoir être dressé de manière à placer l'actif en regard du passif, comme il est indiqué dans la récapitulation du modèle suivant (291).

Plus ordinairement on dresse d'abord l'actif, et l'on place le passif à la suite; enfin, on termine par la *récapitulation*.

289. Bilan ou Inventaire général *tant des marchandises, effets en portefeuille, immeubles, argent, etc., que des dettes actives et passives de* M. Raymond, *arrêté au* 31 *décembre* 1847.

ACTIF.

Marchandises invendues (a).		
(Ici les détailler avec leurs quantité, qualités et prix coûtant.)		50000 »
Rentes sur l'État.		
10000 fr., rentes 5 pour cent au cours de 108		216000 »
Argent en caisse.		
Espèces suivant bordereau de ce jour.	44427 68	
Id. à la Banque de France	3228 31	47655 99
Effets en portefeuille.		
Billet n° 27 à M/O. de Villeneuve, au 15 mars.	1688 »	
Id. n° 29 à M/O. de Bonneval, au 15 juin. .	1000 »	
Traite n° 31 à M/O.; sur Amsterdam, de 1283 flor. 19 s., à 54.	2750 50	
Id. n° 32 à M/O., sur Hambourg, de 1517 marcs banco 13 s., à 188.	3445 88	
Billet n° 33 à M O. de Forestier, au 20 juin.	1000 »	
Id. n° 34 de Lebrun, au 20 décembre. . .	6000 »	
	15884 38	
Obligation hypothécaire de Neville au 31 décembre 1848	10000 »	25884 38
Mobilier.		
Valeur actuelle dudit apprécié.		12000 »
Actions.		
12 Actions de la Comp. du Soleil de 6000 fr. chacune, prix coûtant	3500 »	
Pour appel de fonds, 8400 fr. évalués.	2500 »	6000 »
Immeubles.		
Maison de Bordeaux évaluée après construction à.	60000 »	
Château de C*** évalué après réparations à. .	60000 »	120000 »
Débiteurs par compte.		
Arnaud, solde de son compte		16694 58
Montant de l'ACTIF.		494234 95

(a) Soit en magasin, soit en route, soit en consignation.

Report du total de l'Actif. 494234 95

290. PASSIF.

Effets en circulation (a).

M/B. n° 1 O. Paul,	au 15 janvier.	1000	»	
Traite n° 7 de Morton et Ce.,	au 16 mars. .	2000	»	
M/B. n° 9 O. Lafond,	au 31 janvier.	1000	»	
Idem, n° 10 O. Durieu,	au 31 mars. .	1000	»	
Idem, n° 11 O. Arnauld,	au 15 mars. .	9000	»	
Idem, n° 12 O. *id.*	au 31 *id.* . .	8000	»	
Idem, n° 13 O. *id.*	au 15 avril. .	7408	08	
Traite n° 15 O. Léonard,	au 31 mars. .	9563	12	
M/B. n° 16 O. Bonneval,	au 10 juin . .	1000	»	
Idem, n° 17 O. Lebrun,	au 22 mars. .	4000	»	
Idem, n° 18 O. Tixier,	au 10 janvier.	20000	»	
Idem, n° 19 O. Nanteuil,	au 15 juin . .	4350	»	
		68321	20	

Légataires et créanciers divers de la succession.

(Il faut ici les détailler.) 40000 »

Créanciers par compte.

Lebrun, solde de son compte.	4000	»	
Darnay, *idem*.	1233	33	
Nanteuil, *idem*.	6000	»	
Boyer, *idem*.	1233	33	
Bulton, *idem*.	1000	»	13466 66

Montant du PASSIF à déduire de l'Actif. 121787 86

Conséquemment mon CAPITAL net est de. . . . 372447 09

291. RÉCAPITULATION.

ACTIF.			PASSIF.		
Marchandises.	50000	»	Effets en circulation .	68321	20
Rentes sur l'État . . .	216000	»	Légataires et créanciers de la succession	40000	»
Argent en caisse . . .	47655	99	Créanciers par compte	13466	66
Effets en portefeuille.	25884	38	Montant du passif.	121787	86
Mobilier.	12000	»	Partant, mon capital net est de	372447	09
Actions de la Comp. du Soleil.	6000	»			
Immeubles.	120000	»			
Débiteurs par compte.	16694	58			
Montant de l'actif.	494234	95		494234	95

Certifié le présent état sincère et conforme aux livres.

Paris, le 31 décembre 1847.

Signé RAYMOND.

(a) Créanciers chirographaires ou créanciers par billets; c'est ainsi qu'on intitule les billets dans les bilans après faillite.

Manière de rouvrir de nouveaux comptes soldés sur les anciens.

292. Pour rouvrir les comptes que l'on vient de clore par les deux articles de balance de sortie, il faut passer au Journal deux articles de balance d'entrée semblables aux précédents, avec cette seule différence que l'on crédite le compte de balance d'entrée des sommes dont balance de sortie se trouve débitée, et qu'on le débite, au contraire, de celles dont on a crédité balance de sortie.

C'est par la raison que, pour rouvrir des livres, on fait une supposition inverse de celle qu'on a imaginée pour les clore, ce qui doit nécessairement conduire à des résultats inverses.

Ainsi on a supposé que *balance de sortie* prenait la suite de nos affaires; aujourd'hui l'on suppose, au contraire, que *balance d'entrée* nous cède la suite des siennes: en conséquence, il faut débiter tous les comptes où entrent les valeurs qui composent l'actif, en créditant balance d'entrée, qui est censée les fournir, et il faut débiter balance d'entrée, au contraire, de toutes les valeurs passives que nous prenons la charge d'acquitter. *Voir* au compte de balance d'entrée (150).

293. Ces deux articles de balance d'entrée, absolument calqués sur ceux de balance de sortie, ont pour effet et pour but de rétablir les choses dans leur état.

Ainsi, par exemple, les marchandises en magasin portées au crédit du compte de *Marchandises générales*, uniquement pour servir à le solder (266), reprendront leur place naturelle au débit; il en est de même pour l'argent en caisse, les effets en portefeuille: portés au crédit pour servir à balancer la *Caisse* et les *Effets à recevoir*, cet argent en caisse et ces effets en portefeuille reprendront, par le compte de balance d'entrée, leur place naturelle qui est au débit.

294. Les effets en circulation qui restent à payer, portés au débit du compte d'*Effets à payer*, uniquement pour ba-

lancer ce compte (273), reparaîtront à nouveau à son crédit, qui est la place naturelle des billets en circulation.

Le compte de Lebrun, à qui nous devions 4000 fr., a été débité, par le crédit de balance de sortie, de cette somme, uniquement pour balancer son compte. Mais ce solde de 4000 fr. reparaîtra, par le débit de balance d'entrée, au crédit de Lebrun, où est sa place naturelle.

Il en est de même pour tous les autres comptes.

294 *bis*. D'où il suit que les comptes de balance de sortie et de balance d'entrée sont imaginés, le premier pour solder tous les comptes, qu'on doit arrêter et clore au moins une fois par an, et le second pour rouvrir ces comptes et reporter à nouveau les soldes des comptes précédents.

Manière d'établir pour la première fois des livres.

295. Quand il s'agit d'établir des livres pour quelqu'un qui n'en a jamais tenu, on lui fait dresser son inventaire général, semblable à celui qui précède (289), et on en passe écriture : 1° en débitant tous les comptes, qu'il faut ouvrir, des valeurs qui composent l'actif, dont on crédite balance d'entrée ; 2° en créditant tous les comptes, qu'on doit ouvrir, des valeurs composant le passif et celui de capital, par le débit de balance d'entrée qu'on suppose, dans ce cas, nous céder la suite de ses affaires (150).

296. On peut encore commencer les livres à l'aide du compte de *capital* au lieu de balance d'entrée.

On crédite le compte de capital de toutes les valeurs composant l'*actif*, et on le débite de toutes celles composant le *passif*.

De cette manière le capital net restera en excédant au crédit, déterminé par la différence entre son débit et son crédit.

297. Enfin, on peut commencer les livres par un article de *Divers à Divers*, où tous les comptes qu'il faut ouvrir aux valeurs actives seront les débiteurs, et tous les comptes

ouverts aux valeurs passives et au capital seront les créanciers.

298. Quelle que soit la manière qu'on adopte, il faut toujours commencer les livres par des articles qui établissent la situation ou inventaire général du négociant dont on organise pour la première fois la comptabilité ; de même qu'il faut, à la fin du semestre ou de l'année commerciale, terminer par deux articles semblables présentant également sa situation (*a*).

MÉMORIAL.

Troisième série d'Articles.

EXEMPLES SUR LES ASSOCIATIONS, LES OPÉRATIONS MARITIMES ET LES INTÉRÊTS DIVERS SUR DES NAVIRES.

299. ——— DU 2 JANVIER 1847. ———

J'ai contracté une société avec notre sieur Berard, sous la raison Raymond et Berard, dont l'objet est la banque et les armements de navires.

J'apporte dans la société l'actif et le passif de ma précédente maison de commerce, d'après l'inventaire qui précède (289), excepté mes meubles et mes immeubles, qui s'élèvent à 132000 fr., et aussi les légataires et créanciers de la succession, s'élevant à 40000 fr., qu'il faut retrancher du passif.

Toutes les autres valeurs actives et passives sont versées

(*a*) Dans nos exemples nous avons commencé par les suppositions les plus simples, afin d'éviter d'abord les difficultés ; nous avons donc supposé que nous entrions dans les affaires sans capital, pour n'avoir pas à nous occuper de ce compte. Mais c'est un cas fort rare ; ainsi, de règle générale, il faut commencer des livres par deux articles qui présentent l'inventaire général, ou la situation du négociant.

par moi et acceptées par la société au prix fixé sur mon dernier inventaire (289), à la condition cependant que je reste personnellement garant et responsable envers la société de la rentrée intégrale de mes débiteurs et de mes effets de portefeuille.

Ainsi, mon versement s'élève à 280447 fr. 09 c. — Je m'engage à compléter la somme de 300000 fr. dans 3 mois.

Notre sieur Berard versera dans la société 600000 fr. en espèces, dont 400000 fr. ont été versés à la signature du présent, et le reste doit l'être dans le courant de l'année.

Notre sieur Berard aura les 2/3 et moi le 1/3 dans le partage des bénéfices ou des pertes.

J'ai la faculté, en versant 300000 de plus, d'avoir moitié dans les bénéfices, et, tant que ce versement ne sera pas au complet, les fonds versés me rapporteront intérêt à 6 p. 0/0.

[Le capital de la société devant s'élever à 900000 fr., dont je dois fournir le 1/3, et notre sieur Berard les deux autres tiers, je commence par créditer le capital de cette somme, à laquelle il doit s'élever, en débitant les associés chacun de la part qu'il s'est obligé à verser, sous le nom de *notre sieur tel son compte de mise de fonds* (156).] Et j'écris au Journal, art. 139.

Notre sieur Berard ayant versé un *à-compte* de 400000 fr., je débite la *Caisse* de cette somme et j'en crédite *notre sieur Berard son compte de mise de fonds*. J'écris au Journal, art. 140.

De cette manière, son compte de versement reste débité des 200000 fr. qu'il doit encore. Quand il fera d'autres versements on créditera également son compte de mise de fonds, qui ne se trouvera soldé que lorsqu'il aura complété sa mise de fonds.

300. ——— DU 2 JANVIER. ———

Quant à moi, qui, pour versement, apporte à la société mon actif et mon passif en nature,

Je dois d'abord débiter tous les comptes, qui reçoivent, de *Marchandises générales*, de *Caisse*, de *rentes*, d'*Effets à recevoir*, d'*actions* et d'*Arnauld*, en me créditant à mon compte de *notre sieur Raymond S/Cie de mise de fonds*. J'écris au Journal, art. 141.

301. Ensuite, je débite *notre sieur Raymond S/Cie de mise de fonds* de toutes les valeurs passives que la société agrée et se charge de payer pour moi, ce qui diminue d'autant l'importance du versement de mon actif, et je crédite les comptes d'*Effets à payer* et de mes créanciers. J'écris au Journal, art. 142.

Mon compte de mise de fonds se trouve ainsi présenter un excédant, entre son crédit (362234 fr. 95 c.) et son débit (81787 fr. 86 c.), de 280447 fr. 09 c., ce qui est conforme à l'acte de société ; et quand je parferai ma mise de fonds de 300000 fr. par le versement des 19552 fr. 91 c. d'appoint, je créditerai pour solde mon compte de mise de fonds par le débit de *Caisse* ou de tout autre compte qui recevra.

302. —————— DU 4 JANVIER. ——————

Les nouvelles de Bourbon nous apprenant que les mules, qui sont dans cette colonie un moyen de culture fort important, se vendent de 1800 à 2000 fr., nous avons, sur cet avis, conçu le plan d'une opération maritime fort simple et qui doit produire de beaux résultats : elle consiste à importer à Bourbon une cargaison de mules du Poitou, et à revenir à Bordeaux avec un fret de sucre ou de café et des passagers.

Nous avons soumis le plan et les comptes simulés des débours et des produits probables de cette opération à un capitaine nantais de navires muletiers, ayant déjà fait de semblables voyages, et à quelques capitalistes de nos amis qui, après vérification des calculs et après mûr examen des probabilités de succès que leur présentait cette spéculation, nous ont déclaré qu'ils la trouvaient sagement conçue, et qu'ils désiraient y prendre intérêt chacun pour un cinquième. Nous y avons consenti, en nous réservant, indépendamment de notre cinquième d'intérêt, une commission particulière d'armateur, de 3 pour 0/0, prise sur l'ensemble de l'armement que nous allons exécuter, et nous nous sommes chargés en outre de fournir, à nos risques et périls et à forfait, le navire nécessaire à l'opération, moyennant la somme de 110000 fr.

Les actes d'intérêt ont été signés en conséquence; nous devons tout acheter au comptant et faire l'avance à nos co-intéressés de leur mise de fonds qu'ils nous rembourseront, une partie, après l'achat du navire, et le solde après son départ. L'opération doit se renouveler tous les ans.

Cette vaste opération devant donner lieu à des mouvements de fonds importants, nous ouvrirons un compte intitulé : *Expédition à Bourbon.*

Du compte d'expédition à Bourbon.

303. Ce compte représentera l'opération en général et comprendra l'achat du navire, l'armement et la cargaison.

Nous débiterons ce compte de tous les débours quelconques faits à l'occasion de cette expédition.

Nous obtiendrons ainsi le montant du prix coûtant de l'opération, au départ.

Quand le navire sortira du port, on soldera ce compte, à son crédit, en débitant les intéressés chacun de sa part d'intérêt, et nous, pour notre cinquième, sous le nom d'*intérêt pour 1/5 dans l'opération à Bourbon.*

Quand le navire sera rentré :

Nous créditerons le compte d'*expédition à Bourbon* de tous les produits quelconques provenant du fret, des passagers, de la vente de la cargaison, de la vente du navire, si on le vend; et nous le débiterons des frais de désarmement.

Enfin, nous balancerons ce compte en portant à son débit le solde qui présentera le produit net de l'opération à partager entre les divers intéressés, et en créditant chacun d'eux de sa part proportionnelle de ce solde.

304. Quant au navire que nous nous sommes obligés à fournir à nos risques et périls pour un prix à forfait de 110000 fr., nous ouvrirons un compte spécial intitulé *Traité à forfait ou entreprise sur le navire.*

Du compte d'entreprise sur le navire.

305. Nous débiterons ce compte de l'achat primitif du navire, des frais de réparations, enfin de tous les débours occasionnés par le marché et à sa charge; nous le créditerons du prix à forfait convenu de 110000 fr. dont nous débiterons le compte de l'*expédition à Bourbon.*

La différence, quelle qu'elle soit, en plus ou en moins, indiquera notre perte ou notre gain dans ce marché chanceux : ainsi, ce compte sera soldé par celui de *Pertes et Profits.*

306. ——— DU 8 JANVIER. ———

Après quelques recherches, nous avons découvert dans le port de Bordeaux un grand et beau navire, nommé le *Duc de Bordeaux,* fin voilier de mille tonneaux, ayant une batterie couverte, parfaitement convenable à l'installation des mules ; nous l'avons acquis 41000 fr. sans l'artillerie, que le vendeur s'est réservée ; et nous l'avons payé comptant.

Ce vieux navire étant excellent dans ses fonds, mais très-endommagé dans ses hauts, nous avons, pour le réparer entièrement à neuf dans toutes ses parties détériorées, traité avec un constructeur qui est convenu de prendre en payement une propriété à sa convenance, dont notre sieur Raymond vient d'hériter de sa mère, pour la somme de 38000 fr. : notre sieur Raymond lui en a passé le contrat de vente à ce prix, comme à-compte sur les réparations qu'il fait au navire le *Duc de Bordeaux.*

Nous venons de payer 41000 fr. pour l'achat du navire le *Duc de Bordeaux,* et un à-compte sur les réparations qu'il nécessite ; ce sont des payements à la charge du traité à forfait ; en conséquence, on débite le compte d'*entreprise sur le navire* *le**** de cette somme de 79000 fr., nous créditons la *Caisse* de 41000 fr. qui en sont sortis; et quant aux 38000 fr. de la propriété donnée en payement, appartenant à notre associé, il faut en créditer les comptes de N/S Raymond, savoir : *N/Sr Raymond S/Cte de mise de fonds* de 19552 fr. 91 c. qui complètent la mise de fonds de 300000 fr. qu'il doit faire, et *N/Sr Raymond S/Cte de versement à intérêts* de 28447 fr. 09 c. qu'il se trouve verser de plus; car on se rappelle que notre sieur Raymond peut verser des sommes qui lui porteront intérêt, ce qui donne lieu à un nouveau compte de *notre sieur Raymond S/Cte de versement* (158). J'écris au Journal, art. 143.

307. ——— DU 8 JANVIER. ———

Ayant fait avec mes co-intéressés un marché à forfait pour la fourniture du navire que je dois livrer à l'opération à mes risques et périls, tout réparé et en bon état pour 110000 fr., je commence par débiter le compte d'*expédition à Bourbon* du prix convenu et arrêté du navire, en créditant le compte d'entreprise sur le navire le *Duc de Bordeaux* de cette somme de 110000 fr. (303). En conséquence, nous écrivons au Journal, art. 144.

308. ——— DU 10 JANVIER. ———

Nous avons envoyé en Poitou un homme de confiance avec deux artistes vétérinaires pour acheter aux diverses foires 120 mules de choix, et engager des muletiers pour le voyage : nous lui avons remis en or 70000 fr. dont il nous rendra compte à son retour du Poitou . . . . 70000 fr.

Nous avons acheté et payé comptant à M. Otard sa récolte de foins pressés à l'anglaise, en bottes carrées, propres à l'embarquement . . . . 4000 fr.

Report. . . 74000 fr.

Report. . .	74000 fr.
M. Otard nous a frété en entier notre navire pour lui rapporter de Bourbon une cargaison de sucre et café, à raison de 110 fr. le tonneau.	
Nous avons payé pour 400 barriques vides cerclées en fer et pour les remplir d'eau. . .	6000 fr.
Pour vivres de l'équipage et de la chambre.	8000 fr.
Pour avances à l'équipage et aux muletiers.	4000 fr.
Et réglé en nos billets les primes d'assurances diverses du navire, de la cargaison, du fret de retour, etc., s'élevant à.	8000 fr.
	100000 fr.

309. Nous avons soldé le compte du constructeur pour ses

réparations qui s'élèvent à	60630 fr.
A-compte qu'il a déjà reçu en une propriété.	38000 fr.
A lui payé pour solde	22630 fr.
Payé menues dépenses diverses	1370 fr.
	24000 fr.

Tous les débours que nous venons de faire étant pour le compte de l'*expédition à Bourbon*, nous débitons ce compte de ces 100000 fr. de débours par le crédit de *Caisse* et d'*Effets à payer* qui ont servi à régler les assurances; et nous écrivons sur le Journal, art. 145.

Quant au dernier payement de 24000 fr. effectué à notre constructeur, comme ces réparations sont relatives à notre marché à forfait, on en débite le compte d'*entreprise sur le navire.* J'écris au Journal, art. 146.

310. ——— DU 20 JANVIER. ———

Nous avons reçu des divers co-intéressés les à-comptes ci-après à valoir sur le payement de leur 1/5 d'intérêt.

Du capitaine Villebogard. . . . . 35000 fr.
De Gauthier et Ransay, consignataires. . . 30000 fr.
Du général comte d'H***. . . . . 30000 fr.
Du comte de R***. . . . . 18000 fr.

Nous débitons la *Caisse* qui reçoit ces fonds, et nous créditons chacun des intéressés de l'à-compte qu'il a donné sur son intérêt. J'écris au Journal, art. 147.

311. —————— DU 25 JANVIER. ——————

Nous avons payé pour solde de l'acquisition des mules et de la note de commission des vétérinaires la somme de 6000 fr.

Pour divers frais de courtage, de sortie de rivière et autres qui restaient à payer pour l'opération dont l'armement est terminé. . . . . 2000 fr.

Nous débitons le compte d'*expédition à Bourbon* de tous ces débours, par le crédit de la *Caisse*.

Nous débitons également ce compte de la commission à 3 p. 0/0 qui nous revient, prélevée sur le montant général de l'expédition, s'élevant à 218000 fr., ce qui produit un bénéfice pour nous de 6540 fr. dont nous créditons le compte de *Pertes et Profits*. J'écris au Journal, art. 148.

312. —————— DU 27 JANVIER. ——————

Le navire le *Duc de Bordeaux* ayant mis à la voile, nous en avons donné avis à tous nos co-intéressés, en leur remettant le relevé de la mise dehors ou prix coûtant de l'*expédition*, d'après le débit de ce compte, lequel s'élève à. 224540 fr.

Enfin on solde ce compte, au crédit, en débitant chacun des co-intéressés pour son cinquième, et nous, pour notre cinquième, sous le nom d'*intérêt dans l'expédition à Bourbon*, art. 149 du Journal.

313. Pour compléter leur versement d'intérêt, dont nous avions fait l'avance pour eux, nos co-intéressés nous ont remis, savoir :

Le capitaine au moment de son départ. . . . 9908 fr.

Le consignataire. . . . . 14908 fr.
Le général comte d'H***. . . . . 14908 fr.
Le comte de R*** en ses billets à un an. . . . 26908 fr.

Nous débitons la *Caisse*, les *Effets à recevoir*, et nous créditons les divers intéressés pour solde. Nous écrivons au Journal, art. 150 et 151.

De cette manière le compte ouvert à l'*expédition à Bourbon* est balancé au départ du navire; chacun a soldé par appoint son intérêt; et cette opération ne doit plus avoir de compte ouvert sur nos livres que pour le cinquième d'intérêt que nous y avons conservé.

Nous balançons également le compte ouvert à *entreprise sur le navire*, puisqu'il n'a plus d'objet, le traité se trouvant accompli; il nous présente un solde en bénéfice de 7000 fr. que nous portons au compte de *Pertes et Profits*, art. 152.

Le compte d'*expédition à Bourbon* doit se trouver soldé après le départ du navire; cela fait, il faut attendre le retour du navire qui donnera lieu à le rouvrir pour d'autres écritures relatives au résultat de l'expédition.

314. ——— DU 1er FÉVRIER. ———

Le gouvernement accordant une prime d'encouragement assez élevée pour l'introduction dans nos colonies de la morue pêchée sur le banc de Terre-Neuve, nous avons conçu un projet d'opération maritime, d'une courte durée, et qui nous paraît productif : il a pour objet l'importation avec gain de prime, à la Martinique, d'un chargement de morue venant de Saint-Pierre-Miquelon, sur un navire qui, après avoir vendu sa cargaison à la Martinique, reviendra au Hâvre avec un fret et des passagers.

Sur l'exposé de notre plan et l'examen de nos comptes simulés, vingt-trois personnes y ont pris des intérêts divers, pour des sommes fixes de 5, 10, 15, 20 ou 30000 fr. Notre maison restera intéressée pour la différence entre le total de ces intérêts s'élevant à 180000 fr., et le montant de la mise dehors présumée devoir s'élever à 300000 fr., dont nous ferons les débours au comptant et l'avance entière à nos associés, moyennant une commission d'armement de 3 p. 0/0, et la fourniture à forfait d'un navire pour le prix de 97500 fr.; les divers co-intéressés ne devant nous rembourser leur part qu'après l'achat et le départ du navire.

Nous ouvrirons comme dans l'opération précédente (303), un compte intitulé : *Expédition à la Martinique,* qui sera débité de tous les débours qu'elle occasionnera, soit pour l'achat de la cargaison et des vivres, les avances à l'équipage, soit pour toute autre cause.

On le débitera également du prix à forfait convenu à 97500 fr. pour le navire, en créditant le compte d'*entreprise sur le navire le* ***.

On le débitera encore de la commission d'armement qui nous est allouée.

De manière que le débit du compte d'*expédition à la Martinique* donnera le chiffre auquel s'élève l'opération au départ du navire.

. Après son départ on soldera le compte de l'*expédition,* au crédit, en débitant les co-intéressés chacun de sa portion d'intérêt, et nous, sous le nom d'*intérêt sur tel navire,* de ce qui nous restera d'intérêt, comme il est déjà dit (303).

On peut, dans ces sortes d'opérations à intérêts pour des sommes fixes, créditer de suite le compte d'*expédition* de ces intérêts, en débitant chacun des co-intéressés de sa part. Alors il ne reste plus au départ du navire qu'à solder le compte d'expédition à la Martinique par notre compte d'*intérêt dans l'expédition à la Martinique.*

315. Au retour du navire, et après la terminaison de l'opération, nous créditerons le compte d'*expédition à la Martinique* de tous les produits quelconques, tels que ceux de fret, de passagers, de vente de la cargaison, du navire et autres.

On le débite de tous les frais de désarmement ; enfin, le

solde de ce compte, qui présente le produit net à partager entre tous les co-intéressés, est porté au crédit de chacun d'eux, divisé en parts *proportionnelles* à sa mise de fonds.

Ce partage proportionnel s'opère par une règle de *proportion composée* dont on peut, en cas de besoin, prendre connaissance dans l'*Arithmétique commerciale* du même auteur (*a*).

Quant au compte de *traité à forfait* ou *entreprise sur le navire*, il est tenu et soldé absolument comme il a été indiqué précédemment (305), la convention ayant été la même que dans l'opération précédente.

316. ——— DU 5 FÉVRIER. ———

Nous avons acheté au comptant à MM. Jonajones de Bordeaux un navire très-fin voilier de 300 tonneaux, nommé *le Pactole*, en assez bon état. . . . . 70000 fr.

Nous débitons le compte ouvert à *entreprise sur le navire* le Pactole, du prix primitif d'achat, et nous créditons la *Caisse*. Nous le débiterons plus tard de ce que nous coûtera la réparation ou mise en bon état de ce navire. Nous écrivons au Journal, art. 152.

317. ——— DU 28 FÉVRIER. ———

Nous avons payé pour l'expédition à la Martinique, savoir :

Pour armement, vivres et avances à l'équipage.	16500 fr.
Pour achat d'une cargaison de morue à livrer à Saint-Pierre-Miquelon par Beautems et Lecoupé, armateurs-pêcheurs de Granville. . . .	86200 fr.
Pour achat d'un chargement de sel.	6000 fr.
Pour achat de boucauts feuillard et osier. . .	4000 fr.
Payé pour frais divers.	1300 fr.
	114000 fr.

(*a*) A Paris, chez Langlois et Leclercq, rue de la Harpe, 81.

Nous avons réglé en nos billets à six mois les primes d'assurances diverses sur le corps du navire, le fret, la cargaison, etc. . . . . 9200 fr.

Il faut débiter le compte d'expédition à la Martinique du prix à forfait du navire, convenu à 97500 fr., et de la commission de 3 p. 0/0 qui nous est allouée sur l'ensemble de l'armement, qui est terminé.

En conséquence, nous débitons le compte d'*expédition à la Martinique* de tous les débours ci-dessus qu'elle vient d'occasionner, en créditant la *Caisse* de ceux effectués en argent, les *Effets à payer* des billets souscrits pour assurances, le compte d'*entreprise sur le navire* le Pactole du marché à forfait pour 97500 fr., et le compte de *Pertes et Profits* de notre commission d'armateur. Nous écrivons au Journal, art. 153.

318. ——— DU 28 FÉVRIER. ———

Le navire *le Pactole* ayant mis à la voile, il faut solder le compte d'*expédition à la Martinique.*

Nous avons d'abord débité chacun des co-intéressés du montant à payer de son intérêt, et nous en avons crédité le compte d'*expédition à la Martinique*. art. 154 du Journal.

Après quoi, nous l'avons soldé par le compte d'*intérêt sur le navire le Pactole,* où nous portons la part d'intérêt qui nous reste dans l'opération, art. 155 du Journal.

Nous n'avons ouvert qu'un seul compte à *divers intéressés sur le navire le Pactole* au lieu d'en ouvrir un à chacun des vingt-trois intéressés, parce que ce serait une multiplication de travail inutile, leur intérêt devant être versé peu après le départ du navire. Alors nous débiterons le compte de *Caisse* ou d'*Effets à recevoir* des valeurs qu'ils nous remettront, en créditant le compte de divers intéressés qui se trouvera ainsi soldé sans qu'il y ait eu besoin d'ouvrir 23 comptes séparés.

Au moyen des colonnes de numéros de rencontre, telles qu'elles sont pratiquées au compte d'*Effets à payer* (au

GRAND-LIVRE, f° 4), on évitera toute confusion, et l'on verra parfaitement ceux qui auront payé leur intérêt et ceux qui seront en retard (165).

319. ——— DU 3 MARS. ———

Divers intéressés dans l'expédition à la Martinique m'ont payé leur intérêt :

Lesueur, 15000 fr. à valoir.	15000 fr.
Le marquis et le comte d'Oys..., en entier.	40000 fr.
Le général comte d'H***. . . . . *id.* . .	20000 fr.
	75000 fr.

Je débite la *Caisse* qui reçoit, et je crédite le compte de *divers intéressés sur le navire le Pactole* (art. 156 du Journal).

En rapportant au Grand-Livre, j'expliquerai en détail les sommes reçues, en énonçant ceux des intéressés qui les ont versées, et je mettrai comme aux *Effets à payer* (f° 4 du GRAND-LIVRE) des numéros de rencontre, qui avertiront, au débit, que ces intérêts sont soldés.

320. ——— DU 1er JUILLET. ———

Le capitaine du navire le *Duc de Bordeaux* nous a écrit que tous nos calculs et nos prévisions s'étaient réalisés au-delà de nos espérances, car il est arrivé sans perdre dans la traversée une seule de ses mules, qui ont été vendues au débarquement, à l'encan public, à raison de 1800 fr. à 2000 fr. chacune, aux divers propriétaires qui ont réglé en leurs billets à un an;

Que le fret pour compte de M. Otard est prêt, qu'il va l'embarquer prochainement et revenir avec de nombreux passagers.

Il nous recommande de faire assurer le fret et le passage, ce que nous avons fait à 1 p. 0/0, sur 130000 fr. auxquels s'élèvent le fret et les passagers; soit 1300 fr. que nous avons réglés en nos billets à un an. . . . . . . 1300 fr.

Les 1300 fr. de prime d'assurances étant une dépense à la charge de l'opération, nous en débitons le compte d'*expédition à Bourbon,* par le crédit d'*Effets à payer* (art. 157).

Voilà le compte d'expédition à Bourbon qui se trouve ouvert de nouveau, on y portera tous les produits au crédit, et toutes les dépenses au débit; enfin, il sera soldé à la fin de l'opération par le compte de chacun des intéressés.

321. ——————— DU 31 AOUT. ———————

Le navire le *Duc de Bordeaux,* de retour à Bordeaux, vient de débarquer son chargement, et nous avons touché du sieur Otard pour fret. . . . . 110000 fr.

Nous avons reçu du capitaine :

Le produit des passagers. . . . . 21000 fr.

Le produit de la vente des tonneaux vides. 10000 fr.

Le récépissé des règlements des planteurs de Bourbon pour produit de la vente de mules, lesquels billets il n'a pas voulu négocier à 18 p. 0/0 et les a laissés entre les mains de M. Camin, pour en encaisser le montant à l'échéance, qu'il prendra dans un second voyage. . . . . . . 225000 fr.

Nous avons désarmé le navire, soldé les gages de l'équipage et autres frais, s'élevant à. 12000 fr.

Nous débitons la *Caisse* des sommes versées en argent par le capitaine, et nous en créditons le compte d'*expédition à Bourbon;* nous débitons ce compte des 12000 fr. de frais de désarmement; et nous écrivons au Journal, art. 158 et 159.

Cette opération étant terminée, nous allons solder le compte d'*expédition à Bourbon :* nous ne vendons pas le navire, qui doit recommencer l'opération au beau temps.

Mais le capitaine ayant laissé les 225000 fr. d'effets à l'encaissement chez le sieur Camin et compagnie de Bourbon, on ne peut encore raisonnablement en créditer le compte d'*expédition à Bourbon :* car ce serait répartir et porter au crédit des intéressés une somme qui peut subir des réductions considérables et que nous n'avons pas encore en notre possession : il faut donc attendre que le produit de ces valeurs soit revenu en Europe avant d'en créditer le compte d'expédition à Bourbon.

Si l'opération nous appartenait en entier et n'était pas à partager entre divers co-intéressés, nous pourrions ouvrir un compte de *fonds dans l'Inde,* que nous débiterions de ces 225000 fr., et nous en créditerions le compte d'expédition; ce serait sans inconvénient, parce qu'il n'y aurait dans ce cas rien à partager entre des étrangers.

Mais ici le compte d'expédition à Bourbon présente à son crédit seulement pour les produits réalisés du fret et des passagers. 141000 fr.

Au débit, pour les assurances et le désarmement du navire. . . . . 13300 fr.

D'où il résulte un solde à partager de. . . . 127700 fr.

Dont le 1/5 est de 25540 fr.

En conséquence, nous créditons chacun des intéressés de son 1/5 de cette rentrée, et nous aussi, sous le nom d'*intérêt sur le navire le Duc de Bordeaux,* du cinquième qui nous revient. Nous écrivons au Journal, art. 160.

On peut fort bien porter au crédit d'expédition à Bourbon les produits de la cargaison restés dans l'Inde, par le débit du compte de *fonds dans l'Inde;* mais cette somme ne peut pas être partagée comme celles réalisées : elle doit donc rester seulement en note au crédit, et dans ce cas le compte d'expédition à Bourbon n'est pas soldé.

322. ——— DU 2 SEPTEMBRE. ———

Le navire *le Pactole* étant de retour au Hâvre après avoir accompli son opération, nous avons reçu du capitaine les sommes ci-après :

Pour produit de la vente au comptant de la cargaison de morue. . . . . 83500 fr.

Touché la prime au Trésor. . . . . 85000 fr.

Touché pour fret. . . . . 25000 fr.

Touché pour passagers. . . . . 12000 fr.

Vente du chargement de sel, à Saint-Pierre. 15000 fr.

220500 fr.

Nous créditons *expédition à la Martinique* de tous ces produits et aussi du montant de la vente pour 81000 fr. du navire le *Pactole*, qu'il nous a fallu vendre parce que sa capacité n'est pas convenable à l'opération. Nous écrivons au Journal, art. 161.

Nous avons désarmé le navire le *Pactole* et déboursé pour frais de désarmement la somme de 7500 fr., dont nous débitons le compte d'expédition à la Martinique par le crédit de *Caisse*. On écrit au Journal, art. 162.

323. —— DU 2 SEPTEMBRE. ——

Nous avons soldé le compte d'expédition à la Martinique en créditant chacun des intéressés de sa part proportionnelle dans le produit qui s'élève à. . . . . . 301500 fr.

D'où à déduire le débit s'élevant à. . . . . 7500 fr.

Reste à partager. . . . . . . 294000 fr.

Nous nous sommes crédités sous le nom d'*intérêt sur le navire le Pactole*, de la part qui nous revient, et nous avons écrit au Journal, art. 163.

JOURNAL

COMMENCÉ LE 1er JUILLET 1847.

Folios		Fr.	c.
	1. — DU 1er JUILLET. —		
1/6	*MARCHANDISES GÉNÉRALES à PAUL, fr. 4000, pour achat de 10 balles de laine, à 400 fr. l'une, payables dans le courant. . . .*	4000	»
	2. — DU 10 JUILLET. —		
4/2	*MARCHANDISES GÉNÉRALES à CAISSE, fr. 1000, pour achat fait à Paul d'une balle de laine que je lui ai payée comptant. . . .*	1000	»
	3. — DU 15 JUILLET. —		
1/4	*MARCHANDISES GÉNÉRALES à EFFETS A PAYER, fr. 1000, pour achat à Paul d'une balle de laine, payée en mon billet à son ordre, au 15 novembre prochain. . . . . . .*	1000	»
	4. — DU 16 JUILLET. —		
1/—	*MARCHANDISES GÉNÉRALES à DIVERS, fr. 3860, pour les achats ci-après faits aux suivants :*		
6	*A DURAND, fr. 3500, pour 175 quintaux de farine à 20 fr. le cent. . . . . .* 3500 »		
6	*A LEBRUN, fr. 360, pour 180 kil. de sucre, à 2 fr. le kil. . . . . .* 360 »	3860	»
	5. — DU 17 JUILLET. —		
6/1	*DURAND à MARCHANDISES GÉNÉR., fr. 4400, pour vente à lui faite de 10 balles de laine à 440 fr. l'une, payables dans le courant du mois prochain. . . . .*	4400	»
	6. — DU 20 JUILLET. —		
2/1	*CAISSE à MARCHANDISES GÉNÉRALES, fr. 1100, pour vente faite à Durand d'une balle de laine qu'il m'a payée en espèces. . .*	1100	»
	Reporté.	15360	»

Folio		fr.	c.
	Report.	15360	»
	7. —— DU 21 JUILLET. ——		
3 / 1	***EFFETS A RECEVOIR** à **MARCH. GÉN.**, fr. 1200, pour vente à Durand d'une balle de laine qu'il m'a payée en son billet à mon ordre à six mois. . . . .*	1200	»
	8. —— DU 25 JUILLET. ——		
1 / —	***DIVERS** à **MARCHANDISES GÉNÉRALES**, fr. 5965, pour les ventes ci-après faites aux suivants :*		
6	***PAUL**, fr. 5425, pour 175 quintaux de farine à 31 fr. le cent . . . .* 5425 »		
6	***GARNIER**, fr. 540, pour 180 kil. de sucre à 3 fr. le kilog. . . . . .* 540 »	5965	»
	9. —— DU 26 JUILLET. ——		
1 / 4	***MARCH. GÉNÉR.** à **EFFETS A PAYER**, fr. 945, pour achat fait à Paul de 4 pièces de toile de Hollande que je lui ai payées en mon billet à son ordre au 4 septembre prochain. . . . .*	945	»
	10. —— DU 28 JUILLET. ——		
1 / —	***DIVERS** à **MARCHANDISES GÉNÉRALES**, fr. 1370, pour ventes ci-après faites aux suivants :*		
7	***MÉNARD**, fr. 763, pour 2 pièces de toile payables en son billet à mon ordre à 3 mois.* 763 »		
7	***BEAUFOND**, fr. 607, pour 2 pièces de toile payables en son billet à mon ordre à 3 mois . . . .* 607 »	1370	»
	Reporté.	24840	»

Folio	Article	Détail	Montant	
	Report.		24840	»
	11. —— DU 31 JUILLET. ——			
3	***EFFETS A RECEVOIR** à **DIVERS**, fr. 1370, pour les effets ci-après que les suivants m'ont remis :*			
7	***A MÉNARD**, fr. 763, pour son billet à mon ordre au 31 octobre. . . . .*	763 »		
7	***A BEAUFOND**, fr. 607, pour son billet à mon ordre au 31 octobre. .*	607 »	1370	»
			26210	
	12. —— DU 1er AOUT. ——			
2 — 6	***CAISSE** à **DURAND**, fr. 4400, reçus dudit en espèces pour payement de 10 balles de laine à lui vendues le 17 du mois dernier. . . . . .*		4400	»
	13. —— DU 5 AOUT. ——			
1 — 6	***MARCHANDISES GÉNÉR.** à **GARNIER**, fr. 15540, pour achat de 6 ballots indigo du Bengale, pesant 777 kilog., à 20 fr. le kilog. payables dans le courant du mois . . . . . .*		15540	»
	14. —— DUDIT. ——			
1	***DIVERS** à **MARCHANDISES GÉNÉRALES**, fr. 18130, pour les ventes ci-après faites aux suivants :*			
6	***PAUL**, fr. 6216, pour 259 kilog. d'indigo Bengale, à 24 fr. le kilog., payables le 26 courant. . . . .*	6216 »		
6	***LEBRUN**, fr. 6216, pour idem . .*	6216 »		
2	***CAISSE**, fr. 5698, pour 259 kilog. d'indigo vendu à Dupui, qui m'a payé comptant. . . . .*	5698 »	18130	»
	Reporté.		64280	»

Folio			Francs	c.
	Report.		64280	»
	15. —— DU 6 AOUT. ——			
3 / 6	*EFFETS A RECEVOIR à LEBRUN, fr.* 6216, *pour son billet à mon ordre, au* 2 *octobre, qu'il m'a remis en payement de marchandises à lui vendues le* 5 *courant.*		6216	»
	16. —— DUDIT. ——			
1 / 6	*MARCHANDISES GÉNÉRALES à PAUL, fr.* 8743. 40, *pour achat à Paul, de* 4 *pièces de toile de Frise, payables en mes billets à son ordre à* 3 *et* 6 *mois.*		8743	40
	17. —— DUDIT. ——			
2	*CAISSE à DIVERS, fr.* 5965, *reçus en espèces des suivants :*			
6	*A PAUL, fr.* 5425, *qu'il m'a comptés.*	5425 »		
6	*A GARNIER, fr.* 540, *idem.* . . .	540 »	5965	»
	18. —— DU 7 AOUT. ——			
6 / 4	*PAUL à EFFETS à PAYER, fr.* 8743. 40, *pour mes billets à lui remis.*			
	Mon billet à son ordre au 10 *octobre*	2914. 46		
	Idem, au 26 *octobre.*	2914. 46		
	Idem, au 24 *décembre.*	2914. 48	8743	40
	19. —— DU 10 AOUT. ——			
2	*DIVERS à CAISSE, fr.* 7860, *payés aux suivants :*			
6	*PAUL, fr.* 4000, *à lui comptés.* . .	4000 »		
6	*DURAND, fr.* 3500, *idem.*	3500 »		
6	*LEBRUN, fr.* 360, *idem.*	360 »	7860	»
	Reporté.		101807	80

	Report.		101807	80
	20. —— DU 11 AOUT. ——			
1	*DIVERS à MARCHANDISES GÉNÉRALES, fr. 10673. 50, pour les ventes ci-après :*			
2	*CAISSE, fr. 2880, reçus en espèces de Durand, pour une pièce de toile qu'il m'a payée comptant*	2880 »		
7	*BEAUFOND, fr. 1793. 50, pour une pièce de toile payable en son billet à mon ordre.*	1793 50		
7	*MÉNARD, fr. 6000, pour une pièce de toile payable en papier sur Paris.*	6000 »	10673	50
	21. —— DU 13 AOUT. ——			
1/6	*MARCHANDISES GÉNÉR. à LEBRUN, fr. 14581, pour achat à lui fait de 28 barriques de gomme du Sénégal, à 520 fr. la barrique, payable comme suit :*			
	En papier sur Paris.	6000 »		
	En mes billets	6000 »		
	En argent	2581 »	14581	»
	22. —— DU 16 AOUT. ——			
3	*EFFETS A RECEVOIR à DIVERS, fr. 7793 50, pour les billets ci-après que m'ont remis les suivants :*			
7	*A BEAUFOND, fr. 1793. 50, pour son billet à mon ordre au 24 septembre* . . .	1793. 50		
7	*A MÉNARD fr. 6000, pour sa traite à mon ordre sur André, au 16 novembre.*	6000 »	7793	50
	Reporté.		134855	80

	Report.	134855	80
	23. —— DU 19 AOUT. ——		
6 —	*LEBRUN, à DIVERS, fr.* 14581, *pour les remises ci-après à lui faites :*		
4	*A EFFETS A PAYER, fr.* 6000, *mon billet à son ordre, au* 27 *janvier. . . . .* 6000 »		
3	*A EFFETS A RECEVOIR, fr.* 6000 *la traite sur André, au* 16 *novembre . . . .* 6000 »		
2	*A CAISSE, fr.* 2581, *à lui comptés pour solde. . . . .* 2581 »	14581	»
	24. —— DU 22 AOUT. ——		
2 — 6	*CAISSE A PAUL, fr.* 6216, *reçu dudit en espèces en payement des indigos à lui vendus le* 5 *courant. . . . .*	6216	»
	25. —— DU 26 AOUT. ——		
1 — 6	*MARCHANDISES GÉNÉR. à GARNIER, fr.* 2123, *pour achat à Garnier de* 250 *caisses de prunes d'Ante, payables le* 16 *du mois prochain. . . . .*	2123	»
	26. —— DU 28 AOUT. ——		
6 — 2	*GARNIER à CAISSE, fr.* 15540, *payé en espèces audit les indigos achetés le* 5 *courant. .*	15540	»
	27. —— DU 31 AOUT. ——		
2 — 3	*CAISSE à EFFETS A RECEVOIR, fr.* 1370, *encaissé les effets suivants :*		
	Le billet de Ménard à mon ordre, au 31 *courant. . . . .* 763 »		
	Idem, Beaufond, au 31 *courant. . .* 507 »	1370	»
	Reporté.	174685	80

Folio			Fr.	c.
	Report.		174685	80
	28. —— DU 2 SEPTEMBRE. ——			
1	*DIVERS à MARCHANDISES GÉNÉRALES, fr. 16580, ventes aux suivants :*			
7	*DARNAY, fr. 10200, pour 17 tonneaux vin rouge de Bordeaux, à 600 fr., payables en son billet à mon ordre à 5 mois . . .*	10200 »		
7	*MÉNARD, fr. 6380, pour 11 tonneaux du même vin, à 580 fr., payables à 4 mois ou à l'escompte de 3 pour cent. . . . .*	6380 »	16580	»
	29. —— DU 4 SEPTEMBRE. ——			
3 / 7	*EFFETS A RECEVOIR à DARNAY, 10200, pour son billet à mon ordre, au 31 janvier; qu'il m'a remis en payement . . . .*		10200	»
	30. —— DU 5 SEPTEMBRE. ——			
4 / 2	*EFFETS A PAYER à CAISSE, fr. 945, payé mon billet ordre Bray, échu ce jour. . . . . .*		945	»
	31. —— DU 6 SEPTEMBRE. ——			
7	*DIVERS à MÉNARD, fr. 6380, qu'il m'a payés sous escompte pour solder son achat du 2 courant :*			
2	*CAISSE, fr. 6188. 60, reçu dudit en espèces. . . . .*	6188. 60		
5	*PERTES ET PROFITS, fr. 191. 40, escompte de 3 pour cent qu'il a retenu . . . .*	191. 40	6380	»
	Reporté.		208790	80

Folio	Libellé		Francs	Cent.
	Report.		208790	80
	32. —— DU 8 SEPTEMBRE. ——			
2 / 1	*CAISSE à MARCHANDISES GÉNÉRALES, fr. 970, reçu en espèces sous escompte de 3 pour cent, de Bulton, pour 1000 fr. d'indigos à lui vendus*		970	»
	33. —— DU 10 SEPTEMBRE. ——			
1	*DIVERS à MARCHANDISES GÉNÉRALES, fr. 2593, pour ventes aux suivants :*			
7	*NANTEUIL, fr. 1029, pour 80 caisses de prunes d'Ante*	1029 »		
8	*BOYER, fr. 1024, pour 100 idem.* .	1024 »		
8	*VILLENEUVE, fr. 540, pour 70 id.*	540 »	2593	»
	34. —— DU 13 SEPTEMBRE. ——			
6 / 2	*GARNIER à CAISSE, fr. 2123, payé audit en espèces sa facture du 26 du mois dernier.* . .		2123	»
	35. —— DUDIT. ——			
	DIVERS à DIVERS, fr. 1569, reçu des suivants ce qui suit :			
3	*EFFETS A RECEVOIR, fr. 1029, entré le billet de Nanteuil à mon ordre, au 24 décembre*	1029 »		
2	*CAISSE, fr. 540, reçus en espèces de Villeneuve.*	540 »		
		1569 »		
7	*A NANTEUIL, fr. 1029, pour son billet à mon ordre à 4 mois, qu'il m'a remis.*	1029 »		
8	*A VILLENEUVE, fr. 540, qu'il m'a comptés*	540 »	1569	»
	Reporte.		216045	80

Folio		Fr.	C.
	Report.	216045	80
	36. —— DU 15 SEPTEMBRE. ——		
3/8	*EFFETS A RECEVOIR à BOYER, fr.* 1024, *pour son billet à mon ordre, au* 24 *décembre, qu'il m'a remis*	1024	»
	37. —— DU 16 SEPTEMBRE. ——		
1/6	*MARCHANDISES GÉNÉR. à LEBRUN, fr.* 38966, *pour achat fait audit, et frais de* 32 *tonneaux vin de Médoc, à* 1200 *francs le tonneau* . . . . 38400 » *Frais divers et de transport* . . . . 566 »	38966	»
	38. —— DUDIT. ——		
1/—	*MARCHANDISES GÉNÉRALES à DIVERS, fr.* 2100, *pour envoi que m'a fait Morton et compagnie d'une cargaison de café de Bourbon sur le navire* le Duc de Bordeaux.		
4	*A EFFETS A PAYER, fr.* 2000, *pour mon acceptation à la traite de Morton et compagnie, au* 16 *mars prochain* . . . . 2000 »		
2	*A CAISSE, fr.* 100, *payé pour la prime d'assurances* . . . . 100 »	2100	»
	39. —— DU 24 SEPTEMBRE. ——		
1	*DIVERS à MARCHANDISES GÉNÉRALES, fr.* 31951, *ventes faites aux suivants :*		
7	*NANTEUIL, fr.* 11019, *pour* 5 *tonneaux de vin de Sauterne, payables en son billet à mon ordre à* 6 *mois* . . . . 11019 »		
7	*MÉNARD, fr.* 20932, *pour* 15 *tonneaux idem, payables en son billet à mon ordre à* 6 *mois* . . . . 20932 »	31951	»
	Reporté.	290086	80

Folio	Article	Francs	Cent.
	Report.	290086	80
	40. —— DU 24 SEPTEMBRE. ——		
2/3	*CAISSE à EFFETS A RECEVOIR, fr.* 1793. 50, *encaissé le billet de Beaufond, échu ce jour.*	1793	50
	41. —— DU 25 SEPTEMBRE. ——		
	DIVERS à DIVERS, fr. 31951, *reçu des suivants :*		
3	*EFFETS A RECEVOIR, fr.* 28426, *pour entrée des effets ci-après :*		
	Le billet de Nanteuil à mon ordre au 17 *juin* . . . . 11019 »		
	Idem, de Ménard, à mon ordre, au 22 *janvier*. . . . . . 17407 » — 28426 »		
2	*CAISSE, fr.* 3525, *reçus en espèces de Ménard* . . . . 3525 »		
	31951 »		
7	*A NANTEUIL, fr.* 11019, *pour son billet à mon ordre*. . . . . 11019 »		
7	*A MÉNARD, fr.* 20932, *pour son billet et solde en espèces*. . . . . 20932 »	31951	»
	42. —— DU 26 SEPTEMBRE. ——		
6/3	*LEBRUN à DIVERS, fr.* 38966, *à lui remis ce qui suit :*		
	A EFFETS A RECEVOIR, fr. 28426, *les effets suivants :*		
	Le billet de Ménard, à mon ordre, au 22 *janvier*. . . . . 17407 »		
	Idem, de Nanteuil, à mon ordre, au		
	Reporté.	323831	30

	Report.		323831	30
	Report.	17407 »		
	17 *juin. . . . .*	11019 »		
		28426 »		
4	***A EFFETS A PAYER**, fr. 5000, mon billet ordre Lebrun, au 20 mars. . . . .*	5000 »		
2	***A CAISSE**, fr. 5540, compté pour solde. . . . .*	5540 »	38966	»
	43. —— DU 30 SEPTEMBRE. ——			
3	***DIVERS à EFFETS A RECEVOIR**, fr. 10200, négocié le billet de Darnay, au 31 janvier.*			
2	***CAISSE**, fr. 10065. 70, reçu en espèces pour produit net. . . . .*	10065. 70		
5	***PERTES ET PROFITS**, fr. 134. 30, escompte retenu de 1/4 pour cent et le courtage. . . . .*	134. 30	10200	»
	44. —— DUDIT. ——			
3 —	***EFFETS A RECEVOIR à DIVERS**, fr. 1000, escompté l'acceptation de Bosc et compagnie, au 15 février.*			
2	***A CAISSE**, fr. 992. 50, payé en espèces, net. . . . .*	992. 50		
5	***A PERTES ET PROFITS**, fr. 7. 50, escompte retenu. . . . .*	7. 50	1000	»
	45. —— DUDIT. ——			
8 — 4	***LAFOND à EFFETS A PAYER**, fr. 1000, remis audit mon billet à son ordre au 31 décembre. . . . .*		1000	»
	Reporté.		374997	30

Folio	Libellé	Détail	Montant	c.
	Report.		374997	30
	46. — DU 30 SEPTEMBRE. —			
8	*DIVERS à LAFOND, fr. 1000, pour solder le compte de Lafond, failli, ayant concordaté à 20 pour cent.*			
2	*CAISSE, fr. 200, reçu comptant le dividende*	200 »		
5	*PERTES ET PROFITS, fr. 800, perte ou remise faite sur cette créance*	800 »	1000	»
	47. — DUDIT. —			
2/5	*CAISSE à PERTES ET PROFITS, fr. 3600, reçu de Johnson, de New-York, pour ma commission de 2 pour cent sur les 180000 fr. de grains que j'ai achetés de son ordre et pour son compte*		3600	»
	48. — DUDIT. —			
2/5	*CAISSE à PERTES ET PROFITS, fr. 10000, reçu en espèces pour héritage, gain à la loterie, dans un pari, au jeu, ou reçu en cadeau de mon père*		10000	»
	49. — DUDIT. —			
5/2	*PERTES ET PROFITS à CAISSE, fr. 1000, donnés en présent à ma sœur, ou perdus au jeu, dans un pari, ou dérobés dans ma caisse.*		1000	»
	50. — DUDIT. —			
5/2	*PERTES ET PROFITS à CAISSE, fr. 500, payé le semestre de rente ou pension que je fais à la veuve Laforêt*		500	»
	Reporté.		391097	30

Folios	Articles	Francs	c.
	Report.	391097	30
	51. —— DU 30 SEPTEMBRE. ——		
5/2	*PERTES ET PROFITS à CAISSE, fr.* 2500, *payé les dépenses ci-après :*		
	Pour mes frais de maison. . . . . 1000 »		
	Pour mes dépenses personnelles. . 500 »		
	Pour frais généraux de patente, impositions, ports de lettres, etc. 1000 »	2500	»
	52. —— DUDIT. ——		
5/9	*PERTES ET PROFITS à ARNAULD, fr.* 2000, *achat à Williams d'un cheval anglais, payé pour mon compte par Arnauld de Londres. .*	2000	»
	53. —— DUDIT. ——		
9/2	*ARNAULD à CAISSE, fr.* 2000, *payé au sellier Guetting pour le compte d'Arnauld. . . .*	2000	»
	54. —— DUDIT. ——		
2/9	*CAISSE à ARNAULD, fr.* 1000, *reçu en espèces de Forbin pour le compte d'Arnauld. . .*	1000	»
	55. —— DUDIT. ——		
2/9	*CAISSE à ARNAULD, fr.* 1000, *reçu en espèces de Villeneuve pour le crédit que je lui ai ouvert chez Arnauld. . . . .*	1000	»
	56. —— DUDIT. ——		
9/8	*ARNAULD à BULTON, f.* 1000, *crédit que j'ouvre chez moi à Bulton pour compte d'Arnauld.*	1000	
	57. —— DUDIT. ——		
8/9	*FOISSAC à ARNAULD, fr.* 1000, *crédit ouvert à Foissac pour mon compte chez Arnauld. . . . .*	1000	»
	Reporté.	401597	30

Folio	Articles	Francs	C.
	Report.	401597	30
	58. — DU 30 SEPTEMBRE. —		
3/4	*EFFETS A RECEV. à EFFETS A PAYER, fr. 1000, entré le billet de Durieu à mon ordre au 31 mars prochain, qu'il m'a remis en échange de mon billet à son ordre de la même somme et à la même échéance. . . . .*	1000	»
	59. — DUDIT. —		
5/8	*PERTES ET PROFITS à FOISSAC, fr. 1000, perte éprouvée avec Foissac, mort insolvable, et pour solder son compte. . . . .*	1000	»
	60. — DU 2 OCTOBRE. —	403597	30
6/1	*GARNIER à MARCHANDISES GÉNÉR., fr., 15545, vente à lui faite de 20 tonneaux de vin rouge à crédit . . . .*	15545	»
	61. — DUDIT. —		
2/3	*CAISSE à EFFETS A RECEVOIR, fr. 6216, encaissé le billet de Lebrun, échu ce jour. . . .*	6216	»
	62. — DU 4 OCTOBRE. —		
3/6	*EFFETS A RECEV. à GARNIER, fr. 15545, pour les effets ci-après qu'il m'a remis en payement :*		
	La traite à mon ordre sur Davidson, au 2 mars . . . . 5000 »		
	Son billet à mon ordre, au 18 novembre . . . . 4000 »		
	Idem, au 18 novembre. . . . . . 3000 »		
	Billet de Didier, au 24 octobre . . 3545 »	15545	»
	Reporté.	440903	30

	Report.	440903	30
	63. —— DU 6 OCTOBRE. ——		
1 ——	***MARCHANDISES GÉNÉRALES à DIVERS,*** *fr. 53354, achat et frais de 440 douzaines de bas de soie, à 120 fr. la douzaine.*		
9	***A ARNAULD,*** *fr. 53254, montant de sa facture s'élevant à* . . . . 53254 »		
2	***A CAISSE,*** *fr. 100, payé pour frais à la réception* . . . . 100 »	53354	»
	64. —— DU 7 OCTOBRE. ——		
1 ——	***DIVERS à MARCHANDISES GÉNÉRALES,*** *fr. 74427. 88, ventes ci-après faites aux suivants :*		
7	***NANTEUIL,*** *fr. 32713. 88, pour 200 douzaines de paires de bas de soie* 32713. 88		
6	***LEBRUN,*** *fr. 38338, pour 215 douzaines de paires de bas de soie* . . . . 38338 »		
8	***VILLENEUVE,*** *fr. 3376, pour 25 douzaines de paires de bas de soie* . . . . 3376 »	74427	88
	65. —— DU 10 OCTOBRE. ——		
4 —— 2	***EFFETS A PAYER à CAISSE,*** *fr. 2914. 46, payé mon billet ordre Paul, échu ce jour.* . .	2914	46
	66. —— DUDIT. ——		
	DIVERS à DIVERS, *fr. 74427. 88, pour ce qui suit :*		
3	***EFFETS A RECEVOIR,*** *fr. 63493. 88, entré les effets suivants :*		»
	Reporté.	571599	64

	Report.			571599	64
	La traite sur Londres, à 10 jours de vue, de 382 livres 10 sous 6 deniers sterling, faisant au change de 25. 50. . .		9754. 38		
	Le billet de Nanteuil à mon ordre, au 18 *novembre.*		9000 »		
	Id. au 11 *mars*		8000 »		
	Id. au 18 *novembre*		5959. 50		
	La traite sur Amsterdam de 2940 *florins* 3 *deniers, faisant au change de* 54.		6533. 50		
	La traite sur Cadix de 3915 *piast.* 3 *réaux* 50 *maravédis, faisant au change de* 3. 40		13313. 50		
	Le billet de Lebrun à mon ordre, au 18 *novembre.*		3000 »		
	Id. au 18 *novembre.*		4000 »		
	Id. au 18 *id.*		2245 »		
	Id. de Villeneuve, au 1er *mars.* . .		1688 »		
			63493. 88		
2	**CAISSE**, *fr.* 10900. 24, *reçus en espèces :*				
	De Lebrun pour solde.	9246 »			
	De Villeneuve sous escompte.	1654. 24	10900. 24		
5	**PERTES ET PROFITS**, *fr.* 33.76, *escompte retenu par Villeneuve.*		33. 76		
			74427. 88		
	Reporté.			571599	64

	Report.		571599	64
7	*A NANTEUIL, fr.* 32713. 88, *pour ses remises ci-dessus* . . .	32713. 88		
6	*A LEBRUN, fr.* 38338, *id.* . . .	38338 »		
8	*A VILLENEUVE, fr.* 3376, *id.* . .	3376 »	74427	88
	67. ——— DU 18 OCTOBRE. ———			
3	*DIVERS à EFFETS A RECEVOIR, fr.* 7754. 38, *négocié la traite sur Londres de* 382 *livres* 10 *sous* 6 *deniers sterling, que Nanteuil m'avait donnée au change de* 25. 50.			
9	*ARNAULD, fr.* 9563. 12, *pour ladite traite que je lui ai négociée au change de* 25, *faisant à ce change*.	9563. 12		
5	*PERTES ET PROFITS, fr.* 191. 26, *perte sur la différence du change.* .	191. 26	9754	38
	68. ——— DUDIT. ———			
9	*ARNAULD à DIVERS, fr.* 6656. 77, *à lui négocié la traite sur Amsterdam de* 2940 *florins* 3 *deniers, au change de* 53.			
3	*A EFFETS A RECEVOIR, fr.* 6533. 50, *pour sortie de ladite traite, entrée au change de* 54	6533. 50		
5	*A PERTES ET PROFITS fr.* 123 27, *bénéfice provenant de la différence du change*	123. 27	6656	77
	69. ——— DUDIT. ———			
9	*ARNAULD à DIVERS, fr.* 37721. 58, *pour les valeurs ci-après que je lui ai remises :*			
3	*A EFFETS A RECEVOIR,* 13313. 50, *sortie de sa traite sur Cadix de* 3915 *piastres*			»
	Reporté.		662438	67

	Report.	662438	67
	3 réaux 50 maravédis, au change de 3. 40, faisant 13313. 50		
4	*A EFFETS A PAYER, fr.* 24408. 08, *donné mes billets ci-après :*		
	Mon billet à son ordre, au 15 mars . . . 9000 »		
	Id. au 31 mars . . . 8000 »		
	Id. au 15 avril . . . 7408. 08		
	24408. 08	37721	58
	70. —— DU 21 OCTOBRE. ——		
1	*MARCHANDISES GÉNÉRALES à DIVERS, fr.* 4700, *pour achat de 4 caisses de borax raffiné, fait à Barry, qui s'est remboursé en tirant sur moi la traite ci-après :*		
4	*A EFFETS A PAYER, fr.* 4500, *mon acceptation à la traite de Barry, ordre Léonard, au 5 novembre* . . . . 4500 »		
2	*A CAISSE, fr.* 200, *payé pour frais à leur réception* . . . . 200 »	4700	»
	71. —— DU 23 OCTOBRE. ——		
1	*DIVERS à MARCHANDISES GÉNÉRALES, fr.* 6000, *pour vente à Weymann de 4 caisses de borax, en payement desquelles j'ai tiré sur lui une traite au 31 courant, à l'ordre de Ruffier, qui m'en a compté la valeur ainsi qu'il suit :*		
2	*CAISSE, fr.* 5985, *reçu en espèces de Ruffier, pour net produit* . . . . 5985 »		
5	*PERTES ET PROFITS, fr.* 15, *escompte déduit* . . . . 15 »	6000	»
	Reporté.	710860	25

Folio	Article	Francs	c.
	Report.	710860	25
	72. —— DU 24 OCTOBRE. ——		
2/3	*CAISSE à EFFETS A RECEVOIR, fr.* 3545, *encaissé le billet de Didier, échu ce jour . . .*	3545	»
	73. —— DUDIT. ——		
1/9	*MARCHANDISES GÉNÉR. à ARNAULD, fr.* 3400, *pour achat fait à Garnier de 6 caisses d'indigo, que j'ai payées en un mandat sur Arnauld, au 20 janvier prochain . . . . .*	3400	
	74. —— DU 26 OCTOBRE. ——		
7	*NANTEUIL à DIVERS, fr.* 9754. 38, *pour retour que je lui fais de la traite sur Londres qu'il m'avait négociée au change de* 25. 60, *revenue protestée.*		
4	*A EFFETS A PAYER, fr.* 9563. 12, *pour mon acceptation à la traite qu'a tirée sur moi Arnauld, au* 31 *mars, en remboursement de sa traite sur Londres, que je lui avais cédée au change de* 25, *et qu'il m'a renvoyée protestée . . . .* 9563. 12		
5	*A PERTES ET PROFITS, fr.* 191. 26, *rentrée de la perte faite lors de la négociation . . . .* 191. 26	9754	38
	75. —— DUDIT. ——		
4/2	*EFFETS A PAYER à CAISSE, fr.* 2914. 46, *payé mon billet ordre Paul, échu ce jour. . .*	2914	46
	76. —— DUDIT. ——		
7/2	*NANTEUIL à CAISSE, fr.* 9754. 38, *reçu en espèces de Nanteuil pour remboursement de sa remise sur Londres, revenue protestée . . . .*	9754	38
	Reporté.	740228	47

Folio	Article	Fr.	C.
	Report.	740228	47
	77. —— DU 1er NOVEMBRE. ——		
2	***DIVERS à CAISSE***, *fr.* 3700, *payé diverses dépenses du mois dernier.*		
10	***FRAIS DE MAISON***, *fr.* 2200, *pour ce qui suit :* *Ceux du mois d'octobre.* 1200 » *Ceux relatifs aux voitures et chevaux* . . . . 1000 » — 2200 »		
10	***FRAIS GÉNÉRAUX***, *fr.* 1000, *appointements et ports de lettres.* . . 1000 »		
10	***DÉPENSES PERSONNELLES***, *fr.* 500, *deniers de poche* . . . . . 500 »	3700	»
	78. —— DUDIT. ——		
2/7	***CAISSE A NANTEUIL***, *fr.* 9754. 38, *pour annuler et contrepasser un article de pareille somme, porté par erreur au débit de Nanteuil*	9754	38
	79. —— DUDIT. ——		
2/7	***CAISSE à NANTEUIL***, *fr.* 9754. 38, *reçu dudit pour le remboursement de sa remise sur Londres, revenue protestée*	9754	38
	80. —— DUDIT. ——		
10/2	***MOBILIER à CAISSE***, *fr.* 15000, *achat d'un nouveau mobilier*	15000	»
	81. —— DUDIT. ——		
2/10	***CAISSE à MOBILIER***, *fr.* 3000, *reçu pour prix de la vente de diverses parties de mon ancien mobilier*	3000	»
	Reporté.	781437	23

Folio	Article	Fr.	C.
	Report.	781437	23
	82. ——— DU 3 NOVEMBRE. ———		
9 / 1	*DIDIER à MARCHANDISES GÉNÉR., fr.* 10100, *pour vente faite à Arnauld de* 20 *tonneaux de vin de Médoc, dont je lui ai donné ordre de verser le prix pour mon compte à Didier*	10100	»
	83. ——— DU 5 NOVEMBRE. ———		
1 / —	*MARCHANDISES GÉNÉRALES à DIVERS, fr.* 8455, *pour achat et frais d'une balle de draps assortis, d'envoi de Raymond de Sédan, qui m'a donné l'ordre d'en compter le prix à Nanteuil; ce que j'ai fait en lui remettant son billet ci-après acquitté.*		
3	*A EFFETS A RECEVOIR, fr.* 8000, *rendu le billet de Nanteuil à mon ordre, au* 11 *mars.* 8000 »		
2	*A CAISSE, fr.* 455, *payé ce qui suit :* *Pour solde à Nanteuil.* . 355 » *Pour frais à la réception.* 100 » 455 »	8455	»
	84. ——— DUDIT. ———		
11 / 2	*ACTIONS DE LA Cie DU SOLEIL à CAISSE, fr.* 18500, *achat au comptant fait à Desbassyns de Richemont, à* 66 *pour cent de perte, de* 42 *actions nominatives, y compris les* 1800 *fr. de rentes* 5 *pour cent sur l'État, qui en forment la garantie et les autres accessoires*	18500	»
	85. ——— DUDIT. ———		
4 / 2	*EFFETS A PAYER à CAISSE, fr.* 4500, *payé mon acceptation à la traite de Barry, ordre Léonard, échue ce jour*	4500	»
	Reporté.	822992	23

Folio	Article	Détail	Total	c.
	Report.		822992	23
	86. —— DU 12 NOVEMBRE. ——			
1/9	*MARCHANDISES GÉNÉRALES à DIDIER, fr. 10100, pour les achats ci-après faits aux suivants, que j'ai autorisés à se prévaloir pour mon compte du montant de ces marchandises sur Didier :*			
	Acheté à Garnier 7 ton. vin rouge.	3500 »		
	Id. à Paul 10 id.	4000 »		
	Id. à Lebrun 5 id.	2600 »	10100	»
	87. —— DU 16 NOVEMBRE. ——			
1	*DIVERS à MARCHANDISES GÉNÉRALES, fr. 12050, vente faite aux suivants :*			
6	*DURAND, fr. 5060, pour 10 tonneaux de vin de Médoc, payables à l'escompte de 3 pour cent. . . . .*	5060 »		
7	*BEAUFOND, fr. 6990, pour 12 tonneaux vin de Médoc, payables en papier sur Hambourg . . . . . .*	6990 »	12050	»
	88. —— DU 18 NOVEMBRE. ——			
3/7	*EFFETS A RECEVOIR à BEAUFOND, fr. 6990, remise qu'il m'a faite d'une traite sur Hambourg de 3677 marcs banco, faisant au change de 190. . . . .*		6990	»
	89. —— DUDIT. ——			
2/3	*CAISSE à EFFETS A RECEVOIR, fr. 31204. 50, reçu le montant des billets ci-après :*			
	Reporté.		852132	23

Folio	Articles	Sommes	
	Report.	852132	23
	Le billet de Garnier à mon ordre au 18 novembre . . . . 4000 »		
	Id. — *au 18 novembre.* 3000 »		
	Id. de Nanteuil, au 18 novembre. 9000 »		
	Id. — *au 18 novembre.* 5959 50		
	Id. de Lebrun, au 18 novembre. 3000 »		
	Id. — *au 18 novembre.* 4000 »		
	Id. — *au 18 novembre.* 2245 »	31204	50
	90. ——— DU 24 NOVEMBRE. ———		
6	*DIVERS à DURAND, fr. 5060, qu'il m'a payés sous escompte comme suit :*		
2	*CAISSE, fr. 4895. 52, reçu dudit en espèces.* 4895. 52		
5	*PERTES ET PROFITS, fr. 164. 48, escompte de 3 pour cent retenu* . . 164. 48	5060	»
	91. ——— DU 27 NOVEMBRE. ———		
4 / 2	*EFFETS A PAYER à CAISSE, fr. 6000, payé mon billet ordre Lebrun, échu ce jour*	6000	»
	92. ——— DU 28 NOVEMBRE. ———		
9 / 2	*ARNAULD, S/Cie DE MARCHses à CAISSE, fr. 200, payé pour son compte les frais à la réception des 80 pièces de drap de soie assorties qu'il m'a expédiées pour les vendre pour son compte*	200	»
	93. ——— DU 30 NOVEMBRE. ———		
2	*DIVERS à CAISSE, fr. 2300, payé pour les dépenses du mois de novembre.*		»
	Reporté.	894596	73

Folio	Article		Francs	Cent.
	Report.		894596	73
10	*FRAIS DE MAISON, fr.* 850, *ceux du mois.*	850 »		
10	*DÉPENSES PERSONNELLES, fr.* 750, *celles du mois*	750 »		
10	*FRAIS GÉNÉRAUX, fr.* 700, *appointements et ports de lettres* . . .	700 »	2300	»
			896896	73
	94. ——— DU 3 DÉCEMBRE. ———			
9/9	*ROUGEMONT à ARNAULD, S/Cte DE MARCHANDISES, fr.* 20000, *pour vente de* 60 *pièces de drap de soie d'Arnauld, faite à Strekeysen, qui m'a ouvert en payement un crédit sur Rougemont de Lowemberg.*		20000	»
	95. ——— DU 8 DÉCEMBRE. ———			
9/9	*ARNAULD S/Cte DE MARCH^ses à ROUGEMONT, fr.* 10000, *remise faite à Arnauld, à valoir sur ses draps de soie, en une traite à vue sur Rougemont de Lowemberg.*		10000	»
	96. ——— DU 9 DÉCEMBRE. ———			
2/9	*CAISSE à ROUGEMONT, fr.* 10000, *reçu en espèces pour ma traite à vue sur Rougemont, à l'ordre de Péraire, à qui je l'ai négociée au pair*		10000	»
	97. ——— DUDIT. ———			
10/2	*BANQUE DE FRANCE à CAISSE, fr.* 30000, *versés en espèces à la vanque*		30000	»
	Reporté.		966896	73

	Report.	966896	73
	98. —— DU 13 DÉCEMBRE. ——		
	D.VERS à DIVERS, fr. 1100, pour échange de signature.		
3	*EFFETS A RECEVOIR, fr. 1000, pour le billet de Bonneval à mon ordre, au 15 juin.* 1000 »		
2	*CAISSE, fr. 100, reçu dudit pour bonification.* . . . . 100 »		
	1100 »		
4	*A EFFETS A PAYER, fr. 1000, pour mon billet à l'ordre de Bonneval, au 15 juin.* 1000 »		
5	*A PERTES ET PROFITS, fr. 500, bénéfice pour avoir prêté ma signature* . . . . 100 »	1100	»
	99. —— DU 17 DÉCEMBRE. ——		
9/9	*ARNAULD, S/Cte DE MARCHANDISES à ARNAULD, S/Cte de MARCHses, fr. 7345, pour vente des 20 dernières pièces de drap de soie d'Arnauld faite à Decliéver, qui en a effectué le payement en une traite à mon ordre sur ledit Arnauld, au 8 septembre prochain, traite que j'ai envoyée acquittée à Arnauld à valoir sur ses draps de soie*	7345	»
	100. —— DUDIT. ——		
9/9	*ARNAULD, S/Cte DE MARCHses à PERTES ET PROFITS, fr. 1093. 80, pour ma commission de vente et garantie de 4 pour cent.*	1093	80
	Reporté.	976435	53

Folio		Détail	Fr.	C.
	Report.		976435	53
	101. —— DU 17 DÉCEMBRE. ——			
9 / 9	*ARNAULD, S/Cte DE MARCHANDISES à S Cte COURANT, fr.* 8706. 20, *pour solde de son compte de marchandises, solde qui revient à Arnauld.*		8706	20
	102. —— DU 21 DÉCEMBRE. ——			
3 / 2	*EFFETS A RECEVOIR à CAISSE, fr.* 8276. 54, *escompté les effets ci-après à Martin.*			
	Traite sur Londres de 82 *liv.* 17 *sous* 6 *deniers, au change de* 25. 10 . . .	2080. 16		
	Id. sur Amsterdam de 1283 *florins* 19 *sous, au change de* 54. . . .	2750. 50		
	Id. sur Hambourg de 1517 *marcs, au change de* 188	3445. 88	8276	54
	103. —— DUDIT. ——			
3	*EFFETS A RECEVOIR à DIVERS, fr.* 1000, *escompté le billet de Léopold au* 20 *juin, ainsi qu'il suit :*			
2	*A CAISSE, fr.* 970, *à lui compté le net produit.*	970 »		
5	*A PERTES ET PROFITS, fr.* 30, *escompte retenu*	30 »	1000	»
	104. —— DUDIT. ——			
9	*ARNAULD à DIVERS, fr.* 2113. 31, *qu'il m'a donné ordre de payer pour son compte à Williams de Londres ; ce que j'ai fait en remettant audit sa traite ci-après :*			
	Reporté.		994418	27

Folio	Articles	Francs	Cent.
	Report.	994418	27
3	*A EFFETS A RECEVOIR, fr.* 2080. 16, *pour sa traite sur Londres de* 82 *livres* 17 *sous* 6 *deniers, entrée et prise au change de* 25. 10, *faisant* 2080. 16		
5	*A PERTES ET PROFITS, fr.* 33. 15, *pour bénéfice provenant de la différence du change* 33. 15	2113	31
	105. —— DU 21 DÉCEMBRE. ——		
2 / 11	*CAISSE à ACTIONS DE LA Cie DU SOLEIL, fr.* 17000, *reçu en espèces pour ce qui suit :*		
	Vente à Duclos de 20 *actions nominatives à* 50 *pour cent de perte sans accessoires.* 10000 »		
	De 10 *actions à Lefebure à* 30 *pour cent de perte* . . . . 7000 »	17000	»
	106. —— DUDIT. ——		
11	*RENTES SUR L'ÉTAT à DIVERS, fr.* 42000, *pour achat de* 2000 *fr. de rente* 5 *pour cent, au cours de* 105, *payés comme suit :*		
2	*A CAISSE, fr.* 22000, *payés en espèces.* 22000 »		
10	*A BANQUE DE FRANCE, f.* 20000, *en mon mandat sur elle* . . . . . 20000 »	42000	»
	107. —— DUDIT. ——		
10 / 2	*OBLIGATIONS HYPOTHÉCAIRES A RECEVOIR à CAISSE, fr.* 10000, *pour prêt fait à Neville, remboursable dans* 10 *ans avec garantie par première hypothèque sur sa maison.*	10000	»
	Reporté.	1065531	58

	Report.	1065531	58
	108. —— DU 22 DÉCEMBRE. ——		
2	*CAISSE à DIVERS, fr.* 7278. 20, *reçu en espèces, produit de la négociation faite à Wells et compagnie de sa traite ci-après sur Hambourg, au change de* 189.		
3	*A EFFETS A RECEVOIR, fr.* 6990, *sortie de la traite sur Hambourg de* 3677 *marcs* 1 *s., entrée à* 188 *pour* . . . . 6990 »		
5	*A PERTES ET PROFITS, fr.* 288. 20, *différence du change* 288. 20	7278	20
	109. —— DUDIT. ——		
11	*MARCHANDISES EN COMMISSION CHEZ ARNAULD à DIVERS, fr.* 4250, *pour frais et achat fait à Lebrun de* 10 *tonneaux de vin rouge à* 400 *fr. le tonneau, expédiés de suite à Arnauld pour être vendus pour mon ompte.*		
6	*A LEBRUN, fr.* 4000, *montant de sa facture* . . . . 4000 »		
2	*A CAISSE, fr.* 250, *payé pour frais à l'expédition* . . . . 250 »	4250	»
	110. —— DUDIT. ——		
1	*MARCHANDISES GÉNÉRALES à DIVERS, fr.* 6676. 21, *achat fait à Lebrun de* 10 *tonn. de vin rouge, que je lui ai payés comme suit :*		
4	*A EFFETS A PAYER, fr.* 4000, *donné mon billet à son ordre au* 22 *mars*. . . 4000 »		
10	*A BANQUE DE FRANCE, f.* 2676. 21, *mon mandat sur elle* 2676. 21	6676	21
	Reporte.	1083735	99

	Report.		1083735	99
	111. —— DU 23 DÉCEMBRE. ——			
4	*DIVERS à EFFETS A PAYER, fr.* 20000, *empruntés à Tixier contre mon billet à son ordre de pareille somme, au* 10 *janvier.*			
2	*CAISSE, fr.* 19800, *reçus en espèces de Tixier.*	19800 »		
5	*PERTES ET PROFITS, fr.* 200, *escompte à* 1 *pour cent, qu'il a retenu*	200 »	20000	»
	112. —— DUDIT. ——			
11/2	*MARCHANDIˢᵉˢ EN COMMISSION CHEZ ARNAULD à CAISSE, fr.* 20300, *pour envoi fait à Arnauld, pour vendre pour mon compte, de* 20 *tonneaux de vin de Médoc, que j'ai achetés au comptant à Jakson, à* 1000 *fr. le tonneau*	20000 »		
	Frais d'expédition	300 »	20300	»
	113. —— DUDIT. ——			
11/1	*MARCHANDIˢᵉˢ EN COMMISSION CHEZ ARNAULD à MARCHANDISES GÉNÉRALES, fr.* 1000, *envoi d'un baril d'indigo avarié de la valeur de*		1000	»
	114. —— DU 24 DÉCEMBRE. ——			
1	*MARCHANDISES GÉNÉRALES à DIVERS, fr.* 8700, *pour achat fait à Nanteuil de* 20 *tonn. de vin rouge, payés comme suit :*			
4	*A EFFETS A PAYER, fr.* 4350, *donné mon billet ordre Nanteuil, au* 15 *juin.*	4350 »		
10	*A BANQUE DE FRANCE, f.* 4350, *pour mon mandat sur elle à vue.* .	4350 »	8700	»
	Reporté.		1133735	99

	Report.		1133735	99
	115. —— DU 24 DÉCEMBRE. ——			
7	*DIVERS à NANTEUIL, fr. 6000, que je lui ai empruntés pour 2 mois, à demi pour cent par mois.*			
2	*CAISSE, fr. 5940, reçus en espèces dudit.*	5940 »		
5	*PERTES ET PROFITS, fr. 60, escompte qu'il m'a retenu . . . . .*	60 »	6000	»
	116. —— DUDIT. ——			
3	*EFFETS A RECEVOIR à DIVERS, fr. 6000, escompté le billet de Lebrun, au 20 décembre de l'année prochaine.*			
2	*A CAISSE, f. 5640, payé en espèces.*	5640 »		
5	*A PERTES ET PROFITS, fr. 360, escompte de 6 pour cent. . . . . .*	360 »	6000	»
	117. —— DUDIT. ——			
4/10	*EFFETS à PAY. à BANQUE DE FRANCE, fr. 7914. 48, payé mes billets ci-après en mandats sur la banque.*			
	Mon billet ordre Paul, au 24 courant, en un mandat sur elle	2914. 48		
	Id. ordre Lebrun, au 24 décembre, en un mandat sur elle. . .	5000 »	7914	48
	118. —— DUDIT. ——			
2/3	*CAISSE à EFFETS A RECEVOIR, fr. 2053, encaissé les billets ci-après :*			
	Le billet de Nanteuil au 24 courant.	1029 »		
	Id. de Boyer . . . . id. . . .	1024 »	2053	»
	Reporté.		1155703	47

Folio	Article	Détail	Total	c.
	Report.		1155703	47
	119. ——— DU 25 DÉCEMBRE. ———			
5	*DIVERS à CAPITAL, fr.* 331000, *pour héritage de mon oncle.*			
2	*CAISSE, fr.* 25000 *en espèces* . .	25000 »		
11	*RENT. SUR L'ÉTAT. fr.* 216000, *pour* 10000 *fr. de rentes* 5 *pour cent sur l'Etat à* 108	216000 »		
11	*MAISON A BORDEAUX, fr.* 40000, *pour sa valeur estimée.*	40000 »		
11	*CHATEAU DE C***, fr.* 50000, *estimé*	50000 »	331000	»
	120. ——— DUDIT. ———			
5 / 12	*CAPITAL à LÉGATAIRES ET CRÉANC. DIVERS DE LA SUCCESSION, fr.* 50000, *montant du legs et des créances à payer dans la succession de mon oncle, dont le détail suit (les détailler)* :		50000	»
	121. ——— DU 26 DÉCEMBRE. ———			
2 / 11	*CAISSE à RENTES SUR L'ÉTAT, fr.* 43146, *reçu en espèces pour produit de la vente de* 2000 *fr. de rentes à* 108 *fr., déduction faite du courtage de* 1/8.		43146	»
	122. ——— DUDIT. ———			
12 / 2	*LÉGATAIRES ET CRÉANCIERS DIVERS DE LA SUCCESSION à CAISSE, fr.* 1000, *payé à Châteaubourg le legs que mon oncle lui avait fait*		10000	»
	Reporté.		1589849	47

		Report.	1589849	47
	123. — DU 26 DÉCEMBRE. —			
2	*DIVERS à CAISSE, fr.* 30000, *payé pour l'achat fait de compte à* 1/3 *avec les suivants de* 50 *boucauts de café, pesant* 20000 *livres, à* 1 *fr.* 50 *c. la livre.*			
8	*BOYER, fr.* 1000, *pour son* 1/3 *de l'achat.*	10000 »		
7	*DARNAY, fr.* 10000, *pour idem.*	10000 »		
1	*MARCHANDISES GÉNÉR., fr.* 10000, *pour mon* 1/3	10000 »	30000	»
	124. — DU 28 DÉCEMBRE. —			
12/2	*MARCHANses DE Cie A* 1/3 *AVEC BOYER ET DARNAY à CAISSE, fr.* 600, *frais de transport et de magasinage des* 50 *boucauts de café de la Société*		600	»
	125. — DUDIT. —			
2/12	*CAISSE à MARCHses DE Cie à* 1/3 *AVEC BOYER ET DARNAY, fr.* 35000, *produit de la vente, faite au comptant à* 1. 75, *des* 20000 *livres de café en société avec lesdits.* .		35000	»
	126. — DUDIT. —			
12/5	*MARCHANses DE Cie A* 1/3 *AVEC BOYER ET DARNAY à PERTES ET PROFITS, fr.* 700, *ma commission de vente de* 2 *p. cent.*		700	»
		Reporté.	1656149	47

Folio	Article	Détail	Francs	c.
	Report.		1656149	47
	127. —— DU 28 DÉCEMBRE. ——			
12	*MARCH*^ses^ *DE C*^ie^ *à 1/3 AVEC BOYER ET DARNAY à DIVERS, fr.* 33700, *solde de ce compte présentant le produit net à partager des marchandises en société.*			
8	*A BOYER, fr.* 11233. 33, *son 1/3 du produit net.*	11233. 33		
7	*A DARNAY, fr.* 11233. 33, *id.* . .	11233. 33		
1	*A MARCHANDISES GÉNÉRALES, fr.* 10000, *rentrée de mon débours d'achat.*	10000 »		
5	*A PERTES ET PROFITS, f.* 1233. 34, *mon bénéfice particulier dans cette opération*	1233. 34	33700	»
	128. —— DUDIT. ——			
3	*DIVERS à EFFETS A RECEVOIR, fr.* 8200, *négocié à la banque de France le bordereau ci-après :*			
	Billet de Davidson, au 20 *janvier.*	1200 »		
	Acceptation Bosc et compagnie, au 15 *février*	1000 »		
	Billet de Durieu, au 3 *mars* . . .	1000 »		
	Traite de Durand, au 2 *mars.* . .	5000 »		
		8200 »		
10	*BANQUE DE FRANCE, fr.* 8169, *net produit dont elle me crédite.*	8169 »		
5	*PERTES ET PROFITS, fr.* 31, *escompte retenu*	31 »	8200	»
	Reporté.		1698049	47

	Report.	1698049	47
	129. —— DU 28 DÉCEMBRE. ——		
2	*DIVERS à CAISSE, fr.* 30000, *payé pour dépenses relatives à mes propriétés.*		
11	*MAISON à BORDEAUX, fr.* 20000, *pour la construction d'une aile de bâtiment.* 20000 »		
11	*CHATEAU DE C***, fr.* 10000, *plantations et réparations intérieures* . . . . 10000 »	30000	»
	130. —— DU 29 DÉCEMBRE. ——		
9/11	*ARNAULD S/Cte C^t à MARCHANDISES EN COMMISSION CHEZ ARNAULD, fr.* 28000, *produit de la vente qu'il a effectuée de mes marchandises à lui consignées*	28000	»
	131. —— DU 31 DÉCEMBRE. ——		
2	*CAISSE à DIVERS, fr.* 10000, *reçus en espèces pour produit de mes propriétés.*		
11	*A MAISON A BORDEAUX, fr.* 6000, *pour les loyers touchés* . . . . 6000 »		
11	*A CHATEAU DE C***, fr.* 4000, *pour produit de la vente des bois et des foins.* . . . . 4000 »	10000	»
	132. —— DUDIT. ——		
2	*DIVERS à CAISSE, fr.* 5400, *payé les dépenses du mois.*		
	Reporté.	1766049	47

		Report.	1766049	47
10	***FRAIS DE MAISON***, *fr.* 2100, *ceux de décembre*	2100 »		
10	***FRAIS GÉNÉRAUX***, *fr.* 1800 *appointements, gratification, etc.* . . .	1800 »		
10	***DÉPENSES PERSONNELLES***, *fr.* 1500, *celles du mois et de la fin de l'année*	1500 »	5400	»
	133. —— DU 31 DÉCEMBRE. ——			
5	***DIVERS à PERTES ET PROFITS***, *fr.* 93907. 77, *pour les bénéfices ci-après :*			
1	***MARCHANDISES GÉNÉRALES***, *fr.* 75811. 77, *solde de ce compte présentant mes gains sur les marchandises*	75811 »		
11	***ACTIONS DE LA Cie DU SOLEIL***, *fr.* 4500, *solde de ce compte présentant mon gain sur lesdites*	4500 »		
11	***RENTES SUR L'ÉTAT***, *fr.* 1146, *idem*	1146 »		
11	***MARCHANDIS. EN COMMISS. CHEZ ARNAULD***, *fr.* 2450, *idem*	2450 »		
11	***MAISON A BORDEAUX***, *f.* 6000, *revenu de ladite*	6000 »		
11	***CHATEAU DE C******, *fr.* 4000, *revenu dudit*	4000 »	93907	77
	134. —— DUDIT. ——			
5	***PROFITS ET PERTES à DIVERS***, *f.* 102847. 09, *pour solde des comptes ci-après :*			
		Reporté.	1865357	24

	Report.		1865357	24
10	*A FRAIS DE MAISON, fr.* 5150, *solde de ce compte*.	5150 »		
10	*A DÉPENSES PERSONNELLES, fr.* 2750, *idem*.	2750 »		
10	*A FRAIS GÉNÉRAUX, fr.* 3500, *idem*.	3500 »		
		11400 »		
5	*A CAPITAL, fr.* 91447. 09, *pour solde du compte de Pertes et Profits présentant mes bénéfices nets du semestre*	91447. 09	102847	09
	135. ——— DU 31 DÉCEMBRE. ———			
12	*BALANCE DE SORTIE à DIVERS, f.* 494234. 95, *pour les soldes ci-après composant mon actif.*			
1	*A MARCHANDISES GÉNÉRALES, f.* 50000, *pour les marchandises en magasin s'élevant, suivant inventaire, à*.	50000 »		
2	*A CAISSE, fr.* 44427. 98, *pour espèces en caisse*	44427. 68		
3	*A EFFETS A RECEVOIR, fr.* 15884. 38, *pour les effets restant en portefeuille (les détailler)*	15884. 38		
10	*A MOBILIER, fr.* 12000, *valeur actuelle dudit*.	12000 »		
11	*A ACTIONS DE LA Cie DU SOLEIL, fr.* 6000, *valeur des*			
	Reporté.	122312. 06		
	Reporté.		1968204	33

Folio	Libellé	Sommes partielles	Totaux	
	Report.		1968204	33
	Report.	122312. 06		
11	12 *actions et accessoires qui me restent*	6000 »		
11	*A RENTES SUR L'ÉTAT, fr.* 21600 *pour* 10000 *fr. de rentes* 5 *pour cent au cours de* 108.	216000 »		
10	*A OBLIGATIONS HYPOTHÉCAIRES A RECEVOIR, fr.* 10000, *contrat souscrit par Neville, au* 31 *décembre* 1848 . .	10000 »		
11	*A MAISON A BORDEAUX, fr.* 60000, *sa valeur actuelle.* .	60000 »		
11	*A CHATEAU DE C***, f.* 60000, *idem*	60000 »		
10	*A BANQUE DE FRANCE, fr.* 3228. 31, *solde de son compte.*	3228. 31		
9	*A ARNAULD S/Cte Ct, fr.* 16694. 58, *id.*	16694. 58	494234	95
	136. ——— DU 31 DÉCEMBRE. ———			
12	*DIVERS à BALANCE DE SORTIE, f.* 494234. 95, *pour les soldes des comptes ci-après composant mon passif et pour mon capital.* . . .			
4	*EFFETS A PAYER, fr.* 68321. 20, *pour mes billets ci-après en circulation (les détailler):*	68321. 20		
12	*LÉGATAIR. ET CRÉANCIERS DIVERS DE LA SUCCESS., fr.* 40000, *pour ce qui leur reste dû (les détailler):*	40000 »		
	Reporté.	108321 20		
	Reporté.		2492436	28

	Report.		2462439	28
	Report.	108321. 20		
6	*LEBRUN*, *fr.* 4000, *pour solde.*	4000 »		
7	*DARNAY*, *fr.* 1233. 33, *idem.* .	1233. 33		
7	*NANTEUIL*, *fr.* 6000, *idem.* . .	6000 »		
8	*BOYER*, *fr.* 1233. 33, *idem.* . .	1233. 33		
8	*BULTON*, *fr.* 1000, *idem*	1000 »		
	Montant de mon passif. . .	121787 86		
5	*CAPITAL*, *fr.* 372447. 09, *solde de ce compte formant mon capital actuel*	372447. 09	494234	95
			2956674	23
	137. —— DU 1er JANVIER 1848. ——			
12	*DIVERS à BALANCE D'ENTRÉE*, *f.* 494234. 95, *pour les soldes ci-après composant mon actif :*			
1	*MARCHANDISES GÉNÉRALES*, *fr.* 50000, *celles restant en magasin suivant inventaire.*	50000 »		
2	*CAISSE*, *fr.* 44427. 68, *espèces en caisse*	44427. 68		
3	*EFFETS A RECEVOIR*, *f.* 15884. 38, *effets restant en portefeuille (les détailler) :*	15884. 38		
10	*MOBILIER*, *fr.* 12000, *valeur dudit.*	12000 »		
11	*ACTIONS DE LA Cie DU SOLEIL*, *fr.* 6000, *pour* 12 *actions à* 500 *fr. chacune et accessoires.*	6000 »		
	Reporté.	128312. 06		
	Reporté.		»	»

		Report.	»	»
	Report.	128312. 06		
11	***RENTES SUR L'ÉTAT***, *fr.* 21600, *pour* 10000 *fr., rentes* 5 *pour cent à* 108.	216000 »		
10	***OBLIGATIONS HYPOTHÉCAIRES A RECEVOIR***, *fr.* 10000, *pour l'obligation remboursable le* 31 *décembre* 1848	10000 »		
11	***MAISON A BORDEAUX***, *fr.* 60000, *pour sa valeur actuelle.*	60000 »		
11	***CHATEAU DE C******, *fr.* 6000, *id.*	60000 »		
10	***BANQUE DE FRANCE***, *fr.* 3228. 31, *solde de ce compte*	3228. 31		
9	***ARNAULD S/Cte Ct***, *fr.* 16694. 58, *id.*	16694. 58	494234	95
	138. ——— DU 1er JANVIER. ———			
12	***BALANCE D'ENTRÉE à DIVERS***, *f.* 494234. 95, *pour les soldes ci-après composant mon passif et pour mon capital :*			
4	***A EFFETS A PAYER***, *fr.* 68321. 20, *pour les effets en circulation (les détailler) :*	68321. 20		
12	***A LÉGATAIRES ET CRÉANCIERS DIVERS DE LA SUCCESSION***, *fr.* 40000, *pour ceux de la succession de mon oncle.*	40000 »		
6	***A LEBRUN***, *fr.* 4000, *pour solde de compte.*	4000 »		
	Reporté.	112321. 20		
		Reporté.	494234	95

	Report.		494234	95
	Report.	112321. 20		
7	*A DARNAY, fr.* 1233. 33, *id.* . .	1233. 33		
7	*A NANTEUIL, fr.* 6000, *id.* . . .	6000 »		
8	*A BOYER, fr.* 1233. 33, *id.* . . .	1233. 33		
8	*A BULTON, fr.* 1000, *id.*	1000 »		
		121787. 86		
5	*A CAPITAL, fr.* 372447. 09, *pour mon capital actuel.*	372347. 09	494234	95
	139. —— DU 2 JANVIER. ——			
(*a*)	*DIVERS à CAPITAL, fr.* 900000, *pour le capital de la Société, à verser dans les proportions suivantes :*			
	N/Sr BÉRARD S/Cte DE MISE DE FONDS, fr. 600000, *pour les 2/3 qu'il doit verser.*	600000 »		
	N/Sr RAYMOND S/Cte DE MISE DE FONDS, fr. 300000, *pour le 1/3 qu'il doit verser.*	300000 »	900000	»
	140. —— DUDIT. ——			
	CAISSE à N/Sr BÉRARD S/Cte DE MISE DE FONDS, fr. 400000, *pour premier versement opéré en espèces*		400000	»
	141. —— DUDIT. ——			
	DIVERS à N/Sr RAYMOND S/Cte DE MISE DE FONDS, fr. 362234. 95, *pour versement qu'il a fait dans la Société de l'actif de sa*			
	Reporté.		2288469	90

(*a*) Le rapport au Grand-Livre ne présentant aucune difficulté, nous ne tiendrons pas le Grand-Livre pour les articles suivants, et par conséquent on a supprimé en marge les folios du Grand-Livre.

Report.		2288469	90
précédente maison de commerce, sauf les meubles et immeubles.			
MARCHANDISES GÉNÉRALES, fr. 50000, *celles en magasin suivant l'inventaire.*	50000 »		
CAISSE, fr. 44427. 68, *argent* . .	44427. 68		
EFFETS A RECEVOIR, f. 15884. 38, *ceux en portefeuille*	15884. 38		
RENTES SUR L'ÉTAT, francs 216000, *pour* 10000 *fr. de rente.*	216000 »		
ACTIONS DE LA Cie DU SOLEIL, fr. 6000, *valeur desdites*	6000 »		
OBLIGATIONS HYPOTHÉCAIRES A RECEVOIR, fr. 10000, *celle de Neville à* 10 *ans*	10000 »		
BANQUE DE FRANCE, fr. 3228. 31, *solde à la banque*	3228. 31		
ARNAULD, fr. 16694. 58, *solde qu'il doit*	16694. 58	362234	95
142. —— DU 2 JANVIER. ——			
N/Sr RAYMOND S/te DE MISE DE FONDS à DIVERS, fr. 81787. 86, *pour son passif dont se charge la Société, et qui diminue d'autant le versement de son actif,*			
A EFFETS A PAYER, fr. 68321. 20, *ceux en circulation*	68321. 20		
Reporté.	68321. 20		
Reporté.		2650704	85

Report.		2650704	85
Report. . . .	68321. 20		
A LEBRUN, fr. 4000; *solde qui lui est dû. . . . .*	4000 »		
A DARNAY, fr. 1233. 33, *idem. .*	1233. 33		
A NANTEUIL, fr. 6000, *idem. .*	6000 »		
A BOYER, fr. 1233. 33, *idem . .*	1233. 33		
A BULTON, fr. 1000, *idem. . . .*	1000 »	81787	86
143. —— DU 8 JANVIER. ——			
ENTREPRISE SUR LE NAVIRE LE DUC DE BORDEAUX *à DIVERS, fr.* 79000, *achat du navire et à-compte sur les réparations.*			
A CAISSE, fr. 41000, *achat primitif du navire. . . . .*	41000 »		
A N/Sr RAYMOND S/Cte DE MISE DE FONDS, fr. 19552. 91, *pour solde de la mise de fonds qu'il a effectuée en passant contrat de vente au constructeur d'une de ses propriétés . . . . .*	19552. 91		
A N/Sr RAYMOND S/Cte DE VERSEMENT, fr. 18447. 09, *pour l'excédant qui doit lui rapporter intérêt suivant l'acte de société.*	18447. 09	79000	»
144. —— DUDIT. ——			
EXPÉDITION A BOURBON à ENTREPRISE SUR LE NAVIRE LE DUC DE BORDEAUX, *fr.* 110000, *prix à forfait du navire que je dois fournir à mes risques et périls, tout réparé et en bon état pour . . . . .*		110000	»
Reporté.		2921492	71

Report.	2924492	71
145. — DU 10 JANVIER. —		
EXPÉDITION A BOURBON à DIVERS, fr. 100000, *pour l'armement et la cargaison du navire* le Duc de Bordeaux.		
A *CAISSE, fr.* 92000.		
Payé pour achat de mules fait dans le Poitou. . . . . 70000 »		
Payé achat de foin. . . . 4000 »		
Id. de pièces à eau . . 6000 »		
Id. de vivres 8000		
Id. avances à l'équipage et aux muletiers . . . . 4000 » 92000 »		
A EFFETS A PAYER, fr. 8000, *réglé en nos billets les primes d'assurances diverses.* . . . . . . 8000 »	100000	»
146. — DUDIT. —		
ENTREPRISE SUR LE NAVIRE LE DUC DE BORDEAUX *à CAISSE, fr.* 24000.		
Payé le solde du compte du constructeur s'élevant à 22630. . . . . 22630 »		
Pour diverses autres menues dépenses . . . . 1370 »	24000	»
147. — DU 20 JANVIER. —		
CAISSE à DIVERS, fr. 113000, *reçu ce qui suit :*		
A VILLEBOGARD, fr. 35000, *à-compte sur son intérêt* . . . . 35000 »		
Reporté. . . . . 35000 »		
Reporté.	3045492	71

Report.	3045492	71
Report. . . . . 35000 »		
A GAUTIER ET RAMSAY, fr. 30000, *idem.* . . . . 30000 »		
*A GÉNÉRAL D'H***, fr.* 30000, *idem* . . . . 30000 »		
*A COMTE DE R***, fr.* 18000, *idem* . . . . 18000 »	113000	»
148. ——— DU 20 JANVIER. ———		
EXPÉDITION A BOURBON à DIVERS, fr. 14540, *dépenses de l'armement.*		
A CAISSE, fr. 8000, *payé ce qui suit :*		
Appoint de l'achat des mules. . . . . 6000 »		
Autres menues dépenses diverses. . . . . 2000 » 8000 »		
A PERTES ET PROF., fr. 6540, *pour notre commission d'armement de* 3 *pour cent* . . . . . . 6540 »	14540	»
149. ——— DU 27 JANVIER. ———		
DIVERS à EXPÉDITION A BOURBON, fr. 224540, *pour solde de ce compte présentant le prix coûtant de l'opération à partager par* 1/5 *entre les intéressés :*		
VILLEBOGARD, fr. 44908, *pour son cinquième.* . . . . 44908 »		
GAUTIER ET RAMSAY, f. 44908, *idem.* . . . . 44908 »		
Reporté. . . . . 89816 »		
Reporté.	3173032	71

Report.		3173032	71
Report.	89816 »		
*GÉNÉRAL COMTE D'H***, fr.* 44908, *idem*	44908 »		
*COMTE DE R***, fr.* 44908, *idem*	44908 »		
INTÉRÊT SUR LE NAVIRE LE DUC DE BORDEAUX, *fr.* 44908, *pour notre cinquième.* . .	44908 »	224540	»
150. —— DU 27 JANVIER. ——			
CAISSE à DIVERS, fr. 39724, *les suivants nous ont compté le solde de leur intérêt dans l'expédition à Bourbon.*			
A VILLEBOGARD, fr. 9908, *solde de son intérêt*	9908 »		
A GAUTIER ET RAMSAY, fr. 14908, *idem*	14908 »		
*A GÉNÉRAL COMTE D'H***, fr.* 14908, *idem.*	14908 »	39724	»
151. —— DUDIT. ——			
*EFFETS A RECEVOIR à COMTE DE R***, fr.* 26908, *pour ses billets à notre ordre à un an qu'il nous a remis au lieu d'espèces.* . . .		26908	»
152. —— DU 5 FÉVRIER. ——			
ENTREPRISE SUR LE NAVIRE LE PACTOLE *à CAISSE, fr.* 70000, *acheté au comptant à M. Jonajones le navire* le Pactole		70000	»
Reporté.		3534204	71

Report.	3534204	71
153. ——— DU 28 FÉVRIER. ———		
***EXPÉD. A LA MARTINIQUE** à **DIVERS**, fr. 228351, pour le prix coûtant de l'opération qu'effectue* le Pactole.		
***A CAISSE**, fr. 114000, payé ce qui suit :*		
Pour achat des vivres et frais d'armement de ce navire. . . . . 16500 »		
Pour une cargaison de morue fournie par Beautems et Lecoupé, armateurs-pêcheurs à Granville. . . . . 86200 »		
Pour achat d'un chargement de sel. . . . . 6000 »		
Pour achat de boucauts, feuillards, osier, etc. . . . . 4000 »		
Payé pour menus frais divers. . 1300 »		
114000 »		
***A EFFETS A PAYER**, fr. 9200, pour notre billet à 6 mois pour primes d'assurances diverses sur le corps du navire, le fret, la cargaison, etc.* . . . . 10200 »		
***A ENTREPRISE SUR LE NAVIRE LE PACTOLE**, f. 97500, prix à forfait auquel nous fournissons le navire* . . . . 97500 »		
221700 »		
***A PERTES ET PROFITS**, fr.* 6651, *pour notre commission.* . . 6651 »	228351	»
Reporté.	3762555	71

Report.	3762555	71
154. —— DU 28 FÉVRIER. ——		
DIVERS INTÉRESSÉS SUR LE NAVIRE LE PACTOLE *à EXPÉDITION A LA MARTINIQUE*, *fr.* 180000, *pour les intérêts ci-après que les suivants ont pris dans l'opération.*		
Lesueur . . . . 30000 »		
*Le marquis d'Oys**** . . . . 20000 »		
*Le comte d'Oys**** . . . . 20000 »		
*Le général comte d'H**** . . . . . 20000 »		
Divers autres (qu'il faut détailler) : . . . . 90000 »	180000	»
155. —— DUDIT. ——		
INTÉRÊT SUR LE NAVIRE LE PACTOLE *à EXPÉDITION A LA MARTINIQUE*, *fr.* 48351, *pour solde de ce compte présentant l'intérêt particulier que nous avons conservé dans l'opération*	48351	»
156. —— DU 3 MARS. ——		
CAISSE à INTÉR. SUR LE NAVIRE LE PACTOLE, *fr.* 75000, *reçu des suivants le payement ou un à-compte sur leur intérêt.*		
De Lesueur, à-compte. . . . . . 15000 »		
*Du marquis et du comte d'Oys*** pour solde* . . . . 40000 »		
*Du général comte d'H***, idem.* 20000 »	75000	»
Reporté.	4065906	71

Report.	4065906	71
157. —— DU 1er JUILLET 1848. ——		
EXPÉD. A BOURBON à EFFETS A PAYER, fr. 1300, *réglé en notre billet à un an la prime d'assurance du fret et des passagers sur le navire* le Duc de Bordeaux.	1300	»
158. —— DU 31 AOUT. ——		
CAISSE à EXPÉDITION A BOURBON, fr. 141000, *pour les produits ci-après :*		
Prix du fret de retour reçu d'Otar. . . . . 111000 »		
Pour les passagers . . . . 20000 »		
Vente de tonneaux vides. . . . . 10000 »	141000	»
159. —— DUDIT. ——		
EXPÉDITION A BOURBON à CAISSE, fr. 12000, *payé pour frais de désarmement* . . .	12000	»
160. —— DUDIT. ——		
EXPÉDITION A BOURBON à DIVERS, fr. 127700, *partage des produits réalisés :*		
A VILLEBOGARD, fr. 25540, *son* 1/5 *des produits réalisés* . . . . 25540 »		
A GAUTIER ET RAMSAY, fr. 25540, *idem* . . . . 25540 »		
*A GÉNÉRAL COMTE D'H***, fr.* 25540, *idem* . . . . 25540 »		
*A COMTE DE R***, fr.* 25540, *idem*. . . . . 25540 »		
A INTÉRÊT SUR LE NAVIRE LE DUC DE BORDEAUX, *fr.* 25540, *idem* . . . . 25540 »	127700	»
Reporté.	4347906	71

Report.	4347906	71
161. —— DU 2 SEPTEMBRE. ——		
CAISSE à EXPÉDITION A LA MARTINIQ., fr. 301500, pour les produits de cette expédition.		
Reçu pour vente de la cargaison . 83500 »		
Reçu du Trésor pour la prime . . 85000 »		
Reçu pour fret et passagers. . . 37000 »		
Pour vente du chargement de sel. 15000 »		
Pour vente du navire . . . . . . 81000 »	301500	»
162. —— DUDIT. ——		
EXPÉDIT. A LA MARTINIQUE à CAISSE, fr. 7500, frais de désarmement du Pactole.	7500	»
163. —— DUDIT. ——		
EXPÉDIT. A LA MARTINIQUE à DIVERS, fr. 294000, pour solde de ce compte et partage des produits de l'opération		
A DIVERS INTÉRESSÉS DANS L'EXPÉD., fr. 231717. 60, pour la part proportionnelle qui leur revient (les détailler) : . 231717. 60		
A INTÉRÊT SUR LE NAVIRE LE PACTOLE, *fr.* 62282. 40, *pour notre part particulière* . . . 62282. 40	294000	»
TOTAL.	4950906	71

FIN DU JOURNAL.

GRAND-LIVRE.

Le Grand-Livre n'est qu'une copie du Journal faite par EXTRAIT et dans un autre ordre, *les explications y doivent donc être très-brèves; d'autant plus qu'on peut remonter au Journal pour les détails, quand on en a besoin.*

RÉPERTOIRE.

A.

Arnauld, son compte courant. . . . f° 9
— son compte de march. . . 9
Actions de la Compagnie du Soleil. . 11

B.

Beaufond. 7
Boyer. 8
Bulton. 8
Banque de France. 10
Balance de sortie. 12
— d'entrée. 13

C.

Caisse. 2
Château de C***. 12
Capital. 5

D.

Durand. 6
Darnay. 7
Didier. 9
Dépenses personnelles. 10

E.

Effets à recevoir. 3
— à payer. 4

F.

Foissac. 8
Frais de maison. 10
— généraux. 10

G.

Garnier. . . . . f° 6

L.

Lebrun. 6
Lafond. 8
Légataires et créanciers divers de la succession. 12

M.

Marchandises générales. 1
Ménard. 7
Mobilier. 10
March. en commission chez Arnauld. 11
Maison à Bordeaux. 11
March. de compte à 1/3 avec B. et D. 12

N.

Nanteuil. 7

O.

Obligations hypothécaires à recev. . 10

P.

Pertes et profits. 5
Paul. 6

R.

Rougemont. 9
Rentes. 11

V.

Villeneuve. 8

Folio 1.

Doivent MARCHANDISES

1847						
Juillet	1	A PAUL,	*achat de 10 balles de laine.* . .	142	4000	»
	10	A CAISSE,	id. *de 1 balle de laine.* . . .	»	1000	»
	15	A EFFETS A PAYER,	id. *de 1 balle de laine.* . . .	»	1000	»
	16	A DIVERS,	id. *de sucre et farine.* . . .	»	3860	»
	26	A EFFETS A PAYER,	id. *de 4 pièces de toile.* . .	143	945	»
			(*a*)		10805	»
Août.	5	A GARNIER,	id. *de 6 caisses d'indigo.* . .	144	15540	»
	6	A PAUL,	id. *de 4 pièces de toile.* . .	145	3743	04
	13	A LEBRUN,	id. *de 28 tonneaux de vin.* .	146	14581	»
	26	A GARNIER	id. *de 250 c. prunes d'Ante.*	147	2123	»
					51792	04
Sept.	16	A LEBRUN,	id. *de 32 tonneaux de vin.* .	150	38966	»
	»	A DIVERS,	id. *de 10 sacs de café Bourbon.*	»	2100	»
					92858	40
Octob.	6	A IDEM,	id. *de 440 douz. bas de soie.*	156	53354	»
	21	A IDEM,	id. *de 4 caisses borax raffiné.*	159	4700	»
	24	A ARNAULD,	id. *de 6 caisses d'indigo.* . .	160	3400	»
					154312	40
Nov.	5	A DIVERS,	id. *de 1 ballot drap assorti.* .	162	8455	»
	12	A DIDIER,	id. *de 22 tonn. de vin rouge.*	163	10100	»
					172867	40
Déc.	22	A DIVERS,	id. *de 10 tonn. de vin rouge.*	169	6676	21
	23	A IDEM,	id. *de 20 tonn de vin rouge.*	170	8700	»
	26	A CAISSE,	*mon 1/3 de l'achat de c. à 1/3.*	173	10000	»
					198243	61
	31	A PERTES ET PROFITS,	*solde de ce com. prés. les bénéfic.*	176	75811	77
					274055	38
Janvier	1	A BALANCE D'ENTRÉE,	*march. en mag. suiv. inventaire.*	179	50000	»

(*a*) Pour les additions faites chaque mois, voyez explication à la balance de vérification (113).

GÉNÉRALES. *Avoir*

Date							
1847 Juillet.	17	Par DURAND,	*vente de 10 balles de laine. . .*	142	4400	»
	20	Par CAISSE,	*id. de 1 balle de laine. . . .*	»	1100	»
	21	Par EFFETS A RECEVOIR,	*id. de 1 balle de laine. . . .*	143	1200	»
	25	Par DIVERS,	*id. de sucre et farine. . . .*	»	5965	»
	28	Par IDEM,	*id. de 2 pièces de toile. . .*	»	1370	»
					14035	»
Août.	5	Par IDEM,	*id. de 8 caisses indigo. . .*	144	18130	»
	11	Par IDEM,	*id. de 4 pièces de toile. . .*	146	10673	50
					42838	50
Sept.	2	Par GARNIER,	*id. de 28 tonn. de vin rouge.*	148	16580	»
	8	Par CAISSE,	*id. de 1 caisse indigo. . . .*	149	970	»
	10	Par DIVERS,	*id. de 250 c. prunes d'Ante. .*	149	2593	»
	24	Par IDEM,	*id. de 20 tonneaux de vin. .*	150	31951	»
					94932	50
Octob.	2	Par GARNIER,	*id. de 20 tonneaux de vin. .*	155	15545	»
	7	Par DIVERS,	*id. de 440 douz. bas de soie.*	156	74427	88
	23	Par IDEM,	*id. de 4 caisses borax raffiné.*	159	6000	»
					190905	38
Nov.	1	Par DIDIER,	*id. de 20 tonneaux de vin. .*	162	10100	»
	16	Par DIVERS,	*id. de 22 tonneaux de vin. .*	163	12050	»
					223055	38
Déc.	23	Par MARCH. EN COMMI.,	*expédié 1 baril indigo avarié. .*	170	1000	»
	26	Par MARCH. en Cᵉ à 1/3,	*rentrée de mon 1/3 d'achat. . .*	174	10000	»
					224055	38
	31	Par BALANCE DE SORTIE,	*march. invendues suiv. invent.*	177	50000	»
					274055	38

Nota. On ne doit faire à ce compte que des explications relatives aux marchandises.

Folio 2.

Doit CAISSE

1847						
Juillet.	20	A MARCHANDISES GÉNÉR.,	*reçu en espèces*	142	1100	»
Août.	1	A DURAND,	idem.	144	4400	»
	5	A MARCHANDISES GÉNÉR.,	idem.	144	5698	»
	6	A DIVERS,	idem.	145	5965	»
	11	A MARCHANDISES GÉNÉR.,	idem.	146	2880	»
	22	A PAUL,	idem.	147	6216	»
	31	A EFFETS A RECEVOIR,	idem.	»	1370	»
					27629	»
Sept.	6	A MÉNARD,	idem.	148	6188	60
	8	A MARCHANDISES GÉNÉR.,	idem.	149	970	»
	13	A DIVERS.	idem.	»	540	»
	24	A EFFETS A RECEVOIR,	idem.	151	1793	50
	25	A DIVERS,	idem.	»	3525	»
	30	A EFFETS A RECEVOIR,	idem.	152	10065	70
	»	A PERTES ET PROFITS,	idem.	153	200	»
	»	A IDEM,	idem.	»	3600	»
	»	A IDEM,	idem.	»	10000	»
	»	A ARNAULD,	idem.	154	1000	»
	»	A IDEM,	idem.	154	1000	»
					66511	80
Oct.	2	A EFFETS A RECEVOIR,	idem.	155	6216	»
	10	A DIVERS,	idem.	157	10900	24
	23	A MARCHANDISES GÉNÉR.,	idem.	159	5985	»
	24	A EFFETS A RECEVOIR,	idem.	160	3545	»
					93158	»
Nov.	1	A NANTEUIL,	idem.	161	9754	38
	»	A IDEM,	idem.	»	9754	38
	»	A MOBILIER,	idem.	»	3000	»
	18	A EFFETS A RECEVOIR,	idem.	163	31204	50
	24	A DURAND,	idem.	164	4895	52
					151766	82
Déc.	9	A ROUGEMONT,	idem.	165	10000	»
	13	A DIVERS,	idem.	166	100	»
	21	A ACT. DE LA Cie DU SOLEIL,	idem.	168	17000	»
	21	A DIVERS,	idem.	169	7278	20
	23	A EFFETS A PAYER,	idem.	170	19800	»
	»	A NANTEUIL,	idem.	171	5940	»
	24	A EFFETS A RECEVOIR,	idem.	171	2053	»
	25	A CAPITAL,	idem.	172	25000	»
	26	A RENTES SUR L'ÉTAT,	idem.	»	43146	»
	»	A MARCH. DE Ce A 1/3,	idem.	173	35000	»
	31	A DIVERS,	idem.	175	10000	»
					327084	02
Janvier	1	A BALANCE D'ENTRÉE,	*solde du prés., espèces en Caisse.*	179	44427	68

Nota. Comme il y a d'ordinaire un livre auxiliaire de caisse, on ne met aucun détail au Grand-Livre, au compte de caisse.

Folio 2.

Avoir

1847						
Juillet.	10	Par MARCHAND. GÉNÉR.,	*payé en espèces*	143	1000	»
Août.	10	Par DIVERS,	idem.	142	7860	»
	19	Par LEBRUN,	idem.	147	2581	»
	26	Par GARNIER,	idem.	»	15540	»
					26981	»
Sept.	5	Par EFFETS A PAYER,	idem.	148	945	»
	13	Par GARNIER,	idem.	149	2123	»
	16	Par MARCHAND. GÉNÉR.,	idem.	150	100	»
	26	Par LEBRUN,	idem.	150	5540	»
	30	Par EFFETS A RECEVOIR,	idem.	152	992	50
	»	Par PERTES ET PROFITS,	idem.	153	1000	
	»	Par IDEM,	idem.	153	500	
	»	Par IDEM,	idem.	154	2500	
	»	Par ARNAULD,	idem.	154	2000	
					42681	50
Octob.	6	Par MARCHAND. GÉNÉR.,	idem.	156	100	»
	10	Par EFFETS A PAYER,	idem.	156	2914	46
	21	Par MARCHAND. GÉNÉR.,	idem.	159	200	»
	26	Par EFFETS A PAYER,	idem.	160	2914	46
	»	Par NANTEUIL,	idem.	»	9754	38
					58564	80
Nov.	1	Par DIVERS,	idem.	161	3700	»
	»	Par MOBILIER,	idem.	»	15000	»
	5	Par MARCHAND. GÉNÉR.,	idem.	162	455	»
	»	Par ACT. DE LA Ce DU SOL.,	idem.	»	18500	»
	»	Par EFFETS A PAYER,	idem.	»	4500	»
	27	Par IDEM,	idem.	164	6000	»
	28	Par ROBERT S/Ce DE MARCH.,	idem.	»	200	»
	30	Par DIVERS,	idem.	»	2300	»
					109219	80
Déc.	9	Par BANQUE DE FRANCE,	idem.	165	30000	»
	21	Par EFFETS A RECEVOIR,	idem.	167	8276	54
	»	Par IDEM,	idem	»	970	»
	»	Par RENTES SUR L'ÉTAT,	idem.	168	22000	»
	»	Par OBL. HYPOTH. A REC.,	idem.	»	10000	»
	22	Par MARCH. EN Con CHEZ A.,	idem.	169	250	»
	23	Par MARCH. EN COMMISS.,	idem.	170	20300	»
	»	Par EFFETS A RECEVOIR,	idem.	171	5640	»
	26	Par DIVERS,	idem.	173	30000	»
	»	Par MARCH. DE Ce A 1/3,	idem.	»	600	»
	28	Par DIVERS,	idem.	175	30000	»
	31	Par IDEM,	idem.	»	5400	»
	»	Par LEG. ET CRÉANC. DIV.,	idem.	172	10000	»
					282656	34
	»	Par BALANCE DE SORTIE,	*solde à nouv. espèces en Caisse.*	177	44427	68
					327084	02

Folio 3.

Doivent EFFETS A RECEVOIR.

				(a)	(b)					
1817 Juillet.	21	A M. GÉNÉR.	*entré bill.*	1	25	*Durand,*	*au* 20 *janv.* .	143	1200	»
	31	A DIVERS,	id. . . .	2	3	*Menard,*	*au* 31 *août.* .	144	763	»
	»	A IDEM,	id. . . .	3	2	*Beaufond,*	id.	144	607	»
									2570	»
Août.	6	A LEBRUN,	id. . . .	4	8	*Lebrun,*	*au* 2 *octobre.*	145	6216	»
	16	A BEAUFON,	id. . . .	5	4	*Beaufond,*	*au* 24 *septem.*	146	1793	50
	»	A MENARD,	id. *traite.*	6	1	*André,*	*au* 16 *nov.* .	146	6000	»
									16579	50
Sept.	2	A DARNAY,	id. *billet.*	7	7	*Darnay,*	*au* 31 *janv.* .	148	10200	»
	13	A DIVERS,	id. . . .	8	23	*Nanteuil,*	*au* 24 *déc.* .	149	1029	»
	»	A BOYER,	id. . . .	9	24	*Boyer,*	id.	150	1024	»
	25	A DIVERS,	id. . . .	10	5	*Nanteuil,*	*au* 22 *janv.* .	151	11019	»
	»	A IDEM,	id. . . .	11	6	*Mesnard,*	*au* 31 id. . .	»	17407	»
	30	A IDEM,	id. *acc.*	12	26	*Bosc et c.*	*au* 15 *févr.* .	152	1000	»
	»	A EFF. A PAY.,	id. *billet.*	13	27	*Durieu,*	*au* 3 *mars.* .	155	1000	»
									59258	50
Octob.	4	A GARNIER,	id. *traite.*	14	28	*Davidson,*	*au* 2 id. . .	155	5000	»
	»	A IDEM,	id. *billet.*	15	14	*Garnier,*	*au* 18 *nov.* .	»	4000	»
	»	A IDEM,	id. . . .	16	15	Id.	id.	»	3000	»
	»	A IDEM,	id. . . .	17	12	*Didier,*	*au* 24 *oct.* . .	»	3545	»
	10	A DIVERS,	id. *traite.*	18	9	*Londres,*	382 *l.* 10 *s.* 6 *d.*	156	9754	38
	»	A IDEM,	id. *billet.*	19	16	*Nanteuil,*	*au* 18 *nov.* .	»	9000	»
	»	A IDEM,	id. . . .	20	13	Id.	*au* 11 *mars.* .	»	8000	»
	»	A IDEM,	id. . . .	21	17	Id.	*au* 18 *nov.* .	»	5959	50
	»	A IDEM,	id. *traite.*	22	10	*Amsterdam,*	2940 *p.* 3 *d.*	»	6533	50
	»	A IDEM,	id. . . .	23	11	*Cadix,*	3915 *p.* 3 *d.*	»	13313	50
	»	A IDEM,	id. *billet.*	24	18	*Lebrun,*	*au* 18 *nov.* .	»	3000	»
	»	A IDEM,	id. . . .	25	19	Id.	id.	»	4000	»
	»	A IDEM,	id. . . .	26	20	Id.	id.	»	2245	»
	»	A IDEM,	id. . . .	27		*Villeneuve,*	*au* 1er *mars.*	»	1688	»
									138297	38
Nov.	18	A BEAUFON,	id. *traite.*	28	22	*Hambourg,*	*de* 3677 *m.* .	163	6990	»
									145287	38
Déc.	13	A DIVERS,	id. *billet.*	29	»	*Bonneval,*	*au* 15 *juin.* .	166	1000	»
	21	A CAISSE,	id. *traite.*	30	21	*Londres,*	82 *l.* 17 *s.* 6 *d.*	167	2080	16
	»	A IDEM,	id. . . .	31		*Amsterdam,*	1283 *l.* 19 *s.*	»	2750	50
	»	A IDEM,	id. . . .	32		*Hambourg,*	1517 *m.* 13 *s.*	»	3445	88
	»	A DIVERS,	id. *billet.*	33		*Forestier,*	*au* 20 *juin.* .	»	1000	»
	24	A IDEM,	id. . . .	34		*Lebrun,*	*au* 20 *déc.* .	171	6000	»
									161563	92
Janvier	1	A BAL. D'EN.	*ef. en port.*	»		(Les détailler) *ensemble.* . .		179	15884	38

(*a*) Numéros d'ordre d'entrée des effets au débit de ce compte.

(*b*) Numéros de leur sortie au crédit : voir l'explication de ces colonnes de numéros au compte d'effets à payer, fo 3, ci-après ;

Folio 3.

Avoir

1847				(c)	(d)					
Août.	19	Par LEBRUN,	*sorti. tr.*	1	6	*André,*	*au* 16 *nov.* .	147	6000	»
	31	Par CAISSE,	*enc. bil.*	2	3	*Beaufond,*	*au* 31 *août.* .	»	607	»
	»	Par IDEM,	id. . .	3	2	*Menard,*	id.		763	»
									7370	»
Sept.	24	Par IDEM,	id. . .	4	5	*Beaufond,*	*au* 24 *sept.* .	151	1793	50
	26	Par LEBRUN,	*sorti bil.*	5	10	*Nanteuil,*	*au* 22 *janv.* .	»	11019	»
	»	Par IDEM,	id. . .	6	11	*Menard,*	*au* 31 id. . .	»	17407	»
	30	PAR DIVERS,	*nég.* id.	7	7	*Darnay,*	id.	152	10200	»
									47789	50
Octob.	2	Par CAISSE,	*enc.* id.	8	4	*Lebrun,*	*au* 2 *octob.* .	155	6216	»
	18	Par DIVERS,	*nég. tr.*	9	18	*Londres,*	382 *l.* 10 *s.* 6.	158	9754	38
	»	Par ARNAULD,	id. . .	10	22	*Amsterdam,*	2940 *p.* 3 *d.*	»	6533	50
	»	Par IDEM,	id. . .	11	23	*Cadix,*	3915 *r.* 3 *r.* .	»	13313	50
	24	Par CAISSE,	*enc. bil.*	12	17	*Didier,*	*au* 24 *octob.* .	160	3545	»
									87151	88
Nov.	5	Par MARC. GÉN.,	*sorti bil.*	13	20	*Nanteuil,*	*au* 11 *mars.* .	162	8000	»
	18	Par CAISSE,	*enc. bil.*	14	15	*Garnier,*	*au* 18 *nov.* .	163	4000	»
	»	Par IDEM,	id. . .	15	16	Id.	id.	»	3000	»
	»	Par IDEM,	id. . .	16	19	*Nanteuil,*	id.	»	9000	»
	»	Par IDEM,	id. . .	17	21	Id.	id.	»	5959	50
	»	Par IDEM,	id. . .	18	24	*Lebrun,*	id.	»	3000	»
	»	Par IDEM,	id. . .	19	25	Id.	id.	»	4000	»
	»	Par IDEM,	id. . .	20	26	Id.	id.	»	2245	»
									126356	38
Déc.	21	Par ARNAULD,	*nég. tr.*	21	30	*Londres,*	82 *l.* 17 *s.* 6 *d.*	168	2080	16
	22	Par CAISSE,	id. . .	22	28	*Hambourg,*	3677 *m.* 1 *s.*	169	6990	»
	24	Par IDEM,	*enc. bil.*	23	8	*Nanteuil,*	*au* 24 *déc.* . .	171	1029	»
	»	Par IDEM,	id. . .	24	9	*Boyer,*	id.	»	1024	»
	28	Par DIVERS,	*nég. bil.*	25	1	*Durand,*	*au* 20 *janv.* .	174	1200	»
	»	Par IDEM,	id. *acc.*	26	12	*Bosc. et c.*	*au* 13 *fév.* .	»	1000	»
	»	Par IDEM,	id. *bil.*	27	13	*Durieu,*	*au* 3 *mars.* .	»	1000	»
	»	Par IDEM,	id. *tr.*	28	14	*Davidson,*	*au* 2 id. . .	»	5000	»
									145679	54
	31	Par BAL. DE S.,	*ef. en port.*			N. 27, 29, 31, 33 et 34.		177	15884	38
									161563	92

(*c*) Numéros d'ordre de sortie des effets du crédit de ce compte.
(*d*) Numéros de leur entrée au débit.

Folio .

Doivent EFFETS A PAYER.

			(a)	(b)					
1847									
Sept.	5	A CAISSE, *payé m. bil.*	1	2	*O/Paul,*	*au 4 sept.* . .	148	945	»
Octob.	10	A IDEM, id.	2	3	*O/id.*	*au 10 octob.* .	156	2914	46
	26	A IDEM, id.	3	4	*O/id.*	*au 26 id.* . .	160	2914	46
								6773	92
Nov.	5	A IDEM, id. . *accep.*	4	14	*O/Barry,*	*au 5 nov.* . .	162	4500	»
	27	A IDEM, id. *m. bil.*	5	6	*O/Lebrun,*	*au 27 id.* . .	174	6000	»
								17273	92
Déc.	24	A B. DE FR., id.	6	5	*O/Paul,*	*au 24 déc.*	171	2914	48
	»	A IDEM, id.	7	8	*O/Lebrun,*	id.	178	5000	»
								25188	40
	31	A BA. DE SO., *eff. rest. à p.*			*N.* 1, 7, 9, 10, 11, 12, 13.		178	68321	20
								93509	60

(*a*) On inscrit les effets un par un, et on leur donne le numéro d'ordre de leur entrée au débit, qu'on place dans la colonne (*a*) du débit.

(*c*) On inscrit les effets que l'on donne, un à un, et on leur donne le numéro d'ordre de leur sortie qu'on place dans la colonne (*c*) du crédit.

(*b*) et (*d*) Les numéros d'ordre d'entrée et de sortie étant placés dans les colonnes (*a*) et (*c*), on échange les numéros, c'est-à-dire on place à côté du numéro d'entrée, celui de sortie, et réciproquement, à côté de celui de sortie le numéro d'entrée. Et cela dans les secondes colonnes, du débit ou du crédit (*b*) et (*d*).

Ainsi, pour exemple, l'effet entré sous le numéro 1 étant sorti sous le numéro 2, on a

Folio 4.

Avoir

1847			(c)	(d)					
Juillet.	15	Par MAR. G., *donné m. b.*	1		O/Paul,	au 15 janv.	142	1000	»
	15	Par IDEM, id.	2	1	O/id.,	au 4 sept.	143	945	»
								1945	»
Août.	7	Par PAUL, id.	3	2	O/Paul,	au 10 oct.	145	2914	46
	»	Par IDEM, id	4	3	O/id.,	au 26 id.	148	2914	46
	»	Par IDEM, id.	5	6	O/id,	au 24 déc.	148	2914	48
	19	Par LEBRUN, id.	6	5	O/Lebrun,	au 27 nov.	157	6000	»
								16688	40
Sept.	16	Par MAR. G. id. . *acc.*	7		T/Morton,	au 16 mars.	150	2000	»
	26	Par LEBRUN, id. . . *bil.*	8	7	O/Lebrun,	au 24 déc.	150	5000	»
	30	Par LAFOND, id.	9		O/Lafond,	au 31 janv.	151	1000	»
	»	Par EF. A R., id.	10		O/Durieu,	au 31 mars.	151	1000	»
								25688	40
Octob.	18	Par ARN., id.	11		O/Arnaud,	au 15 id.	159	9000	»
	»	Par IDEM, id.	12		O/id.,	au 31 id.	»	8000	»
	»	Par IDEM, id.	13		id.	au 15 avril.	»	7408	08
	21	Par MAR G., id. . . *acc.*	14	4	T/Barry,	au 5 nov.	»	4500	»
	26	Par NANT, id.	15		T/Léonard,	au 31 mars.	160	9563	12
								64159	60
Déc.	13	Par DIVERS, id. . . *bil.*	16		O/Bonnev.,	au 10 juin.	100	1000	»
	22	Par MAR. G., id.	17		O/Lebrun,	au 22 mars.	169	4000	»
	23	Par DIVERS, id.	18		O/Tixier,	au 10 janv.	170	20000	»
	»	Par MAR. G., id.	19		O/Nanteuil,	au 15 juin.	»	4350	»
								93509	60
Janvier	1	Par BA. D'E., *eff. en circ.*			(Les détailler).		180	68321	20

placé le numéro de sortie 2 dans la colonne (*b*), à côté du numéro 1 d'entrée, et en échange, on a placé le numéro d'entrée 1 de cet effet dans la colonne (*d*), à côté du numéro de sortie 2. En un mot, on a échangé les numéros.

De cette manière on reconnaît tous les effets qui restent à payer à l'absence d'un double numéro.

Il en est de même pour les numéros d'ordre du compte précédent, d'effets à recevoir; on les échange, c'est-à-dire on met le numéro de sortie d'un effet à côté de son numéro d'entrée; et réciproquement.

Chez beaucoup de négociants, et principalement chez les banquiers, on ne fait pas usage de ces colonnes de numéros au Grand-Livre, parce qu'il y a sur les livres auxiliaires une autre sorte de numéros d'ordre.

Folio 5.

Doivent PERTES

1847						
Sept.	6	A MENARD,	*escompte retenu par lui.* . . .	148	191	40
	30	A EFFETS A RECEVOIR,	*perte à la négociation.*	152	134	30
	»	A LAFOND,	*perte ou remise de 80 p. 0/0.* .	153	800	»
	»	A CAISSE,	*présent à ma sœur.*	»	1000	»
	»	A IDEM,	*semestre de la rente viagère.* .	»	600	»
	»	A IDEM,	*dépenses de maison et frais gén.*	154	2500	»
	»	A ARNAULD,	*achat d'un cheval anglais.* . .	»	2000	»
	»	A FOISSAC,	*solde du C^e^ dudit, mort insol.*	155	1000	»
					8125	70
Octob.	10	A DIVERS,	*escompte de 2 p. 0/0 retenu.* .	157	33	76
	18	A EFFETS A RECEVOIR,	*perte sur differ. du change.* .	158	191	26
	23	A MARCHANDISES GÉNÉR.,	*escompte retenu par Ruffier.* .	159	15	»
					8365	72
Nov.	24	A DURAND,	*escompte retenu.*	164	164	48
					8530	»
Déc.	23	A EFFETS A PAYER,	*prime de 1 p. 0/0 accordée à T.*	170	200	»
	»	A NANTEUIL,	*escompte qu'il m'a retenu.* . .	171	60	»
	28	A EFFETS A RECEVOIR,	*escompte.*	174	31	»
					8821	20
	31	A DÉPENSES DE MAISON,	*solde de ce compte.* . . 5150			
	»	A DÉPENSES PERSONNELL.,	id. 2750			
	»	A FRAIS GÉNÉRAUX,	id. 3500	176	11400	»
					20221	20
	31	A CAPITAL,	*solde de ce C^e^ prés. mes bénéf.*	177	91447	09
					111668	29

Doit CAPITAL

Déc.	25	A LÉG. ET CRÉANC. DIV.,	*pour legs et créanciers divers.* .	172	50000	»
	31	A BALANCE DE SORTIE,	*pour solde à nouveau.*	179	372447	09
					422447	09

ET PROFITS. *Avoir*

1847						
Sept.	30	Par EFFETS A RECEVOIR,	*escompte gagné sur un billet.* .	152	7	50
	30	Par CAISSE,	*comm. de 2 p. 0/0 sur un achat.*	153	3600	»
	»	Par IDEM,	*héritage de mon père.*	»	10000	»
					13607	50
Octob.						
	18	Par ARNAULD,	*bénéf. prov. de la diff. du chang.*	158	123	27
	26	Par NANTEUIL,	*rentrée de la perte sur le ch.* .	160	191	26
					13922	03
Déc.						
	13	Par DIVERS,	*bénéfice de 1 p. 0/0 ac. par B.*	166	100	»
	17	Par ARNAULD, S/Cte M.	*comm. et garantie de 4 0/0.* .	»	1093	80
	21	Par EFFETS A RECEVOIR,	*escompte gagné sur un effet.* .	167	30	»
	»	Par ARNAULD, S/Cte C^t^,	*bénéfice sur différ. du change.*	168	33	15
	22	Par CAISSE,	id.	169	288	20
	23	Par EFFETS A RECEVOIR,	*escompte de 6 p. 0/0 retenu.* .	171	360	»
	28	Par MARCH. DE Cte A 1/3,	*ma commission de vente.* . . .	173	700	»
	»	Par IDEM,	*mon bénéfice net sur les dites.* .	174	1233	34
					17760	52
	31	Par MARCHAND. GÉNÉR.,	*bén. sur les dites.* 75811 77			
	»	Par ACT. DE LA C^e^ DU SOL.,	id. 4500			
	»	Par RENTES SUR L'ÉTAT,	id. 1146			
	»	Par MARCHAND. EN COMM.,	id. 2450			
	»	Par MAISON A BORDEAUX,	*revenu net.* 6000			
	»	Par CHATEAU DE C***.,	id. 4000	176	93907	77
					111668	29

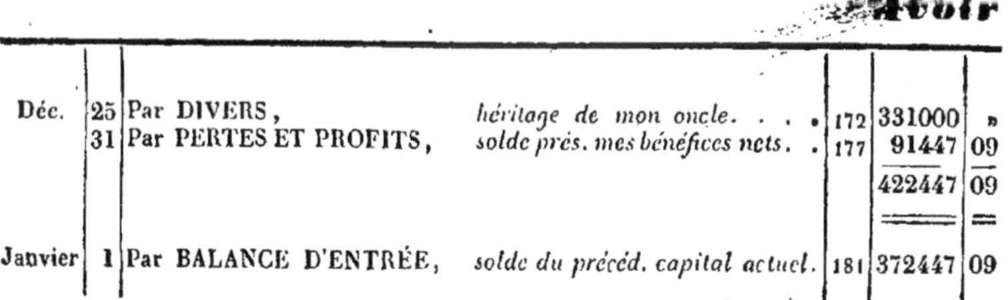

Avoir

Déc.	25	Par DIVERS,	*héritage de mon oncle.* . . .	172	331000	»
	31	Par PERTES ET PROFITS,	*solde prés. mes bénéfices nets.* .	177	91447	09
					422447	09
Janvier	1	Par BALANCE D'ENTRÉE,	*solde du précéd. capital actuel.*	181	372447	09

Folio 6.

Doit PAUL

1847						
Juillet.	25	A MARCHAND. GÉNÉR.,	*pour 10 barils de farine. . .*	143	5425	»
Août.	5	A IDEM,	*pour 3 caisses d'indigo. . . .*	144	6216	»
	7	A EFFETS A PAYER,	*à lui remis mes bill., ensemble.*	145	8743	40
	10	A CAISSE,	*à lui compté. . . . .*	»	4000	»
					24384	40

Doit DURAND

Juillet	17	A MARCHAND. GÉNÉR.,	*vente à lui faite de 10 balles. .*	142	4400	»
Août.	10	A CAISSE,	*à lui compté. . . . .*	145	3500	»
					7900	»
Nov.	16	A MARCHAND. GÉNÉR.	*pour 10 tonneaux de vin. . .*	163	5060	»
					12960	»

Doit LEBRUN

Août.	5	A MARCHAND. GÉNÉR.,	*pour 3 caisses d'indigo. . . .*	144	6216	»
	10	A CAISSE,	*à lui compté. . . . .*	145	360	»
	19	A DIVERS,	*remises à lui faites. . . . . .*	147	14581	»
					21157	»
Sept.	26	A IDEM,	*diverses valeurs à lui remises. .*	151	38966	»
					60123	»
Octob.	7	A MARCHAND. GÉNÉR.,	*pour 215 douz. paires bas de so.*	156	38338	»
					98461	»
Déc.	31	A BALANCE DE SORTIE,	*pour solde à nouveau. . . .*	179	4000	»
					102461	»

Doit GARNIER

Juillet.	25	A MARCHAND. GÉNÉR.,	*pour 100 pains de sucre. . . .*	143	540	»
Août.	28	A CAISSE,	*à lui compté en espèces. . . .*	145	15540	»
					16080	»
Sept.	13	A IDEM,	*id. . . . .*	149	2123	»
					18203	»
Octob.	2	A MARCHAND. GÉNÉR.,	*à lui vendu 20 tonneaux de vin.*	155	15545	»
					33748	»

Folio 6.

Avoir

1847						
Juillet.	1	Par MARCHAND. GÉNÉR.,	*pour 10 balles de laine.* . . .	142	4000	»
Août.	6	Par IDEM,	*pour 4 pièces de toile.*	145	8743	40
	6	Par CAISSE,	*reçu dudit en espèces*	»	5425	»
	22	Par IDEM,	id.	147	6216	»
					24384	40

Avoir

Juillet.	16	Par MARCHAND. GÉNÉR.,	*pour 100 barils de farine.* . .	142	3500	»
Août.	6	Par CAISSE,	*reçu dudit en espèces.*	144	4400	»
					7900	»
Nov.	24	Par DIVERS,	id.	164	5060	»
					12960	»

Avoir

Juillet.	16	Par MARCHAND. GÉNÉR.,	*pour 100 pains de sucre.* . .	142	360	»
Août.	6	Par EFFETS A RECEVOIR,	*pour s/ b. à m. ordre au 2 déc.*	144	6216	»
	13	Par MARCHAND. GÉNÉR.,	*pour 28 tonneaux vin rouge.* .	146	14581	»
					21157	»
Sept.	16	Par IDEM,	*pour 32 id.*	150	38966	»
					60123	»
Octob.	10	Par DIVERS,	*pour diverses remises.*	158	38338	»
					98461	»
Déc.	22	Par MARCHAND. EN COM.,	*pour facture à 10 tonn. vin.* .	169	4000	»
					102461	»
Janvier	1	Par BALANCE D'ENTRÉE,	*solde du précédent.*	180	4000	»

Avoir

Août.	5	Par MARCHAND. GÉNÉR.,	*vente de 6 ballots d'indigo.* . .	144	15540	»
	6	Par CAISSE,	*reçu dudit en espèces.*	145	540	»
	26	Par MARCHAND. GÉNÉR.,	*vente de 250 c. prunes d'Ante.*	147	2123	»
					18203	»
Octob.	4	Par EFFETS A RECEVOIR,	*ses diverses remises.*	155	15545	»
					33748	»

Folio 7.

Doit MÉNARD

1847						
Juillet.	28	A MARCHAND. GÉNÉR.,	*pour 2 pièces de toile.*	143	763	»
Août.	11	A IDEM,	id.	146	6000	»
					6763	»
Sept.	2	A IDEM,	*pour 11 tonneaux vin.* . . .	148	6380	»
	24	A IDEM,	*pour 15 id.*	150	20932	»
					34075	»

Doit BEAUFOND

Juillet.	28	A MARCHAND. GÉNÉR.,	*pour 2 pièces de toile.*	143	607	»
Août.	11	A IDEM,	*pour 1 id.*	146	1793	50
					2400	50
Nov.	16	A IDEM,	*pour 12 tonneaux vin.* . . .	163	6990	
					9390	50

Doit DARNAY

Sept.	2	A MARCHAND. GÉNÉR.,	*pour 12 tonneaux vin rouge.* .	148	10200	»
Déc.	26	A CAISSE,	*pour son 1/3 d'achat de march.*	173	10000	»
					20200	»
	31	A BALANCE DE SORTIE,	*pour solde à nouveau.* . . .	179	1233	33
					21433	33

Doit NANTEUIL

Sept.	10	A MARCHAND. GÉNÉR.,	*pour 80 caisses prunes d'Ante.*	149	1029	»
	24	A IDEM,	*pour 5 tonneaux vin.*	150	11019	»
					12048	»
Octob.	7	A IDEM,	*pour 200 douz. p. bas de soie.*	156	32713	88
	26	A DIVERS,	*retour de sa traite s. Londres.*	160	9754	38
	31	A CAISSE,	*remboursé sa tr. rev. protestée.*	160	9754	38
					70270	64
					70270	64

Folio 7.

Avoir

1847 Juillet.	31	Par EFFETS A RECEVOIR,	*pour son billet à mon ordre.* .	144	763	»
Août.	16	Par IDEM,	*pour sa traite sur André.* . .	146	6000	»
					6763	»
Sept.	6	Par DIVERS,	*reçu dudit en espèces sous esc.*	148	6380	»
	25	Par IDEM,	*reçu en diverses valeurs.* . .	150	20932	»
					34075	»

Avoir

Juillet.	31	Par EFFETS A RECEVOIR,	*pour son billet à mon ordre.* .	144	607	
Août.	16	Par IDEM,	id.	146	1793	50
					2400	50
Nov.	18	Par IDEM,	*pour sa remise sur Hambourg.*	163	6990	»
					9390	50

Avoir

Sept.	4	Par EFFETS A RECEVOIR,	*pour son billet à mon ordre.* .	148	10200	»
Déc.	26	Par MARCHAN. DE Cie A 1/3,	*son 1/3 du produit net des mar.*	174	11233	33
					21433	33
Janvier	1	Par BALANCE D'ENTRÉE,	*solde du précédent.*	181	1233	33

Avoir

Sept.	13	Par DIVERS,	*pour son billet à mon ordre.* .	149	1029	»
	25	Par IDEM,	id.	151	11019	»
					12048	»
Octob.	10	Par IDEM,	*pour ses diverses remises.* . .	158	32713	88
					44671	88
Nov.	1	Par CAISSE,	*pour contrepasser une erreur.*	161	9754	38
		Par IDEM,	*pour remb. de sa remise rev.*	»	9754	38
					64270	64
Déc.	24	Par DIVERS,	*qu'il m'a prêté sous escompte.*	171	6000	»
					70270	64

Folio 8.

Doit BOYER

1847						
Sept.	10	A MARCHAND. GÉNÉR.,	*pour 100 caisses prunes d'Ante.*	149	1024	»
Déc.	26	A CAISSE,	*pour son 1/3 d'achat des mar. .*	173	10000	»
					11024	»
	31	A BALANCE DE SORTIE,	*solde à nouveau. . . . . . .*	179	1233	33
					12257	33

Doit VILLENEUVE

Sept.	10	A MARCHAND. GÉNÉR.,	*pour 70 caisses prunes d'Ante.*	149	540	»
Octob.	7	A IDEM,	*pour 25 douz. bas de soie. . .*	156	3376	»
					3916	»

Doit LAFOND

Sept.	30	A EFFETS A PAYER,	*à lui remis mon bill. à 3 mois.*	152	1000	»
					1000	»

Doit BULTON

Déc.	31	A BALANCE DE SORTIE,	*solde à nouveau. . . . . . .*	179	1000	»

Doit FOISSAC

Sept.	30	A ARNAULD,	*pour crédit que je lui ai ouvert.*	154	1000	»

Folio 8.

Avoir

1847						
Sept.	13	Par EFFETS A RECEVOIR, *pour son billet à mon ordre.* .	150	1024	»
Déc.	28	Par MARCH. DE Cie A 1/3, *pour son 1/3 du produit net.*	174	11233	33
				12257	33
Janvier	1	Par BALANCE D'ENTRÉE, *solde du précédent.* . . .	181	1233	33

Avoir

Sept.	13	Par DIVERS, *reçu en espèces.*	149	540	»
Octob.	10	Par IDEM, *pour ses diverses remises.* . .	158	3376	»
				3916	»

Avoir

Sept.	30	Par DIVERS, *reçu en esp. s. divid. de 20 p. 0/0.*	153	200	»
	»	Par IDEM, *perte ou remise sur cette créance.*	»	800	»
				1000	»

Avoir

Sept.	30	Par ARNAULD, *crédit que je lui ai ouvert.* . .	154	1000	»
1843					
Janvier	1	Par BALANCE D'ENTRÉE, *solde du précédent.*	181	1000	»

Avoir

Sept.	30	Par PERTES ET PROFITS, *mort insolvable.*	154	1000	»

Folio 9.

Doit ARNAULD, S/Cte COURANT

1847 Sept.	30	A BULTON,	*pour crédit ouvert à Bulton.*	154	1000	»
	»	A CAISSE,	*payé à son sellier Guetting.*	»	2000	»
					3000	»
Octob.	18	A EFFETS A RECEVOIR,	*remis une traite sur Londres.*	158	9563	12
	»	A DIVERS,	id. . . . . *sur Amsterdam.*	»	6656	77
	»	A IDEM,	*mes remises diverses.*	»	37721	58
					56941	47
Déc.	21	A IDEM,	*remise faite à Williams.*	167	2113	31
	31	A MARCHAND. CHEZ ARN.,	*produit net de vente de mes mar.*	175	28000	»
					87054	78
Janvier	1	A BALANCE D'ENTRÉE,	*solde du précédent.*	180	16694	58

Doit ARNAULD, S/Cte DE MARCHANDISES

Nov.	30	A CAISSE,	*frais à la réception des draps.*	164	200	»
Déc.	8	A ROUGEMONT,	*Remise à val. sur Rougemont.*	155	10000	»
	17	A ARNAULD S/Cte M.,	*traite de Decliever sur lui acq.*	156	7345	»
	»	A PERTES ET PROFITS,	*commission et garantie.*	156	1093	80
					18638	80
	»	A ARNAULD, S/Cte C.,	*solde de ce compte.*	157	8706	20
					27345	»

Doit DIDIER

Nov.	3	A MARCHAND. GÉNÉR.,	*versement fait par Arnauld.*	162	10100	»

Doit ROUGEMONT DE LOWENBERG

Déc.	3	A ARNAULD,	*crédit ouv. chez ledit par Arn.*	165	20000	»
					20000	»

Folio 9.

Avoir

1847 Sept.	30	Par CAISSE,	*pour crédit ouv. à Villeneuve.*	154	1000	»
	»	Par PERTES ET PROFITS,	*payé pour mon cheval anglais. .*	»	2000	»
	»	Par CAISSE,	*reçu pour son compte de Forbin.*	»	1000	»
	»	Par FOISSAC,	*crédit ouvert à Foissac. . . .*	»	1000	»
					5000	»
Octob.	6	Par MARCHAND. GÉNÉR	*montant de sa facture. . . . .*	156	53254	»
	24	Par IDEM,	*mon mandat sur lui ord. Garn.*	160	3400	»
					61654	»
Déc.	17	Par ARNAULD, S/Cte M.	*solde de son compte de march.*	167	8706	20
					70360	20
	31	Par BALANCE DE SORTIE.	*pour solde à nouveau. . . .*	178	16694	58
					87054	78

Avoir

Déc.	3	Par ROUGEMONT,	*vente à Strekeysen de draps. .*	165	20000	»
	17	Par ARNAULD,	*vente à Déclierer de draps. . .*	166	7345	»
					27345	»

Avoir

Nov.	12	Par MARCHAND. GÉNÉR	*traite tirée sur lui. . . . .*	163	10100	»

Avoir

Déc.	8	Par ARNAULD,	*ma traite sur lui ordre Arnauld.*	165	10000	»
	9	Par CAISSE,	*id. . . . . Péraire*	165	10000	»
					20000	»

Folio 10.

Doivent FRAIS DE MAISON

1847 Nov.	1	A CAISSE.	*dépenses du mois d'octobre. . .*	161	2200	»
	30	A IDEM,	id. . . . . *de novembre*	165	850	»
					3050	»
Déc.	31	A IDEM,	id. . . . . . *de décembre*	176	2100	»
					5150	»

Doivent DÉPENSES PERSONNELLES

Nov.	1	A CAISSE,	*pour celles du mois d'octobre.*	161	500	»
	30	A IDEM,	id. . . . . . . *de novembre*	165	750	»
					1250	»
Déc.	31	A IDEM,	id. . . . . . . *de décembre*	176	1500	»
					2750	»

Doivent FRAIS GÉNÉRAUX

Nov.	1	A CAISSE,	*impositions, ports de lettres. .*	161	1000	»
	30	A IDEM,	*appointements, patentes, etc. .*	165	700	»
					1700	»
Déc.	31	A IDEM,	*frais de bureaux, gratifica., etc.*	176	1800	»
					3500	»

Doit BANQUE DE FRANCE

Déc.	9	A CAISSE,	*versé à la Banque. . . . . .*	165	30000	»
	28	A EFFETS A RECEVOIR,	*produit net d'un bordereau. .*	174	8169	»
					38169	»
Janvier	1	A BALANCE D'ENTRÉE,	*solde du précédent. . . . . .*	180	3228	31

Doit MOBILIER

Nov.	1	A CAISSE,	*achat d'un nouveau mobilier. .*	161	15000	»
					15000	»
Janvier	1	A BALANCE D'ENTRÉE,	*valeur actuelle dudit. . . . .*	179	12000	»

Doivent OBLIGATIONS HYPOTHÉCAIRES

Déc.	21	A CAISSE,	*obligation Néville à 10 ans. .*	168	10000	»
Janvier	1	A BALANCE D'ENTRÉE,	*obligation Néville. . . . . .*	180	10000	»

Folio 10.

Avoir

1847 Déc.	31	Par PERTES ET PROFITS,	*solde de ce compte*	177	5150	»
					5150	»

Avoir

Déc.	31	Par PERTES ET PROFITS,	*solde de ce compte*	177	2750	»
					2750	»

Avoir

Déc.	31	Par PERTES ET PROFITS,	*solde de ce compte*	177	3500	»
					3500	»

Avoir

Déc.	21	Par RENTES SUR L'ÉTAT,	*pour mon mandat sur elle* . . .	168	20000	»
	2[illegible]	Par MARCHAND. GÉNÉR.	id.	169	2676	21
	24	Par IDEM,	id.	170	4350	»
	24	Par EFFETS A PAYER,	id.	171	2914	48
	»	Par IDEM,	id.	»	5000	»
					34940	69
	31	Par BALANCE DE SORTIE,	*solde à nouveau*	178	3228	31
					38169	»

Avoir

Nov.	1	Par CAISSE,	*vente d'une partie de l'anc. mobi.*	161	3000	»
Déc.	31	Par BALANCE DE SORTIE,	*pour solde à nouveau*	177	12000	»
					15000	»

Avoir

Déc.	31	Par BALANCE DE SORTIE,	*solde à nouveau*	178	10000	»

Folio 11.

Doivent ACTIONS DE LA Cie

1847						
Nov.	5	A CAISSE,	*achat de 42 actions, et acc.*	162	18500	»
Déc.	31	A PERTES ET PROFITS,	*solde prés. mon bénéfice net.*	176	4500	»
					23000	»
Janvier	1	A BALANCE D'ENTRÉE,	*solde du précédent.*	179	6000	

Doivent RENTES SUR L'ÉTAT

Déc.	31	A DIVERS,	*achat de 2000 fr. de rente.*	168	42000	»
	25	A CAPITAL,	*rente de 10000 fr. prov. d'hérit.*	172	216000	»
					258000	»
	31	A PERTES ET PROFITS,	*solde de ce compte, ou bénéf.*	176	1146	»
					259146	»
Janvier	1	A BALANCE D'ENTRÉE,	*solde du précédent.*	179	216000	»

Doivent MARCH. EN CONSIGNATION OU EN COMMISSION

Déc.	23	A DIVERS,	*pour 10 tonneaux à lui consig.*	169	4250	»
	»	A CAISSE,	*pour 20 id.*	170	20300	»
	»	A MARCHAND. GÉNÉR.,	*pour 1 baril indigo avarié.*	»	1000	»
					25550	»
	31	A PERTES ET PROFITS,	*solde présentant mon bénéfice.*	176	2450	»
					28000	»

Doit MAISON A BORDEAUX

Déc.	23	A CAPITAL,	*maison dont j'ai hérité.*	172	40000	»
	28	A CAISSE,	*payé pour construct. d'une aile.*	175	20000	»
					60000	»
	31	A PERTES ET PROFITS	*pour solde prés. mon revenu.*	176	6000	»
					66000	»
Janvier	1	A BALANCE D'ENTRÉE,	*valeur actuelle de ladite.*	179	6000	»

DU SOLEIL — Avoir

1847 Déc.	21	Par CAISSE,	*vendu 20 act. à 50 p. 0/0 perte.*	168	10000	»
	»	Par IDEM,	id. . 10 . . à 30.	»	7000	»
					17000	»
	31	Par BALANCE DE SORTIE,	*valeur des 12 actions restantes.*	177	6000	»
					23000	»

Avoir

Déc.	26	Par CAISSE,	*vente de 2000 fr. de rente.* . .	172	43146	»
	31	Par BALANCE DE SORTIE.	*valeur des rentes en portefeuille.*	178	216000	»
					259146	»

CHEZ ARNAULD — Avoir

Déc.	31	Par ARNAULD, S/Cte C^{t},	*produit de la vente.*	175	28000	»
					28000	»

Avoir

Déc.	31	Par CAISSE,	*loyers reçus.*	175	6000	»
	»	Par BALANCE DE SORTIE,	*valeur actuelle de cette maison.*	178	60000	»
					66000	»

Folio 12.

Doit CHATEAU DE C***

1847 Déc.	28	A CAPITAL,	*château dont j'ai hérité.* . . .	172	50000	»
	25	A CAISSE,	*pour plantations, réparat., etc.*	175	10000	»
					60000	»
	31	A PERTES ET PROFITS,	*pour solde prés. mon revenu.*	176	4000	»
					64000	»
Janvier	1	A BALANCE D'ENTRÉE,	*valeur dudit.*	180	60000	»

Doivent LÉGATAIRES ET CRÉANCIERS DIVERS

Déc.	26	A CAISSE,	*payé à Châteaubourg son legs.*	172	10000	
	31	A BALANCE DE SORTIE,	*solde à nouveau.*	178	40000	
					50000	»

Doivent MARCHANDISES DE COMPTE 1/3 AVEC BOYER

Déc.	26	A CAISSE,	*frais auxdites.*	173	600	»
	»	A PERTES ET PROFITS,	*ma commission de* 2 *p.* 0/0. .	»	700	»
	»	A DIVERS,	*pour solder ce compte.* . . .	174	33700	»
					35000	»

Doit BALANCE DE SORTIE

Déc.	31	A DIVERS.	*pour soldes* (détail au Journal).	177	494234	95

Doit BALANCE D'ENTRÉE

Janvier	1	A DIVERS,	*pour soldes* (détail au Journal).	180	494234	95

FIN DU GRAND-LIVRE.

Folio 12.

Avoir

1847 Déc.	31	Par CAISSE,	*vente de la coupe de bois et foins*	175	4000	»
	»	Par BALANCE DE SORTIE,	*valeur actuelle dudit. . . . .*	178	60000	»
					64000	»

Avoir

Déc.	25	Par CAPITAL,	*légat. et créanc. div. de la succ.*	172	50000	»
					50000	»
Janvier	1	Par BALANCE D'ENTRÉE,	*solde du précédent. . . . . .*	180	40000	»

ET DARNAY . **Avoir**

Déc.	26	Par CAISSE,	*produit de la vente. . . . .*	173	35000	»
					35000	»

Avoir

Déc.	31	Par DIVERS,	*soldes divers* (détail au Journal).	178	494234	95

Avoir

Janvier	1	Par DIVERS,	*soldes divers* (détail au Journal).	179	494234	95

FIN DU GRAND-LIVRE.

DES COMPTES COURANTS

RAPPORTANT INTÉRÊTS, ET DU LIVRE DES COMPTES COURANTS D'INTÉRÊTS.

---

164. Dans les affaires de quelque importance, toutes les sommes du compte ouvert à un correspondant rapportent intérêt à 3, 4, 5 ou 6 p. 0/0, suivant les conventions faites. Quelquefois même l'intérêt est fixé à un taux qui diffère pour le débit et le crédit; ainsi, par exemple, chez un banquier le débit d'un correspondant peut être calculé à 5 p. 0/0 et le crédit à 3 p. 0/0 seulement (*a*).

Les comptes susceptibles de rapporter intérêt sont cependant tenus au Grand-Livre de la même manière que les autres comptes, sans qu'on se préoccupe nullement des calculs auxquels ils donneront lieu plus tard. C'est un travail tout à fait distinct, auquel on ne se livrait autrefois qu'au moment même d'envoyer à chacun des correspondants l'extrait de son compte; ce qui a lieu d'ordinaire chez les banquiers régulièrement chaque trimestre ou semestre, et chez les négociants tous les ans, ou bien à toute autre époque de l'année, lorsqu'on veut arrêter un compte.

Alors on fait le calcul des intérêts des sommes du débit et des intérêts de celles du crédit; il en résulte une balance des intérêts à la charge ou en faveur du correspondant, balance dont on passe écriture en partie double sur le Journal au débit ou au crédit de ce correspondant, par pertes et profits, à moins qu'il n'y ait un compte spécial ouvert à

(*a*) C'est payer à ce banquier 5 0/0 pour l'argent qu'il avance, et n'en recevoir que 3 0/0 pour celui qu'on laisse à intérêt chez lui.

Intérêts sur le Grand-Livre ; ce qui a lieu dans les maisons où ce genre de bénéfice est important.

165. Calculer les intérêts d'un compte, obtenir la balance entre ceux du débit et du crédit, balance dont on passe écriture sur le Journal, c'est là ce qu'on appelle *arrêter les intérêts d'un compte courant,* et *solder ce compte.*

Il y a dans le commerce plusieurs méthodes de dresser les comptes courants d'intérêts, servant à abréger le long travail auquel on serait obligé de se livrer, si l'on voulait calculer séparément par les règles ordinaires de l'arithmétique, les intérêts de chaque somme figurant dans un compte. Il faut aux financiers des méthodes expéditives.

L'abréviation imaginée consiste à multiplier chaque somme par le nombre de jours qu'elle doit porter intérêt, afin d'obtenir ainsi de nouvelles sommes dont on n'a plus à prendre l'intérêt pour toutes que pendant un *temps égal*, pendant un jour ; ce qui permet par conséquent d'additionner les sommes du débit, d'additionner aussi celles du crédit, de déterminer la balance ou solde sur lequel il ne reste plus à prendre, une seule fois, que l'intérêt pendant un jour.

C'est là une immense abréviation ; dans ces méthodes, les comptes reçoivent un arrangement différent et des dispositions particulières. Il y a, par exemple, des colonnes dites de *capitaux*, des colonnes de *nombres*, de *jours*, etc., et même il y figure quelquefois des *nombres rouges* ; on peut en voir un modèle à la fin de ce volume. (*Tableau n° des comptes courants d'intérêt.*)

Ces comptes courants, avec tous leurs calculs d'intérêts et leurs dispositions spéciales, doivent être inscrits sur un livre auxiliaire (en tout conforme au modèle précité,) nommé le Livre des Comptes courants d'intérêts ; et c'est d'après lui que sont envoyées des copies textuelles à tous les correspondants.

Comme ces calculs d'intérêt sont plus du domaine de l'arithmétique que de la comptabilité, c'est dans l'*Arithmé-*

tique commerciale et pratique qu'ont été placées les démonstrations de ces diverses méthodes abrégées en usage chez les financiers. Nous ne les reproduirons pas ici, et renvoyons à cet ouvrage où les questions d'intérêts sont d'ailleurs traitées dans tous leurs développements (*voir paragraphe* 839).

Il y est exposé une méthode, entre autres, la plus nouvelle, que nous avons donnée pour la première fois dans notre 16e édition, pour dresser à l'avance les intérêts d'un compte sans qu'on ait besoin de connaître l'époque de la clôture ni le taux de l'intérêt (*paragraphe* 840). Cette méthode donne le moyen de préparer d'avance ce long travail et d'envoyer spontanément tous les comptes, ce qui était impossible par les méthodes anciennes.

Dans un chapitre complet sur les *Intérêts*, on y trouve aussi exposées toutes les manières préférables de les calculer par *multiplicateurs fixes*, par *diviseurs fixes*, par *formules*, dites *algébriques*, et selon toutes les méthodes usitées en finance.

Enfin ce chapitre est suivi de la théorie de la NOUVELLE ÉQUATION ARITHMÉTIQUE, imaginée par l'auteur et qui sert, avec plus de concision et moins d'abstraction que l'équation algébrique, à résoudre facilement les questions d'INTÉRÊTS COMPOSÉS, d'ANNUITÉS, d'AMORTISSEMENT, etc., qui ne se traitaient qu'en algèbre, questions actuelles qui acquièrent chaque jour plus d'intérêt depuis que l'amortissement et les annuités commencent à se répandre parmi nous et à s'appliquer dans les affaires privées.

MÉTHODE ABRÉGÉE EN PARTIE SIMPLE

ET LIVRES AUXILIAIRES DIVERS.

---

166. Nous ne cesserons jamais de conseiller l'adoption, en toutes circonstances, de la méthode en partie double, comme étant la seule complète et qui renferme des contrôles permanents, sans lesquels une comptabilité est toujours imparfaite.

Dans les méthodes connues en partie simple, il serait difficile d'en trouver une qui fût convenablement abrégée. Les unes nécessitent autant d'écritures que les parties doubles ; d'autres ne satisfont pas aux dispositions du Code, et aucune ne renferme en elle des moyens de contrôle.

Cependant quelques commerçants, soit dans l'espoir d'une économie de temps ou de commis, soit par un autre motif trop long à développer ici, continuent de préférer, à l'exactitude mathématique des parties doubles, la marche moins régulière et souvent aussi longue de la partie simple.

C'est pour diriger ceux qui ont cette préférence inexcusable que nous donnons la méthode suivante : elle a du moins le mérite de la simplicité, et d'introduire quelques contrôles utiles ; on peut même avec un livre de plus, le *Journal Grand-Livre,* dont traite le chapitre suivant (175), par un travail de quelques heures chaque mois, traduire les écritures en partie double sur ce livre, et leur donner ainsi, si l'on veut plus tard, une certaine régularité.

167. Soit qu'on entre dans les affaires, soit qu'on ait précédemment tenu des livres, pour commencer régulièrement une comptabilité quelconque, il faut dresser son inventaire général par *actif* et *passif* comme (289) ; on en extrait divers articles qu'on inscrit les premiers sur les livres : c'est ce que nous expliquerons bientôt (172).

DU JOURNAL-MÉMORIAL.

168. Le principal livre, qu'on pourra intituler indifférem-

Modèle de la page gauche.

DATES.		ENTRÉE DU JOURNAL-MÉMORIAL.	MÉMORIAL.		COMPTES COUR.			CAISSE.	
10		20	30		(a)	40		50	
Mai.	1	J'ai reçu en billets de DURAND.	6061	»	10	6061	»	»	»
»	3	J'ai reçu en espèces de JAMES.	»	»	17	11000	»	11000	»

Explication.

La page de gauche est l'ENTRÉE du *Journal-Mémorial*, celle de droite en est la SORTIE ; et ces deux pages en regard sont réglées d'une manière toute semblable ; (1°) une colonne des dates ; (2°) un large espace pour les explications, et, à la suite, trois colonnes : la première (3°) intitulée *Mémorial,* la seconde (4°) *Comptes courants,* et la dernière (5°) *Caisse.*

Tout l'argent reçu, quel qu'en soit le motif, est écrit à l'*entrée du Journal-Mémorial,* en plaçant les sommes dans la colonne *Caisse.*

Au contraire tout l'argent payé, à quelque titre que ce soit, est écrit à la *sortie du Journal,* et les sommes sont placées dans la colonne *Caisse.*

Ainsi le Journal-Mémorial, au moyen de cette colonne de *Caisse,* sert de *livre de Caisse.*

Tous les effets à recevoir ou à payer, qui entreront d'une manière quelconque, seront inscrits à l'*entrée* du Journal-Mémorial, et les sommes dans la colonne intitulée *Mémorial.*

Tous les effets à recevoir ou à payer qui sortiront, on les écrira à la *sortie,* et les sommes dans la colonne *Mémorial.*

Tous les achats que l'on a faits à terme sont écrits à

ment *Journal, Livre de caisse* ou *Mémorial;* mais que nous nommons *Journal-Mémorial,* sera disposé comme le modèle suivant.

Modèle de la page droite.

DATES.		SORTIE DU JOURNAL-MÉMORIAL.	MÉMORIAL.		COMPTES COUR.			CAISSE.	
10		20	30		(a)	40		50	
Mai.	7	J'ai expédié des fers à Nelson.	2000	»	8	2000	»	»	»
»	9	J'ai avancé. . . . . . à JEAN. .	»	»	21	100	»	100	»

l'*entrée,* et les ventes ou expéditions à la *sortie,* dans les colonnes *Mémorial* (1).

Enfin, on a écrit tous les articles quelconques, par *entrée* et *sortie,* sur ce journal-mémorial, de manière que les sommes soient placées, pour celles d'argent, dans la colonne *Caisse,* et, pour toutes les autres, dans la colonne *Mémorial.*

Il reste à faire connaître l'utilité de la colonne de *Comptes courants.* La voici :

Après avoir écrit la somme d'un article dans la colonne de *Caisse,* s'il s'agit d'argent, ou dans celle *Mémorial,* si ce n'en est point, il faut écrire une seconde fois cette somme dans la colonne *Comptes courants,* toutes les fois qu'un article devra être transporté au livre des comptes courants, dont nous allons parler (170).

Exemples pour l'entrée.

1° Le 1er mai, j'ai reçu de Durand, en billets, 6061 fr.; 2° le 3, j'ai reçu de James 11000 fr. en argent.

(1) Cependant si les ventes exigeaient des factures trop détaillées pour être mises sur le Journal-Mémorial, il faudrait avoir un livre accessoire de factures, où seraient consignés tous les détails de ces ventes, dont on ne porterait que le montant sur ce Journal, en un seul article par jour, et l'on remonterait, si l'on avait besoin de détails, à ce livre de factures ou de ventes.

J'écris ou je passe ces articles à l'*entrée du Journal-Mémorial* comme dans le modèle ci-dessus (168).

Exemples pour la sortie.

Le 7, — j'ai fait à Nelson un envoi de fers de. 2000 fr.
Le 9, — j'ai avancé à Jean . . . . 100 fr.

J'écris ces articles à la *sortie du Journal-Mémorial*, comme dans le modèle précédent.

Ces quatre articles devant être portés aux comptes courants de Durand, James, Nelson et Jean, les sommes en sont répétées et inscrites dans la colonne *Comptes courants*, établie pour y placer les sommes devant figurer au *livre des comptes courants*, et obtenir par là deux contrôles essentiels, dont nous parlerons plus bas (173).

169. Ainsi, RÈGLE GÉNÉRALE : *Toute somme qui doit figurer au compte d'un correspondant doit être inscrite dans la colonne* COMPTES-COURANTS *du Journal-Mémorial, et répétée dans la colonne de* CAISSE, *si c'est de l'argent, ou dans celle* MÉMORIAL, *si ce n'en est pas.*

Du livre des comptes courants.

170. Il faut tenir un livre de *Comptes courants* où l'on ouvre un compte à chaque personne avec laquelle on fait des affaires.

On y rapporte au débit : Les articles dont les sommes sont placées à la *sortie du Journal-Mémorial*, dans la colonne *Comptes courants* (a).

Ainsi, l'addition de tous les débits du livre des comptes courants doit donner une somme égale au montant de la colonne *Comptes courants*, à la sortie du Journal-Mémorial.

Ce premier contrôle, fait tous les mois, assure que le transport au débit des comptes courants est exact.

(a) Il faut mettre aux comptes courants le folio du Journal-Mémorial où se trouve l'article, et réciproquement placer au Journal-Mémorial dans la petite colonne intérieure le folio des comptes courants. Voyez ci-dessus dans le modèle du Journal-Mémorial la petite colonne (a) des folios.

Quant au crédit du livre des comptes courants, on y rapporte : Tous les articles du *Journal-Mémorial* dont les sommes figurent à l'entrée, dans la colonne *Comptes courants.*

Ainsi, l'addition des crédits du livre des comptes courants doit donner une somme égale au montant de la colonne *Comptes courants* de l'entrée du Journal-Mémorial.

Ce deuxième contrôle assure que le transport au crédit des comptes courants est exact.

171. L'essentiel pour le livre des comptes courants est de n'y omettre aucun article ; ce n'est donc que pour prévenir les erreurs que sont créées les colonnes *Comptes courants,* qui établissent les deux contrôles précieux dont nous venons de parler (*a*).

En résumé, on ne rapporte au débit ou au crédit des comptes courants que les sommes inscrites dans les colonnes du *Journal-Mémorial,* intitulées *Comptes courants ;* et réciproquement, on n'écrit dans ces colonnes que ce qui doit être transporté à un compte courant.

172. Il est essentiel de prévenir ici que les premiers articles qu'il faut écrire sur le *Journal-Mémorial,* à l'entrée (ce que nous n'avons pas fait dans le petit modèle précédent), sont : 1° L'argent en caisse, suivant l'inventaire dressé, en ayant soin de placer la somme dans la colonne *Caisse.*

2° Les effets en portefeuille, d'après l'inventaire, en plaçant les sommes dans la colonne *Mémorial ;* 3° enfin les créanciers par compte, détaillés sur le même inventaire, dont on sortira les sommes ou soldes dans la colonne *Comptes courants ;* voilà pour l'entrée. On en trouve un exemple dans le grand modèle du Journal-Mémorial (*tableau n° 1, placé à la fin du volume*) appliqué à la comptabilité des forges.

(*a*) Le négociant qui aurait peu de comptes avec Divers, ou des comptes si simples, qu'il serait difficile qu'il s'y glissât des erreurs, pourra, sur son Journal, n'avoir que les colonnes *Mémorial* et *Caisse*, et supprimer celles *Comptes courants* qui n'ont été créées que comme moyen de vérification, auquel il pourrait, dans ce cas, renoncer.

Les premiers articles qu'il faut écrire à la sortie, sont : 1° Les effets à payer, d'après l'inventaire, en plaçant les sommes dans la colonne *Mémorial;* 2° les débiteurs par compte, en sortant les sommes dans la colonne *Comptes courants.* (*Voir modèle précité, tableau n°* 1, à la fin du volume.)

Tous ces articles sont extraits de l'inventaire, comme on l'a déjà dit (167).

Ainsi, tous les livres se réduisent à deux : le *Journal-Mémorial* et les *Comptes courants.*

Nous ne comptons point le livre d'inventaire qu'il faudrait tenir pour se conformer à l'article 9 du Code, parce qu'il ne demande qu'une heure de travail par an (*a*), ni d'autres livres accessoires ordinairement en usage, tels que le copie des lettres (*b*), un livre d'entrée et de sortie des marchandises (*c*), un carnet d'échéances (*d*); enfin un livre de petites dépenses,

(*a*) Ce registre doit être timbré et paraphé, *Voir* art. 9 du Code de Commerce; il est exclusivement consacré à inscrire ou copier les inventaires.

(*b*) C'est la copie littérale des lettres classées par ordre de date, les noms du correspondant et de sa ville, placés en marge.

(*c*) Ce livre n'est possible que lorsqu'il n'y a pas des sortes trop variées de marchandises. On ouvre alors un compte à chaque sorte par entrée et sortie; on note à la sortie, au fur et à mesure, toutes marchandises qui sortent; or, en retranchant les quantités sorties de celles entrées, on obtient les quantités qui doivent rester en magasin. Mais chez les droguistes, par exemple, où il y a 3 à 4,000 articles, ce livre est impraticable, parce qu'il faudrait dix commis pour le tenir; on est donc réduit, dans ce cas, pour empêcher les infidélités, à exercer une surveillance active.

(*d*) Ce livre est divisé en douze parties ayant pour titre les douze mois de l'année; sur la page gauche sont détaillés les effets à recevoir, ainsi qu'il suit :

Effets à recevoir au mois de JUIN. (PAGE GAUCHE.)

DATES D'ENTRÉE.		TIREURS ou CONFECT.	CÉDANTS.	ACCEPT. ou PAYEURS.	LIEUX. de PAYEMENTS.	JOURS.	SOMMES.		NÉGOCIÉS ou ENCAISSÉS.
Avril.	19	Jean.	*idem.*	*idem.*	Paris.	15	300	»	

pour les y noter en détail, et ne porter sur le Journal-Mémorial qu'en bloc, tous les huit ou quinze jours, les sommes avancées pour fournir à ces menues dépenses. Ce ne sont pas là vraiment des *livres auxiliaires*, mais seulement des *livres accessoires*, des *recueils de notes* qui ne méritent aucune étude.

Pour tirer le résultat des deux livres précédents, solder tous les comptes et connaître la perte ou le gain définitif, on dresse son inventaire général, comme on l'a déjà fait pour commencer les écritures (289); l'accroissement ou la diminution du nouveau capital, comparé à celui de l'inventaire précédent, détermine la perte ou le gain; on doit inscrire cet inventaire général sur le livre des inventaires, à la suite du premier, et arrêter les additions de tous les livres et de tous les comptes. Après, on recommence les écritures par le même inventaire, ainsi qu'il a été déjà indiqué (167 et 172), absolument comme si c'étaient de nouveaux livres.

Cette manière de tirer le résultat des livres est bien loin de l'exactitude des parties doubles. On y peut commettre des erreurs difficiles à relever; et, de plus, une erreur échappée dans la composition de l'inventaire, réagit sur le capital, qui s'en trouve mal à propos réduit ou augmenté. Mais enfin, le résultat des livres en partie simple ne peut se faire autrement, ni présenter des résultats plus rigoureux.

Tel sera donc le système de tenue des livres en partie simple; mais, on ne peut trop le répéter, ce ne sont pas là

En regard, sur la page droite, sont inscrits les effets à payer, comme suit :

Effets à payer au mois de JUIN. (PAGE DROITE.)

DATES DE SORTIES.		TIREURS ou CONFECT.	ORDRE.	JOURS.	SOMMES.		OBSERVATIONS.
Avril.	25	M/B	Paul.	25	200	»	

des résultats mathématiques, comme on les obtient par la méthode en double partie, qui renferme en elle-même des contrôles et des balances continuels. Cependant, après avoir tenu les livres d'après ce système, en partie simple, avec un registre de plus, le *Journal-Grand-Livre* en partie double, que nous allons expliquer bientôt (175), on les rendra réguliers et complets, si l'on traduit, en partie double, sur ce registre, par un travail de quelques heures chaque mois, les écritures contenues dans le Journal-Mémorial précédent, et l'on pourra obtenir les renseignements aussi exacts que possible.

173. Pour satisfaire aux dispositions du Code, on devra faire timbrer, coter et parapher le *Journal-Mémorial;* comme il présente l'ensemble de toutes les affaires, il se trouvera ainsi conforme aux prescriptions de l'art. 8 du Code de commerce.

Méthode très-simplifiée pour tenir les Livres avec deux registres seulement, à l'usage des marchands en détail.

174. Le commerçant qui aurait peu de comptes avec divers ou des comptes très-simples (*a*) pourra, sur le premier livre, nommé JOURNAL-MÉMORIAL, supprimer les colonnes *Comptes courants,* et n'avoir que les deux de *Mémorial* et de *Caisse,*

N'avoir pas le livre d'*achats.*

Il rangera par ordre de date (*b*) les notes d'achats qu'il reçoit (selon l'usage) du vendeur ; elles contiennent le prix et la quantité : l'ensemble de ces notes lui tiendra lieu de livre d'*achats.*

Quand le vendeur vient recevoir, on vérifie sa facture sur la note d'achat qu'on en a reçue, et l'on fait une barre sur cette note après l'avoir payée.

(*a*) C'est ce qui arrive souvent dans le commerce de détail, où avoir un compte avec une personne c'est lui fournir tout ce dont elle a besoin, et lui en remettre à de certaines époques la note qu'elle paye.

(*b*) On les passe dans un lacet.

Le livre de *ventes* ou de *factures* est indispensable.

Si, comme on l'a déjà supposé, les comptes courants sont très-simples, ou, s'il y en a peu, on pourrait supprimer le livre des *Comptes courants,* et le remplacer ainsi qu'il suit.

Les ventes qui composent le débit des comptes courants sont notées au livre de ventes; si, quand ces ventes sont payées et réglées, on fait une barre transversale sur l'article, ce qui indiquera qu'il est réglé ou payé, il s'ensuivra que les ventes non barrées sur ce livre seront à recevoir ou à régler; ainsi, lorsqu'on voudra remettre à Pierre son compte, on relèvera, sur le livre, les articles vendus à Pierre, qui ne seront pas barrés, ce qui tiendra lieu du compte de Pierre. Afin de n'être point obligé de feuilleter tout le livre pour chercher les articles de Pierre, on établit un répertoire à la fin du livre de vente (*a*).

Si l'on a reçu des à-comptes, ce qui arrive très-rarement, on les trouve sur le Journal-Mémorial, à l'entrée de la colonne *Caisse*, et on les porte en déduction ou en avoir.

Le *Copie de lettres* devient à peu près inutile au commerçant en détail qui n'a point de correspondance.

Point de *livre d'entrée et de sortie de marchandises;* il serait trop long, trop minutieux, et souvent même impossible d'en suivre les sorties.

Ainsi, le commerçant en détail, pour empêcher toute infidélité, n'a d'autre moyen que d'exercer une surveillance active sur ses employés.

Il peut également se passer d'un *livre d'échéances.* Il suffit qu'il note avec soin les échéances de ses effets à payer sur une page de son Journal réservée pour cela.

(*a*) Après avoir inscrit les individus qui figurent sur le livre de vente par ordre alphabétique, on met à la suite de leur nom les numéros des pages où se trouvent les ventes qui concernent ces personnes; lorsqu'on veut dresser un compte, on cherche à la table le nom et l'indication des pages où sont notées les ventes faites; on remonte à ces pages directement sans feuilleter tout le livre.

Quant aux effets à recevoir, classés par mois dans son portefeuille, les effets eux-mêmes lui en rappelleront l'échéance.

Point de *livre de dépenses.* Dans ce cas, le commerçant doit les passer, au fur et à mesure qu'elles auront lieu, sur son Journal-Mémorial, colonne de Caisse.

Pour satisfaire au Code, il suffit de faire timbrer, coter et parapher le *Journal-Mémorial,* et d'y inscrire chaque soir en un seul article, les achats; en un autre, les ventes du jour.

Ainsi d'après les abréviations, tous les livres se réduisent à deux : le JOURNAL-MÉMORIAL et le LIVRE DE VENTES (*a*).

Nous ne comptons point de livre d'inventaire, prescrit par l'article 9, parce qu'on peut copier l'inventaire sur le Journal-Mémorial, qui serait timbré comme on l'a dit.

Au surplus, avec les éléments contenus dans ces deux livres, on pourra encore, au besoin, comme il a été déjà dit, dresser, au moyen du *Journal-Grand-Livre,* des livres en parties doubles assez exacts.

Il nous reste maintenant à indiquer la manière de tenir les livres en partie double par le moyen d'un seul registre appelé *Journal-Grand-Livre.*

(*a*) On doit sentir que nous n'avons donné cette méthode, ou plutôt cette manière très-simplifiée de tenir les livres, que comme renseignement, exemple ou indication de toutes les abréviations possibles, toujours aux dépens de la régularité; ceux qui voudraient simplifier au delà n'auraient plus qu'à ne pas tenir du tout de livres; certainement ce serait plus simple, mais aussi beaucoup plus irrégulier.

NOUVELLE MÉTHODE

POUR TENIR LES LIVRES EN DOUBLE PARTIE,

PAR LE MOYEN D'UN SEUL REGISTRE,

APPELÉ JOURNAL-GRAND-LIVRE.

---

175. Cette méthode est fort simple et présente de grands avantages en certains cas (*a*).

Le premier est de réduire de moitié les écritures; car le travail du Grand-Livre, qui est si considérable dans la méthode ordinaire, est presque nul dans celle-ci.

En second lieu, les livres auxiliaires en partie simple sont combinés de manière qu'ils soient absolument indépendants de la partie double, et que, sans son secours, ils fournissent tous les renseignements journellement nécessaires; il en résulte que les commis ordinaires peuvent tenir ces livres auxiliaires sans être admis à connaître le secret des affaires générales, renfermé dans le Journal-Grand-Livre en partie double, que doit seul tenir le chef de la maison ou la personne qui a sa confiance.

Il résulte encore de ce que les livres auxiliaires suffisent pour tous les détails journaliers, que les écritures en partie double, indépendantes des autres, peuvent être différées ou suspendues sans que le système de comptabilité soit en rien dérangé; ainsi, on peut les faire en tout temps, dans ses moments de loisir; et il suffit, pour ce travail, de quelques heures par mois ou de quelques semaines par année.

D'après ce système, les comptes courants des particuliers

(*a*) Lorsqu'on fait peu d'affaires, ou lorsqu'on en fait beaucoup de petites; car la méthode ordinaire, avec le Grand-Livre séparé, est toujours la préférable et la plus régulière pour les grandes maisons.

sont tenus sur les livres auxiliaires en partie simple ; mais le Journal-Grand-Livre présente les comptes généraux si utiles de la partie double, et sert à résumer des écritures étendues pour en présenter succinctement les résultats précis et rigoureux.

Explication.

176. Cette méthode repose sur une idée fort simple, et ne diffère de la méthode ordinaire que par l'arrangement.

Au lieu d'avoir un Journal et un Grand-Livre séparés, on n'a, pour ces deux livres, qu'un seul registre, dont le feuillet gauche est le Journal, et le côté droit sert de Grand-Livre, comme dans le modèle (*tableau n°* 2) à la fin du volume.

Le Journal, placé sur le feuillet gauche, est absolument tenu sur les mêmes principes et de la même manière que dans les Journaux ordinaires, excepté les dates qui sont placées en marge, au lieu de l'être en tête de chaque article.

Le Grand-Livre se trouve établi sur le feuillet droit, au moyen de colonnes, divisées chacune en débit et crédit, qui portent l'intitulé des comptes généraux et en tiennent lieu.

Pour transporter les articles du Journal au Grand-Livre ; on place la somme du compte débiteur dans le débit de la colonne qui tient lieu de ce compte : et celle du compte créancier, dans le crédit de la colonne qui en tient lieu.

Au reste, il suffit de jeter les yeux sur le modèle indiqué (*tableau n°* 2), pour comprendre, à la première inspection, l'application de cette méthode.

Le feuillet droit, destiné à représenter le Grand-Livre, peut être divisé en six colonnes, dont les cinq premières sont les cinq comptes généraux, si connus, et la sixième, intitulée *Divers Comptes* ou *Comptes Courants*, renferme tous les autres comptes; au lieu de six colonnes, on peut en pratiquer sept, huit, neuf et davantage au besoin (*a*), qu'on

(*a*) L'auteur, pour propager cette méthode, a fait graver des registres à 7 et 11 colonnes ; on les vend chez Langlois et Leclercq, rue de la Harpe, 81.

peut intituler chacune du nom d'un compte important; l'avant-dernière colonne peut être appelée *Comptes généraux divers*, et la dernière aussi *Comptes courants*. Nous allons en donner l'explication.

Dernière colonne intitulée Comptes courants.

La colonne intitulée *Comptes courants* comprend tous les comptes courants des particuliers.

La première objection qui se présente à l'esprit, c'est que les comptes des particuliers, étant confondus dans la colonne *Comptes courants*, ne peuvent être vus séparément et par conséquent n'en présentent pas les soldes.

Cette objection serait fondée si les Comptes courants n'étaient pas tenus sur les livres auxiliaires en partie simple; mais on doit se rappeler que nous pouvons avoir le compte de chaque correspondant sur un livre séparé nommé *Livre des comptes courants* (170) (*a*).

Il y a deux manières de tenir ce livre de comptes courants; la première, c'est d'y rapporter les articles inscrits dans la colonne *Comptes courants* du Journal-Grand-Livre; et, dans ce cas, l'on place les folios de ces comptes dans la petite colonne ménagée après les dates (*voir tableau n°* 2).

Cette manière n'est praticable que quand il y a peu de correspondants; mais, dans le cas contraire, elle serait trop longue et l'on a recours à une seconde manière, que voici :

On tient les comptes courants des correspondants sur les livres auxiliaires de la partie simple, comme on l'a indiqué (170), en rapportant au livre des comptes courants tous les articles inscrits dans les deux colonnes *Comptes courants* du Journal-Mémorial.

Il en résulte une grande abréviation; en effet lorsqu'on passe

---

(*a*) On se rappelle aussi que ce livre concorde avec les deux colonnes intitulées *Comptes courants*, pratiquées au *Journal-mémorial* pour servir de contrôle (171).

écriture en partie double sur le *Journal-Grand-Livre,* il n'y faut pas débiter ou créditer les correspondants chacun sous son nom particulier ; car c'est déjà fait à l'aide du Journal-Mémorial ; il ne reste plus qu'à le faire en bloc pour tous ensemble, sous le nom du Compte général de *Comptes courants.*

Ainsi, par exemple, si l'on a touché de trente correspondants 20,000 fr., il suffit de dire : CAISSE A COMPTES COURANTS, 20,000 fr., *pour autant reçu de divers dont détails au Journal-Mémorial.*

C'est ainsi que le Journal-Grand-Livre, dégagé de tout ce qui est relatif aux comptes courants des particuliers, n'offre que les comptes généraux et les résultats en grand de l'ensemble des affaires, sans s'embarrasser de détails minutieux qui restent convenablement relégués sur des livres auxiliaires.

Ayant donc sur un livre les comptes de chaque correspondant en particulier, il n'y a plus d'inconvénients à les confondre au Journal-Grand-Livre dans la colonne *Comptes courants.*

Cette colonne opère d'ailleurs le contrôle du livre des Comptes courants ; car la somme totale du débit de tous les comptes qui sont ouverts sur ce livre devra être égale à celle du débit de la colonne ; et la somme totale des crédits du livre devra être égale au montant du crédit de cette colonne.

Ainsi cette colonne intitulée *Comptes courants* représente le livre des Comptes courants dans son ensemble ; et elle fait connaître au négociant, par le solde, de quelle somme il est à découvert avec tous ses correspondants.

Récapitulation des colonnes ou de la balance de vérification.

On additionne au bas de chaque page le débit et le crédit de chacune des colonnes, et l'on place au-dessous le total sur une même ligne pratiquée à cet effet (*voyez tableau n° 2*). Il faut transporter ensuite ces totaux dans l'espace ménagé au haut de chaque page du Journal. Enfin, il faut additionner ces totaux eux-mêmes ; le montant du débit doit être égal à celui du crédit, et chacun en particulier à l'addition de la colonne du Journal.

Ces balances se font au bas de chaque feuillet. On commence la page suivante par le report du montant des articles du Journal et du montant du débit et du crédit de chacune des colonnes du feuillet précédent, et ainsi de suite.

Manière de solder la colonne intitulée Comptes divers ou celle Comptes courants.

On solde ces deux colonnes de la même manière et les dernières,

1° En portant au débit le montant des soldes des comptes créanciers, soldes relevés d'après le livre des comptes courants ; — 2° en portant au crédit le montant des soldes des comptes débiteurs, soldes relevés sur le livre des comptes courants.

La colonne des comptes courants sera soldée de cette manière.

Quant au petit nombre d'autres comptes qui sont confondus dans la colonne intitulée *Comptes généraux Divers*, tels que capital, balance de sortie et balance d'entrée, etc., il faut dresser un compte pour chacun sur une feuille séparée, et relever tous les articles qui les concernent, écrits dans la colonne de Divers. Ce n'est point un travail, car ces comptes ne donnent lieu qu'à un ou deux articles dans le courant de l'année. Ces comptes distincts obtenus, on les solde par balance de sortie, en disant :

Capital à balance de sortie, fr......, solde de mon compte de capital, qui s'élève aujourd'hui à..... etc., etc.

On porte ces articles sur le Journal-Grand-Livre, et les sommes dans la colonne *Comptes Divers*, et elle se trouve soldée.

Pour rouvrir les livres sur le Journal-Grand-Livre, on commence, comme dans la méthode ordinaire, par les deux articles de balance d'entrée (295, 296).

Applications de la nouvelle méthode.

177. L'auteur a fait graver deux planches l'une à 8 et l'autre à 11 colonnes, dont les têtes sont à blanc, afin que l'on puisse leur donner tel intitulé qui conviendra. Par ce moyen, chacun peut affecter les colonnes aux comptes particuliers à son genre de commerce ou de fabrication. Il est rare que onze colonnes ne suffisent pas, c'est-à-dire onze comptes généraux, lorsqu'une comptabilité est simplifiée, et qu'on renferme, comme dans celle-ci, tous les comptes particuliers des correspondants dans un seul compte intitulé *Comptes courants.*

Cette méthode peut donc s'appliquer à la comptabilité d'une infinité d'industries qu'il serait trop long d'énumérer.

Elle sert encore à établir et régulariser une comptabilité arriérée.

Le Journal-Grand-Livre n'ayant qu'un nombre limité de 8 ou 11 colonnes, il faut réduire, autant que possible, à ce nombre les comptes généraux ; c'est en quoi consiste principalement l'application de cette méthode à toute espèce de comptabilité. Cependant la colonne Comptes généraux divers peut comprendre tous ceux qui varient peu, tels que capital, balance, fonds de commerce, immeubles, etc.

En marge du modèle (*Tableau n° 2*) du Journal-Grand-Livre, placé à la fin du volume, on trouvera *des observations* utiles à consulter.

MANIÈRE

DE DRESSER UNE COMPTABILITÉ RÉGULIÈRE

EN PARTIE DOUBLE

D'APRÈS DES NOTES INSCRITES SUR LES LIVRES AUXILIAIRES ET SUR DES DOCUMENTS DIVERS.

178. Lorsqu'il s'agit de passer écritures en partie double et d'organiser des livres d'après des notes écrites sans ordre, d'après la correspondance, sur des pièces non classées et des documents épars, il faut avant tout recomposer ou dresser l'inventaire général tel qu'on aurait dû le faire à l'époque où devait commencer cette comptabilité. On recherche à cet effet sur le livre de magasin, les marchandises qui y restaient alors, en s'aidant des factures d'achats à des dates à peu près contemporaines, et secondé par le négociant dont les souvenirs sont souvent d'un grand secours ; on recherche la somme qui existait alors en Caisse, les effets qui étaient en portefeuille et les soldes des comptes des correspondants alors débiteurs; on relève sur le carnet d'échéances, ou d'après les titres de Caisse, la note des effets en circulation qui restaient alors à payer, et le solde des correspondants créanciers ; enfin, on détermine le capital, qu'on possédait à cette époque.

En d'autres termes, on recompose, d'après les notes, les livres, les pièces, les souvenirs même du négociant, l'inventaire général, dont on passe écriture par deux articles de balance d'entrée ou de capital ou par un article de divers à divers, comme il a été indiqué précédemment (295).

179. Après ce point de départ, souvent inexact, mais qui sera rectifié par les écritures qui suivront, après avoir rangé toutes les lettres reçues par ordre de date, ainsi que tous les titres de Caisse et autres pièces quelconques, on en passe

écriture en partie double sur un *brouillon* de Journal, jour par jour, dans l'ordre de leur date, c'est-à-dire qu'on épuise et passe tous les articles portés sous la date du 1er juillet, par exemple, dans toutes les séries diverses de documents, avant de passer à ceux sous la date du 2 juillet et ainsi de suite.

180. Ce travail qui demande beaucoup d'attention, donne lieu à de nombreuses rectifications, parce que le teneur de livres, à chaque article qu'il rédige, vérifie autant que possible l'origine, pour ainsi dire, et la suite de cet article.

Pour les marchandises, par exemple, il ne porte une vente au crédit qu'après s'être assuré que l'espèce de marchandise vendue figure déjà au débit, soit comme provenant de l'inventaire, soit comme achetée.

Quand il passe écriture du payement d'un billet, il vérifie aussitôt si cet effet était précédemment sorti ; il en est de même des autres comptes.

Mais c'est surtout lorsqu'on rapporte les articles du brouillon du Journal sur un brouillon du Grand-Livre, que les omissions et les erreurs nombreuses, commises nécessairement dans le cours de ce travail irrégulier, deviennent évidentes par l'examen des comptes généraux ; car ces comptes renferment tant de moyens de contrôle mutuels, qu'ils ne laissent aucune place durable aux erreurs.

Ainsi les sorties ou ventes de marchandises servent à retrouver les marchandises de l'inventaire et celles achetées ; et réciproquement les marchandises achetées ou existant sur l'inventaire doivent avoir été vendues ou rester en magasin à l'époque de la balance.

Au compte de Caisse les payements ne doivent jamais excéder les recettes, et le solde du compte de Caisse doit concorder avec les bordereaux faits de temps en temps sur les espèces.

Au compte d'Effets à recevoir, il ne peut pas entrer un seul effet qu'il ne sorte plus tard par voie de négociation ou d'encaissement à son échéance.

Au compte d'Effets à payer, pas un billet n'est souscrit et ne sort que pour rentrer ou être acquitté à son échéance.

On ne manque pas d'établir à ces deux derniers comptes les doubles colonnes de numéros de rencontre indiquées et expliquées au compte d'effets à payer, page 198.

181. Enfin, lorsque les écritures sont terminées, il faut que le solde de chacun des comptes généraux concorde avec les marchandises en magasin, l'argent en caisse, les effets en portefeuille et les effets qui restent à payer, au moment où l'on se propose d'arrêter les écritures.

C'est au moyen de toutes ces concordances que l'on arrive à obtenir une régularité satisfaisante sur le Journal et le Grand-Livre faits en brouillon ; alors on recopie au net le Journal brouillon sur le Journal timbré, et l'on fait ensuite le report au Grand-Livre.

La méthode pour tenir les livres par le moyen d'un seul registre, le *Journal Grand-Livre*, est d'un grand secours pour ce genre de travail, qu'elle facilite et abrège singulièrement ; nous avons donné l'explication de cette méthode (175).

PRINCIPES GÉNÉRAUX

POUR CRÉER LE SYSTÈME DE COMPTABILITÉ LE PLUS CONVENABLE A UN GENRE D'INDUSTRIE QUELCONQUE.

---

182. L'opération qui, dans l'art des comptables, exige le plus d'habileté et la connaissance approfondie de la méthode en partie double, est sans contredit l'établissement d'un système de comptabilité parfaitement approprié à une vaste administration ou à une industrie nouvelle, qui sort par la nature de ses affaires des usages habituels du commerce. Il faut apporter dans ce travail difficile une expérience pratique et une certaine habileté d'invention qui ne se trouvent que chez le comptable initié dans tous les secrets de son art, et constamment exercé à en faire l'application aux industries les plus vastes et les plus dissemblables.

Un teneur de livres faible ou esclave de la routine ne sera nullement propre à une opération qui présente d'aussi grandes difficultés, parce qu'il ne pourra plus appliquer aux cas nouveaux de ces industries exceptionnelles les seuls moyens d'exécution qui lui soient connus, et qui sont à ses yeux des formules dont il ne peut pas s'écarter. Alors il lui faudra soumettre et contraindre la marche de l'administration à ses routines étroites de comptabilité, et il en résultera un système vicieux, lourd, compliqué, qui, tout en nécessitant plus de travail et d'employés, ne présentera que des résultats obscurs, péniblement obtenus, qui ne satisferont jamais complétement les intéressés.

Au contraire, un habile comptable, pénétré du véritable esprit de la méthode en partie double, dont il connaît à fond les ressources, l'appliquera facilement à la comptabilité d'une entreprise quelconque, et quoique hérissée de particularités bizarres, il saura bien assouplir, pour ainsi dire, cette méthode ingénieuse et flexible à toutes les exigences des industries nouvelles, dont il n'omettra aucune de ces particularités intéressantes qui influent sur les résultats, et doivent par conséquent figurer d'une manière saillante dans les comptes qu'il s'agit de présenter.

Il choisira avec discernement, dans tous les renseignements, les livres auxiliaires ou les matériaux qui lui seront soumis, ceux qu'il faut adopter en raison de leur spécialité; et rejetant ce qui peut être obscur ou inutile, il fera ressortir de cette espèce de chaos un système simple, facile et lumineux, qui, jetant le plus grand jour sur les opérations de l'entreprise, éclairera l'administration dans sa marche, et présentera en définitive des résultats faciles à saisir, même pour les intelligences les moins exercées.

Ce système une fois établi, les teneurs de livres ordinaires pourront facilement le continuer et l'appliquer avec un petit nombre d'employés ordinaires; car tout dépend ici de la première conception et de l'établissement primitif, dont, nous le répétons, il est de la plus haute importance de ne charger dans le principe qu'un comptable expérimenté (*a*).

Nous ne saurions trop insister sur ce point très-influent pour l'avenir des sociétés industrielles, et notamment des compagnies anonymes fondées par actions. On est beaucoup trop indifférent sur le choix d'un système de comptabilité et sur celui du teneur de livres chargé de l'appliquer; enfin, on néglige trop d'indiquer ou de définir dans les actes constitutifs ou les statuts, les cas importants de comptabilité.

Il y a dans la manière de passer un article, de porter certaines dépenses à tel ou tel compte, de prélever des commissions proportionnelles, plusieurs moyens d'influer directement sur les résultats définitifs. Qu'on sache bien qu'il est possible à un directeur ou gérant, à l'aide d'une

---

(*a*) *La Comptabilité agricole* fournit un exemple frappant de cette vérité. Malgré tous leurs efforts, les agriculteurs, médiocres comptables, qui s'en sont occupés, n'avaient pu parvenir à créer un système satisfaisant.

comptabilité obscure, et de concert avec son teneur de livres, d'opérer inégalement le partage des bénéfices entre des associés. Il peut même dépouiller les actionnaires d'une partie de leurs gains, sans cependant paraître violer ouvertement les statuts, ni pouvoir être taxé d'indélicatesse matérielle; parce que, au besoin, il tient en réserve une excuse spécieuse, un mauvais prétexte qui peut bien être agréé par des hommes superficiels ou sans expérience, mais qui serait certainement rejeté par des comptables clairvoyants et exercés.

C'est vraiment un objet digne de quelque pitié que de voir cette foule d'actionnaires qui, jetant d'abord leurs fonds sans réflexion dans des entreprises qu'ils conçoivent à peine, agréent ensuite aveuglément les comptes tout-à-fait incomplets qui leur sont rendus, sans chercher à les vérifier, ni même à les comprendre.

Cependant ces actionnaires, étrangers aux matières de finance, qui sont si utiles à notre industrie par leurs capitaux, ne le seraient pas moins par leur concours personnel, s'ils prenaient la peine de défendre enfin leur argent, en exerçant sur l'administration une surveillance intelligente!

En matière de finance, il faut multiplier sans relâche les vérifications et les moyens de contrôle, quelles que soient d'ailleurs la probité et les garanties morales que présentent les gérants; le maniement des deniers est par sa nature essentiellement corrupteur. On trouve beaucoup trop d'exemples de caissiers publics et particuliers, de hauts fonctionnaires qui ont diverti les deniers, ou du moins changé l'emploi des fonds qui leur étaient confiés.

Un moyen simple de prévenir beaucoup d'abus de ce genre serait, nous le croyons, de faire au teneur de livres en chef une position tout à fait indépendante des gérants, et de le mettre en rapport direct et fréquent avec les intéressés ou les actionnaires.

Le chef de la comptabilité nous paraît au moins aussi important que le caissier ; en effet, lui seul sait précisément, et jour par jour, les progrès croissants ou décroissants de la société ; il peut éclairer les administrateurs ou les intéressés sur la véritable situation des choses, qu'on déguise et pare trop souvent de brillantes couleurs, dans des comptes rendus qui sont de véritables amorces jetées au public du dehors, mais tout à fait insuffisants pour des intéressés sérieux qui ont des fonds engagés dans l'entreprise.

Principes généraux.

183. Lorsqu'on veut organiser un système de comptabilité, on doit avant tout prendre connaissance de l'acte de société, des statuts où sont exposés les moyens et le but de l'entreprise, se faire expliquer en détail par les gérants sa marche et ses particularités importantes, ses différentes sortes de dépenses, ses diverses natures de recettes et de bénéfices, afin de se former une idée bien complète de l'ensemble et des détails de l'entreprise.

Des livres auxiliaires.

184. Ces notions acquises, il faut imaginer d'abord les livres auxiliaires destinés à recevoir les premières écritures des opérations à mesure qu'elles ont lieu, et les disposer de manière à réunir celles de même nature, afin de pouvoir les additionner et ne porter que des totaux ou résumés sur le Journal et le Grand-Livre en partie double, qu'on dégage ainsi, autant que possible, de détails déjà portés sur ces livres auxiliaires.

Dans chaque industrie il y a toujours quelques livres spéciaux consacrés par un long usage, et par conséquent conçus avec une intelligence pratique qui doit les faire conserver avec soin.

185. Il en est d'autres communs à tous les commerces, tels que le carnet d'échéances, le livre d'entrée et de sortie

de marchandises, et enfin le livre de Caisse, qui est le plus important, parce que toutes les opérations se réduisent en définitive en argent et viennent y aboutir.

On peut introduire dans ce livre, qui est ordinairement divisé par entrée et sortie, d'importantes abréviations d'écritures, au moyen de colonnes intérieures dont nous avons indiqué l'emploi précédemment (170).

Nous recommandons l'emploi du *Journal-Mémorial* à colonnes (168) pour les maisons de commerce ordinaires où les employés sont en trop petit nombre.

Il est essentiel de bien fixer par quel commis et de quelle manière seront inscrites les opérations sur les livres auxiliaires à mesure qu'elles auront lieu. Dans les grandes maisons et dans les administrations, où l'importance et la multiplicité des affaires nécessitent de nombreux employés, il n'est pas possible de n'avoir qu'un petit nombre de livres auxiliaires, il faut, au contraire, en avoir en assez grand nombre. Un commis est souvent seul chargé d'un emploi spécial; il suffit à peine à tenir, par exemple, le *livre de ventes;* un autre le *livre d'achats;* un troisième, le *livre d'entrée et de sortie de marchandises* ou le *livre d'enregistrement des remises,* de *Caisse,* de *vente à terme,* de *vente au comptant,* de *vente de Paris,* de *vente à l'étranger,* etc.

Quelquefois même il convient de subdiviser chacun de ces livres, quand plusieurs commis, travaillant au même emploi, ne peuvent écrire sur un même registre ou lorsqu'ils habitent des lieux différents.

Dans tous ces cas, il faut bien avoir des livres auxiliaires en nombre qui suffise à la multitude des employés, à la variété de leurs occupations et à l'étendue des affaires, qu'on doit inscrire immédiatement à mesure qu'elles ont lieu.

Mais tous ces livres auxiliaires ne renfermant que des opérations de même nature et toutes classées par espèce, offrent au teneur de livres en chef un moyen naturel de simplification pour ses écritures en partie double; car les sommes y peuvent être additionnées, et il ne passe écriture, au Journal, à la fois, que du montant des opérations de la journée, en renvoyant, pour les détails, à ces livres auxiliaires.

C'est précisément dans ces circonstances que la comptabilité en partie double montre sa supériorité et ses ressources, en résumant et en centralisant avec précision une multitude de détails dont elle ne produit, dans ses comptes généraux, que les grands résultats sommaires, mais avec toute l'exactitude mathématique.

C'est ainsi qu'au Trésor royal, au ministère des finances, et dans toutes les grandes administrations en France, on a fait de belles applications de la méthode en partie double, sans laquelle il serait impossible de se rendre un compte exact des nombreux mouvements de fonds et des revenus qui affluent dans les caisses de l'État, et de là se répandent, par une infinité de ramifications, jusqu'aux extrémités du Royaume.

Des registres en partie double.

186. Une fois que les livres auxiliaires sont imaginés et qu'on a bien indiqué la manière d'y noter les écritures premières, ce qui est du ressort de la partie simple et peut être considéré comme préparatif, alors le teneur de livres imagine et crée les comptes généraux, dont il fera usage sur les deux registres en partie double, le Journal et le Grand-Livre. Ces comptes généraux doivent correspondre avec les livres auxiliaires, et en présenter les résultats dégagés des détails que ces livres renferment déjà.

187. On ouvre d'abord les cinq comptes généraux si connus et applicables, sauf celui de Marchandises générales, à peu près à toutes les industries; en outre on crée des comptes pour les spécialités ou circonstances particulières de l'entreprise, pour celles du moins qui influent sur les résultats;

On en crée pour les objets dont il faut rendre un compte séparé;

Pour toutes les valeurs qui présentent des recettes importantes et des bénéfices;

Pour les différentes natures de dépenses et de frais.

188. Lorsque les opérations sont très-étendues et exigeraient au Grand-Livre un grand nombre de comptes particuliers sans importance, on peut ouvrir un seul compte général qui embrasse tous ces comptes, et tenir sur un livre auxiliaire chacun d'eux en particulier, avec tous ses détails. C'est là un des moyens les plus efficaces de simplifier au plus haut degré les écritures en partie double, indiqué précédemment (176), qui réunit plusieurs avantages dont on peut profiter; excepté dans les hautes affaires, où les comptes, qui sont tous d'une grande importance, exigent que la comptabilité s'élève à la plus parfaite régularité.

189. Il faut bien se garder de multiplier le nombre des comptes généraux sans une absolue nécessité, puisque c'est multiplier le travail dans la même proportion; on doit faire choix de dénominations claires qui annoncent tout d'abord la véritable destination des comptes.

190. Enfin le comptable doit désigner par écrit les cas où il faut débiter et créditer les comptes qu'il a créés, et donner la manière de les solder à l'époque de la balance générale.

Cela fait, on peut commencer les livres par deux articles de balance d'entrée ou de capital, selon la méthode ordinaire exposée (295).

191. Tels sont les principes généraux qui doivent diriger dans l'organisation d'un système de comptabilité, et, pour fixer un peu les idées dans une matière aussi vague, nous en ferons l'application à la comptabilité d'industries tout à fait dissemblables, à celles des forges ou usines à fer en général, à celles des compagnies anonymes par actions et à d'autres sujets, et notamment dans cette 23e édition à *l'industrie agricole,*

CRÉATION D'UN SYSTÈME DE COMPTABILITÉ POUR LES USINES A FER, FORGES, ETC.

192. Nous avons déjà vu (183) que pour créer un système de comptabilité applicable à une industrie quelconque, il fallait, après avoir arrêté la tenue des livres auxiliaires, imaginer les comptes généraux qu'il convenait d'ouvrir ; et déterminer les cas où ces comptes doivent être débités ou crédités, et la manière de les solder. C'est ce que nous allons faire pour les usines à fer dont nous indiquerons d'abord ce que nous appelons la nomenclature des comptes à ouvrir pour ce genre de fabrication.

Nomenclature des comptes à ouvrir pour des usines à fer.

193. Il est bon d'avertir que nous allons donner tous les comptes qu'on pourrait ouvrir dans une usine qui embrasserait tous les genres de fabrication du fer, où l'on prendrait le fer à son état de minerai pour lui faire successivement subir toutes les préparations intermédiaires jusqu'à la tréfilerie et la tôlerie.

Mais les chefs d'usines qui n'auraient que de hauts-fourneaux, ou ceux qui n'auraient que des forges, ou enfin ceux qui n'auraient qu'une partie des fabrications dont on va s'occuper, ne prendront, dans cette nomenclature, que les comptes qui les intéressent, et détacheront sans aucun inconvénient, de cet ensemble général, les parties qu'ils pourront s'approprier.

194. Il faut ouvrir un compte à chaque correspondant ; un compte de *coupe de bois de****, si l'on veut se rendre compte en particulier du produit et des dépenses de chaque coupe.

Dans le cas contraire, on aura un compte de *bois* en général, un compte de *charbon*.

Ou bien on ouvrira : un compte *de bois et charbon* pour tous les précédents ; un compte de *charbon de terre*, un compte de *mines*, un de *castine*, un de *fourneau*, un de *forges ;* un compte de *platinerie*, de *fenderie*, de *tréfilerie*, de *tôlerie*, de *ferblanterie ;* un compte de *fers divers*, d'*ouvriers*, d'*usines*, de *voitures et chevaux*.

Un compte à *chaque propriété*, étrangère au commerce. Ou bien : un compte d'*immeubles en général ;*

Un compte de *frais généraux*, de *dépenses de maison*, de *Pertes et profits*, d'*Effets à recevoir*, d'*Effets à payer*, de *Capital*, de *balance de sortie* et *balance d'entrée*.

Du compte de coupe de bois.

195. Lorsqu'on achète des bois sur pied pour les faire exploiter, et qu'on veut se rendre compte du résultat de chaque coupe ; on ouvre un compte à chacune d'elle, sous la désignation de *coupe de bois de* ***.

On débite ce compte du prix principal d'achat, de tous les frais qu'on paye pour l'exploitation, tels que appointements des gardes-ventes, bûcherons, fendeurs, écarrisseurs, scieurs ;

Des frais de transports de bois en nature, dans chaque usine où il doit être employé ; en un mot, de tout ce que la coupe fait dépenser.

On le crédite de tous les produits ; savoir :

1° Par le crédit de fenderie et autres usines, de tous les bois en nature envoyés dans chacune de ces usines et destinés à y être brûlés ; — 2° Par le débit du compte de charbon, de tout celui employé à faire du charbon ; — 3° Par le débit de Caisse ou autre compte, de tout celui vendu à la marine ou à divers ; — 4° Par le débit de frais généraux, pour celui destiné à la charpente et entretien de l'établissement en général, et par le débit de chaque usine, pour le bois destiné seulement à la charpente de chacune.

196. Pour passer les articles ci-dessus, il faut nécessaire-

ment donner un prix au bois : et comme ce compte ne doit présenter ni gain, ni perte au maître de forges, on estime les bois au prix auquel on évalue qu'ils doivent revenir ; nous appelons ce prix le *prix coûtant présumé*. De cette manière, lorsque la coupe sera faite, le compte doit se trouver à peu près soldé, si l'évaluation a été approximative.

En effet, le débit comprenant tous les frais, et le crédit tous les produits ; si ces derniers ont été estimés exactement au prix coûtant, il est clair que, l'opération achevée, le montant des produits doit égaler le montant des dépenses faites pour les obtenir.

Mais comme il est impossible que cette évaluation soit précisément exacte, il y aura toujours à ce compte une différence qu'on fera disparaître par un article extrêmement simple, qu'on passera une fois par an et sur lequel on trouvera des développements dans ce qui va suivre (218).

Du prix coûtant présumé.

197. Comme dans beaucoup de comptes suivants on fera également usage de prix coûtants présumés, il est utile de dire ici qu'il importe peu, pour les résultats définitifs, que ces prix approchent ou non du prix coûtant réel, puisqu'on les rectifie par un article, qui rend, comme on le verra dans la suite, aux écritures premières, l'exactitude mathématique qu'elles doivent avoir.

D'un autre côté, si l'on éprouvait quelque embarras à mettre un prix approximatif, ce ne pourrait être que la première année ; car, à la seconde, les calculs faits précédemment serviraient de terme de comparaison, en ayant égard toutefois aux circonstances particulières, qui doivent influer sur les prix de l'année.

Cette méthode des *prix coûtants présumés*, qui sont ensuite rectifiés à la fin de l'année, est avantageuse en ce qu'elle impose au fabricant l'obligation salutaire de reconnaître et de vérifier à combien lui reviennent *exactement* ses matières premières (*a*).

Du compte de bois.

198. Dans le cas où l'on ne voudrait pas ouvrir un compte sur le Grand-Livre à chaque coupe de bois, on tiendrait un compte de *bois* qui serait général pour toutes les coupes : et dans ce cas, on aurait un livre auxiliaire où l'on ouvrirait un compte séparé à chaque coupe. Le compte de bois sera débité et crédité absolument des mêmes articles mentionnés dans le chapitre précédent.

Ce compte ne devant présenter, comme celui de coupe de bois, ni bénéfice ni perte, on estime le bois au *prix coûtant présumé*. Ainsi le compte sera à peu près soldé lorsque tout le bois sera consommé, si on a évalué les bois fournis aux différentes usines assez approximativement. Dans tous les cas, on fera disparaître la différence comme pour le compte de coupe de bois.

Du compte de charbon.

199. Ce compte doit être tenu sur le même principe que le précédent.

Du compte de bois et de charbon.

200. Ce compte n'est créé que pour remplacer et réunir les deux comptes précédents de bois et de charbon : on l'ouvrira de préférence lorsqu'on croira indifférent de savoir en particulier le prix coûtant du bois et celui du charbon ; c'est ce qui arrivera surtout dans les usines où tout le bois doit être transformé en charbon.

Il sera tenu et balancé comme les précédents.

(*a*) Cette marche du prix coûtant présumé est précieuse et applicable dans beaucoup d'industries, en fabrique, en agriculture, etc.

Du compte de charbon de terre et de castine.

201. Il faut débiter ce compte de toutes les dépenses et le créditer des quantités fournies aux usines.

Du compte de mine.

202. On débite ce compte : 1° De l'achat du terrain d'où l'on veut extraire la mine ou minerai, ou de la rétribution qu'on paye, soit au gouvernement, soit à un particulier, pour le terrain qu'il concède à l'extraction ; — 2° De tous les frais d'extraction, tels que triage, lavage, grillage, etc. ; — Du transport de la mine aux différentes usines.

203. On le crédite pour solde et par appoint, par le débit de fourneau, des quantités de mine obtenues et transportées au fourneau pour y être mises en fusion.

Du compte de haut-fourneau.

204. Ce compte doit être débité : 1° Du minerai, — 2° Du charbon, dès que ces deux matières sont transportées dans les halles de cette usine ; — 3° De la castine et autres fondants pour faciliter la fusion ; — 4° Des bois de construction ; — 5° De la paye du maître fondeur et autres ouvriers employés au fourneau ; — 6° Des frais de transport de la fonte au magasin où elle doit être déposée ; — 7° Enfin des réparations du fourneau, des machines soufflantes qui entretiennent la combustion ;

En un mot, de toutes les dépenses spéciales au fourneau.

Il doit être crédité : 1° Par le débit de forges, de la fonte en gueuse envoyée aux forges ; — 2° Par le débit de fers divers, des fontes marchandes envoyées au magasin pour y être vendues.

205. Car le compte de fers divers est créé pour recevoir les produits de toutes les usines ; aussi c'est à son crédit qu'on portera les ventes ou expéditions faites à l'extérieur. au lieu d'en créditer directement les différentes usines.

Ce compte est donc seul destiné à déterminer les bénéfices de l'établissement.

Le compte de fourneau ne devant présenter ni gain, ni perte, on évalue la fonte au prix coûtant présumé : de manière que, s'il présente une différence lorsqu'il s'agit de le solder, on la fait disparaître comme dans les comptes précédents.

Ce compte devra être soldé tous les ans, et chaque fois qu'on sera obligé de *mettre hors*, de la manière indiquée plus tard à l'article de la balance (218).

Par ce compte on saura exactement à combien ressort la fonte, en divisant le montant du débit, qui est le prix coûtant de tout le fondage, depuis la mise en feu jusqu'à la mise hors, par la quantité connue de fonte obtenue par les différentes coulées de ce fourneau : il est clair que le quotient de la division donnera le prix coûtant exact du millier de fonte.

Du compte de forges.

206. Ce compte doit être débité :

1° De la fonte en gueuse, fournie par le fourneau; — 2° Du charbon; — 3° De l'entretien des outils et machines de la forge; — 4° De la paye des commis, serruriers marteleurs et ouvriers;

En général, de tous les frais spéciaux à la forge.

Il doit être crédité :

Par le débit de fers divers, de tous les fers marchands envoyés au magasin pour être vendus ou expédiés;

Par le débit de fonderie, de ceux destinés à être fondus ou laminés; enfin, par le débit de chaque usine, pour les fers envoyés aux autres usines de l'établissement, telles que laminerie, tôlerie, platinerie, tréfilerie, ferblanterie.

Ce compte ne devant présenter ni bénéfice ni perte, il faut évaluer les fers au *prix coûtant présumé*, et le solder de la même manière que les précédents.

On peut savoir, à ce compte, à combien revient le millier de fer, en divisant le montant du débit par la quantité de fer obtenue.

Ce qui est dit de ce compte peut s'appliquer aux petites comme aux grosses forges.

Du compte de platinerie, fenderie, tôlerie, ferblanterie, tréfilerie.

207. Ces comptes doivent être tenus de la même manière et sur les mêmes principes que les précédents : il serait inutile de répéter à chacun ce que nous avons déjà dit. Les exemples qu'on vient de voir mettront à même d'établir et de tenir ces divers comptes de platinerie, fenderie, tôlerie, ferblanterie, etc.

Il suffit qu'on sache qu'en général il faut débiter le compte qu'on ouvre à une usine de toutes les dépenses qu'elle occasionne et la créditer de tous les produits.

Du compte de fers divers.

208. Ce compte représente le magasin où l'on suppose que toutes les usines envoient leurs produits pour en être expédiés ou y être vendus.

On a dû remarquer que les comptes de fourneau, forges, fenderie, etc., venaient y verser, comme dans un dépôt général, tous leurs produits évalués au prix coûtant, et qu'aucun de ces comptes ne présentait de bénéfice; c'est celui de fers divers qui est seul destiné à les faire connaître.

Ce compte doit être débité :

1° Des fontes marchandes, fournies par le fourneau; — 2° Des fers marchands, fournis par les forges; — 3° Des fers fendus ou laminés, fournis par la fonderie; — 4° Et des produits des autres usines : le tout évalué, comme nous l'avons dit, au prix coûtant présumé de fabrication; — 5° Des soldes provenant de différences que produisent les prix coûtants présumés : il faut avoir vu l'article sur la balance pour concevoir ce paragraphe (218).

Il doit être crédité :

De toutes les ventes ou expéditions à l'extérieur, en débitant, par contre, le compte des correspondants à qui l'on expédie ; les fers doivent être alors seulement estimés au prix de vente.

209. Le débit de ce compte présente le prix coûtant de tous les fers fabriqués dans l'usine, et le crédit le montant de ces mêmes fers au prix de vente : donc l'excès du crédit sur le débit nous donne évidemment les bénéfices. On doit se rappeler que lorsqu'il reste encore de ces fers en magasin, ce n'est pas une difficulté de déterminer les bénéfices faits sur ceux déjà vendus (266).

Ainsi, dans ce système, ce compte de fers divers ou de magasin est le seul qui présente des bénéfices.

Du compte d'ouvriers.

210. Dans les forges on est obligé d'avoir un compte avec certains ouvriers à qui l'on fait des avances dans tout le courant de l'année, quoiqu'on ne règle avec eux que tous les mois ou tous les ans ; il en résulte que ces petites avances, qui ne sont nullement affectées à telle ou telle usine, ne peuvent être portées directement au débit des comptes ouverts à ces usines : cependant il faut en passer écriture en partie double ; comme il serait beaucoup trop long d'ouvrir un compte à chaque ouvrier sur le Grand-Livre, on en établit un seul pour tous (188).

Il faut le débiter par le crédit de caisse de toutes les avances faites aux ouvriers et des payements pour solde.

Il doit être crédité tous les mois ou tous les ans, lorsqu'on règle avec eux de ce qui leur est dû, en débitant mine, bois, charbon, forges, fourneaux, en un mot, les comptes pour lesquels ils ont travaillé, chacun de la portion qui est à sa charge.

Comme il est indispensable d'avoir un compte particulier pour chaque ouvrier, on tiendra un livre auxiliaire où chacun aura son compte établi par débit et par crédit (voir Comptabilité spéciale des forges et des usines à fer).

Le compte d'ouvriers au grand livre ne sera donc que le résumé du livre auxiliaire d'ouvriers, où seront rejetés tous les détails : il servira de contrôle à ce livre auxiliaire ; car son débit devra être égal au montant du débit de tous les comptes d'ouvriers, et son crédit au montant de tous leurs crédits.

Du compte d'usines.

211. Ce compte doit être débité de la valeur des terrains, bâtiments, machines et ustensiles des usines, dont nous n'avons porté aux divers comptes que l'entretien seulement ; en un mot, on le débite de la valeur du matériel de l'établissement.

Ce compte, qui représente la valeur du fonds de l'usine, reste toujours dans le même état, à moins que des accidents ne viennent en diminuer la valeur ; alors on débite Pertes et Profits, ou plutôt capital, des dégâts produits par les événements imprévus, et en créditant usines, dont l'appréciation se trouve ainsi ramenée à sa juste valeur.

Si l'on fait bâtir, il faut porter au débit de ce compte les frais de la bâtisse. Quelquefois on le crédite chaque année, par le débit de pertes et profits, d'un vingtième, plus ou moins, de sa valeur, pour dépréciation annuelle du matériel.

Du compte de voitures et chevaux.

212. Ce compte doit être débité de l'achat des voitures, des chevaux, des frais de nourriture, d'entretien, etc.

213. Il doit être crédité des transports effectués par ces voitures, en débitant les comptes pour lesquels elles ont transporté, au prix qu'on payerait aux voituriers étrangers.

Des comptes de frais généraux, de dépenses de maison, de pertes et profits, de caisse, effets à recevoir, effets ou obligations à payer, de capital.

214. Pour tous ces comptes généraux, communs à toutes les comptabilités, il faut revoir le paragraphe où il est traité de chacun d'eux, dans la tenue des livres générale.

Abréviations et développements.

Pour les abréviations et développements relatifs à la comptabilité des usines à fer, il faut consulter *la Tenue des livres des maîtres de forges et des usines à fer* (*a*).

DES LIVRES AUXILIAIRES.

215. Outre le *Journal* et le *Grand-Livre*, qui sont les deux registres spécialement destinés aux écritures de la double méthode, il est indispensable de tenir des livres auxiliaires, pour y consigner certains détails, qu'il serait trop long ou trop minutieux d'écrire sur les livres en double partie.

Ce genre de livres varie à l'infini, selon le caprice du chef de maison ; nous croyons inutile de parler de certains d'entre eux, tels que le *livre des coulées* et autres qui sont très-connus.

Nous nous occuperons seulement des livres auxiliaires les plus importants, relatifs aux premières écritures et propres à les abréger.

Du livre d'ouvriers.

216. Nous avons vu au compte d'ouvriers en partie double (210) qu'il fallait en outre ouvrir, sur un livre auxiliaire, un compte particulier à chaque ouvrier, par doit et avoir, pour y débiter chaque ouvrier des avances qu'on lui fait et le créditer des sommes qui lui sont dues, aux époques où l'on règle avec lui.

(*a*) Se vend chez Langlois et Leclercq, libraires, rue de la Harpe, 81.

Quand les ouvriers travaillent pour plusieurs usines, il faut les créditer d'une manière distincte de ce qui leur est dû par chaque usine, pour faciliter dès-lors les écritures en partie double.

Il serait bien que chaque ouvrier eût un livret, dont il serait porteur, sur lequel on copierait son compte, établi sur le livre d'ouvriers, chaque fois qu'on réglerait avec lui.

Des livres de caisse, d'entrée et sortie des effets à recevoir et à payer, des achats et ventes, du Mémorial.

Voilà beaucoup de livres auxiliaires qui sont en usage chez le négociant ou le banquier, et que nous remplacerons, pour le maître de forges, par un seul livre qui les réunira tous, et que nous appellerons *Mémorial général;* en voici la description.

Du Mémorial général.

217. Ce livre est divisé en deux parties bien distinctes : l'entrée qui est établie sur la page gauche, et la sortie sur la page droite.

C'est le Journal-Mémorial déjà expliqué (170), dont on peut supprimer les colonnes *Comptes courants;* voy. modèle *tableau* n° **1**, à la fin de ce volume.

Ces deux pages en regard sont réglées d'une manière toute semblable : 1° une colonne des dates; 2° un large espace pour les explications, et à la suite, deux colonnes : la première ayant pour titre *Mémorial,* et la seconde *Caisse.*

Tout l'argent reçu, quel qu'en soit le motif, sera écrit à l'*entrée,* en sortant les sommes dans la colonne *caisse.*

Au contraire, tout l'argent qu'on payera, à quelque titre que ce soit, on l'écrira à la *sortie,* et l'on placera les sommes dans la colonne *caisse.*

Ainsi le Mémorial général, au moyen de cette colonne de *caisse,* servira de livre de caisse.

Tous les effets à recevoir ou à payer qui entreront d'une

manière quelconque, seront inscrits à l'*entrée*, et les sommes dans la colonne *mémorial*.

Tous les effets à recevoir ou à payer, qui sortiront, on les écrira à la *sortie*, et les sommes dans la colonne *mémorial*.

On y notera également à l'entrée tous les achats que l'on fera à terme, et les ventes à la sortie, si l'on ne fait que des ventes en gros peu fréquentes, et qui exigent peu de détail.

Dans le cas contraire, on aurait un autre livre appelé indifféremment *livre de ventes* ou *de factures*. Enfin on écrira tous les articles quelconques, par entrée et sortie, sur ce Mémorial général, en plaçant les sommes pour celles d'argent dans la colonne de *caisse*, et pour toutes les autres dans la colonne *mémorial*.

Si l'on a beaucoup de correspondants, on peut tenir leurs comptes sur un livre auxiliaire de *comptes courants*, et alors on conserve les colonnes *comptes courants* au Journal-Mémorial, ainsi qu'il est expliqué (169 et 170).

Ainsi le Mémorial général comprend l'ensemble des affaires du maître de forges ; c'est donc d'après ce seul registre que le teneur de livres passera les écritures en partie double sur le Journal, et après sur le Grand-Livre, où toutes ces notes, confondues dans le Mémorial général et le Journal, iront se classer avec ordre et clarté.

Pour les exemples d'opérations d'une usine, il faut consulter l'ouvrage spécial intitulé la *Tenue des livres des maîtres de forges et des usines à fer*, où se trouvent tous les détails et les développements possibles.

Il faut voir aussi à la fin de ce volume, tableau n° 1, le modèle du Journal-Mémorial appliqué à la comptabilité des usines à fer, et expliqué dans l'ouvrage spécial déjà cité.

Manière de solder tous les comptes et de faire la balance définitive.

Avant tout, il faut faire l'inventaire général indiqué précédemment pour commencer les livres (167) ; régler les comptes de tous les ouvriers; débiter chacun des comptes pour lesquels ils ont travaillé, des sommes que ces comptes leur doivent, en créditant le compte d'ouvriers;

Et solder tous les comptes qui sont des subdivisions de Pertes et Profits, tels que frais généraux, dépenses de ménage, etc.

218. On peut aussi regarder comme une préparation de la balance la vérification des *prix coûtants présumés,* donnés dans le cours de l'année aux bois, charbon, mine, fonte, fers, etc., puisqu'il serait convenable de faire cette vérification avant de commencer à balancer ces comptes; voici comment s'opère cette vérification.

L'inventaire étant dressé, on a estimé exactement la valeur des bois, des charbons, de la mine, de la fonte et du fer qui existaient au moment de l'inventaire; or, ces données fournissent le moyen de vérifier si les évaluations adoptées de ces produits ou matières sont assez approximatives.

En effet, en ajoutant au crédit de chacun de ces comptes la valeur de ce qui reste des matières qui les concernent, ce compte devrait être à très-peu près soldé.

Si la différence est petite, on la confond dans l'évaluation de ce qui reste, pour éviter des écritures qui influeraient très-faiblement sur les résultats.

Mais, si la différence est grande, ce qui indique qu'on s'est beaucoup écarté, dans l'appréciation des *prix présumés,* du véritable prix coûtant, il faut la répartir entre les diverses usines avec lesquelles le compte a été en rapport.

Ainsi, après avoir passé ces articles de rectification, ou, en d'autres termes, après avoir fait ces préparations, lorsqu'il s'agira de solder ces comptes, il est clair qu'ils le seront par appoint, en ajoutant au crédit, par le débit de balance, la valeur de ce qui reste.

Il est essentiel d'éclaircir ceci par un exemple, puisque cette manière de solder ou de préparer le compte est commune à la plupart des comptes suivants.

Supposons que le débit de bois s'élève à 35000 fr., le crédit à 24000 fr.;

Et que l'estimation faite de ce qui reste de bois sur pied ou coupé dans le bois, non fourni aux usines, s'élève, calculs faits, à 17400 fr.; ajoutons ces 17400 fr. aux 24000 de bois fournis aux usines, nous obtenons 41400 fr. au crédit. Le compte est loin d'être soldé comme il devrait l'être. Il présente, au contraire, une différence en plus au crédit de 6400; ce qui veut dire que, dans les écritures précédentes, on a évalué trop cher les bois fournis aux usines, en portant le *prix coûtant présumé* à 5 fr. la corde. Alors, nous devons rectifier cette mauvaise évaluation en répartissant la différence 6400 entre les deux comptes de charbon et de fenderie, auxquels les bois ont fourni du bois; et comme le charbon emploie six fois plus de bois (nous le supposons) que la fenderie, la différence sera répartie dans cette proportion, et l'article sera passé ainsi qu'il suit :

BOIS A DIVERS, fr. 6400, *pour différence provenant de l'évaluation trop élevée des bois à 5 fr. la corde,* ou encore *pour rectifier la trop grande élévation du prix coûtant présumé du bois à 5 fr. la corde.*

A CHARBON, fr. 5333.34, *pour autant dont le charbon a été débité de trop par suite de cette inexacte évaluation.* 5333.34

A FENDERIE, fr. 1066.66, *pour autant dont le compte de fenderie a été débité de trop. . . . . . .* 1066.66

6400.00

Cet article étant rapporté au Grand-Livre, le compte de bois sera soldé, par appoint, en portant au crédit, par le débit de balance, la valeur des bois existants, 17400 fr.

Mais si la différence était petite, nous avons dit qu'il fallait la confondre dans l'évaluation de ce qui reste; en effet, si, par exemple, la différence au compte de bois, après y avoir ajouté les 17400 de bois qui restent, n'était que de 302, au lieu de passer un article pour cette faible différence, on élèverait l'évaluation des bois qui restent à 17702, ce qui n'aurait aucun inconvénient.

Manière de solder le compte des bois et charbon, de haut-fourneau, de forges, d'ouvriers, de fers divers, de platinerie, fenderie, tôlerie et d'usines, de voitures et chevaux, et de tous les comptes précédents.

Voir la Tenue des livres des maîtres de forges et des usines (ouvr. déjà cité).

Manière de solder le compte de haut-fourneau.

Ce compte est débité en général de tout ce que coûte cette usine, et crédité de ses produits, évalués au prix coûtant, à mesure qu'ils en sortent; donc, s'ils étaient tous sortis et s'ils avaient été exactement évalués au prix coûtant, le compte serait soldé par appoint.

Mais comme le fourneau à l'époque de la balance est souvent en travail, on ajoute au crédit, par le débit de balance de sortie, la valeur prix coûtant de tout ce qui existe dans cette usine au moment de la balance. Le compte doit être à peu près soldé par cette opération, si les prix coûtants présumés ont été approximatifs.

On passe écriture de la différence, comme nous l'avons indiqué précédemment (218), en la répartissant au compte de forges et de fers divers.

Toutes les fois qu'on est obligé de mettre hors, ce compte doit être soldé : on porte à son crédit la valeur de la fonte et des matières qui existent en ce moment, en débitant les comptes des usines auxquelles on les transporte. La différence qu'il pourrait y avoir est passée en la répartissant à forges et à fers divers.

Manière de solder le compte de forges.

Mêmes raisonnements pour ce compte et même manière de le solder.

Manière de solder les comptes de platinerie, fenderie, tôlerie, etc.

Ces comptes, qui ont une analogie parfaite avec les précédents, se soldent de la même manière, et nous pensons inutile de la répéter à chacun d'eux.

Manière de solder le compte de fers divers.

Le débit du compte de fers divers est l'entrée des fers évalués au prix coûtant et fournis par les usines au prix exact de fabrication; le crédit se compose des ventes faites de ces fers évalués au prix de vente.

On porte au crédit par le débit de balance de sortie, la valeur, au prix coûtant, des fers en magasin; et après avoir additionné cette nouvelle somme avec le montant du crédit, on solde le compte par Pertes et Profits. Ce solde présente le gain sur les fers.

Manière de solder le compte d'ouvriers.

219. Nous avons dit qu'on portait au débit de ce compte toutes les avances faites aux ouvriers, au crédit ce qui leur était dû pour main-d'œuvre, toutes les fois qu'on réglait avec eux; il est indispensable à l'époque de la balance de régler avec tous les ouvriers et de créditer ce compte de ce dernier réglement. Ainsi le débit présente ce qui leur a été payé, et le crédit ce qui leur est dû.

Ensuite on balance, sur le livre auxiliaire d'ouvriers, chaque compte qui y est ouvert; on tient note des soldes des débiteurs d'un côté, des soldes des créanciers de l'autre.

On débite le compte d'ouvriers, envers balance de sortie, du montant des soldes créanciers; on crédite ce même compte, par le débit de balance de sortie, du montant des soldes débiteurs, et le compte doit être soldé par appoint.

Si tous les soldes du livre auxiliaire d'ouvriers sont ou débiteurs ou créanciers, la différence du compte est passée par balance de sortie, et elle indique de combien on est en avance on en retenue avec les ouvriers; mais il faut toujours que la différence qui existe au compte d'ouvriers au Grand-Livre soit égale au montant des soldes du livre auxiliaire d'ouvriers.

CONCLUSION.

Les comptes étant ainsi soldés l'un apès l'autre, on obtiendra les quatre articles, deux de Pertes et Profits, deux de Balance de sortie, qui, rapportés au Grand-Livre, y solderont tous les comptes, et présenteront les résultats importants qu'on a pour but dans toute comptabilité, déjà exposés paragraphe 284.

Ce système de comptabilité, qu'on vient d'appliquer spécialement aux usines à fer, peut l'être à beaucoup d'autres usines, fabriques ou manufactures quelconques; les noms sont seulement à changer pour divers comptes, mais les principes généraux et le jeu de ces comptes entre eux sont absolument les mêmes. D'ailleurs quelques comptes sont communs à toutes les industries, tels que celui d'ouvriers, avec un livre auxiliaire, celui de voitures et chevaux, etc.

Nous recommandons surtout la méthode du *prix coûtant présumé,* innovation précieuse qui force le producteur à se rendre un compte fidèle du *prix de revient* de ses produits; ce qui n'a presque jamais lieu. Nous recommandons aussi l'emploi des livres auxiliaires le *Journal-Mémorial* et le *Livre des comptes courants,* où l'on rapporte d'après les colonnes intérieures pratiquées au Journal-Mémorial pour servir de contrôle.

Cette innovation abrège excessivement les écritures en

partie double et les réduit à fort peu de choses, ce qui est un immense avantage pour les industries ayant beaucoup de correspondants et besoin d'économiser sur le temps ou les frais de commis. En un mot, dans cette application aux forges, il y a beaucoup à puiser pour l'organisation d'une comptabilité applicable à toutes autres fabrications très-dissemblables en apparence, mais qui ont en comptabilité d'évidentes analogies.

Appliquons maintenant les mêmes principes généraux à une industrie bien différente, aux compagnies anonymes d'assurances par actions, et ensuite à l'industrie agricole.

SYSTÈME DE COMPTABILITÉ

DES COMPAGNIES PAR ACTIONS.

---

220. Supposons une société par actions dont le capital serait de *six millions*, formés par 1000 actions nominatives de 6000 fr. chacune.

Supposons que les actionnaires souscrivent l'obligation de verser, s'il y a lieu, jusqu'à la concurrence du montant de leur action, mais qu'ils ne sont tenus de fournir, à titre de garantie, qu'une inscription de 45 fr. de rente 5 pour 0/0 sur l'État, ou l'équivalent en actions de la Banque ou autres valeurs.

Des comptes de capital social, d'actions et d'actionnaires.

Le fonds social devant être formé par les actions, il faut, dès le principe, créditer le compte de *capital social* de six millions, en débitant un compte qu'on ouvre à *actions*, quoiqu'elles ne soient pas encore placées, ni le capital versé.

Le capital se trouve ainsi figurer sur les livres pour la somme nominale indiquée dans les statuts, bien qu'il ne doive être jamais effectivement versé.

A mesure que les actions sont souscrites par les actionnaires, on débite successivement le compte collectif d'*actionnaires* par le crédit d'*actions* du montant de celles qu'on est parvenu à négocier.

Ainsi, le compte d'*actions* présente la situation du placement successif des actions, ce qu'il y en a de négocié, et ce qu'il en reste encore dans le portefeuille.

Lorsque les actions sont entièrement placées, ce compte se trouve balancé et devient inutile.

Le compte d'*actionnaires* représente l'ensemble des actionnaires à qui l'on n'ouvre pas des comptes particuliers sur le Grand-Livre ; il doit être crédité des versements qu'ils font, par le débit du compte de *fonds de garantie* ou *de valeurs en garantie.*

De cette manière, on voit au débit du compte de fonds de garantie quelle est l'importance des valeurs fournies en garantie par les actionnaires ; et, lorsqu'il est complété, il ne varie plus.

Le compte d'*actionnaires,* lorsque toutes les actions sont placées, présente au débit le chiffre de *six millions,* montant des actions émises, et au crédit le montant des valeurs qu'ils ont données pour garantie, ou, dans certains cas, les versements qu'ils ont effectués. Il en résulte que le solde du compte d'actionnaires détermine la somme que les actionnaires se trouvent encore obligés de verser, en cas de besoin, dans la caisse de la compagnie.

De cette manière, on crédite le *capital* de la *somme nominale* indiquée dans les statuts ; c'est parce que les actionnaires se sont obligés à verser, en cas de besoin, jusqu'à la concurrence du montant nominal de leurs actions : il résulte de cette obligation qu'ils sont éventuellement débiteurs envers la société. Il faut donc les débiter, et créditer le capital de la somme pour laquelle il figure dans les statuts ; autrement ce chiffre, sans aucune réalité, deviendrait un charlatanisme blâmable.

Telles sont les premières écritures à passer pour une compagnie qui se fonde et qui n'a pas encore négocié toutes ses actions ; mais si elles étaient déjà souscrites et que les versements fussent prêts à s'effectuer, le compte d'*actions,* destiné à présenter les progrès de leur négociation, deviendrait inutile, et l'on pourrait créditer le capital directement : 1° par le débit de *fonds de garantie*, pour la portion de ce capital effectivement versé en valeurs ; 2° par celui d'*actionnaires* pour l'autre portion non versée, pour laquelle ils restent encore obligés.

Dans les compagnies où les statuts obligent les actionnaires à verser le capital intégralement et en espèces, il n'y a pas de compte de fonds de garantie, et c'est la caisse qui est débitée de l'argent qu'on y verse.

Le compte d'actionnaires se trouve tôt ou tard soldé, lorsque leur versement est accompli.

Les comptes d'actions et d'actionnaires ne reparaissent plus, n'étant utiles et n'ayant été créés que pour présenter le placement successif des actions dans l'origine de la société.

Du livre auxiliaire des transferts.

Quand, dans la suite, les actionnaires primitifs vendent à d'autres leurs actions, ces ventes, auxquelles la compagnie est étrangère, ne causant aucun mouvement de fonds, ne donnent par conséquent lieu à aucune écriture sur les livres en partie double; mais on inscrit seulement sur un *livre* auxiliaire *des transferts* le nouvel acquéreur d'actions à la place de l'ancien titulaire.

Ce livre auxiliaire des transferts est tenu pour les quantités, par entrée et sortie. Chaque actionnaire y a son compte ouvert séparé, portant ses nom, prénoms, qualités et demeure, la note des valeurs fournies en garantie; enfin la quantité d'actions qu'il possède est inscrite à l'entrée.

Quand il transfère à quelqu'un tout ou partie de ses actions, on porte à la sortie de son compte la quantité d'actions cédées, qui est au même instant portée à l'entrée du compte qu'il faut ouvrir au nouvel actionnaire.

Ce livre, qu'on peut appeler *livre des transferts, des actions* ou *des actionnaires,* présente, par le relevé des divers comptes qu'il renferme, l'état nominatif des actionnaires actuels de la compagnie, et la quantité précise d'actions que chacun possède en particulier, dont l'ensemble doit nécessairement concorder avec la quantité générale des actions émises par la société; enfin on peut y noter, au compte de chaque actionnaire, les valeurs qu'il a fournies en garantie, ou les versements effectués par à-compte.

Ce livre auxiliaire concorde avec le compte général d'*actionnaires,* et fournit méthodiquement et par compte les détails résumés et confondus dans un seul compte ouvert au Grand-Livre.

Du compte d'agents ou d'agences.

Les compagnies ont, dans beaucoup de villes de France et même à l'étranger, des agents qui ont pouvoir de signer les polices d'assurances, de toucher des fonds qu'ils transmettent ensuite à la compagnie; enfin, il leur est alloué certaines commissions.

Il en résulte la nécessité d'avoir un compte particulier pour chaque agent. On abrége considérablement les écritures en partie double auxquelles donnerait lieu cette multitude de comptes, en ouvrant un seul compte général au Grand-Livre pour tous les agents sous le nom d'*agents* ou d'*agences* (*a*).

Mais les détails indispensables de leurs comptes courants sont inscrits sur un livre auxiliaire appelé *comptes courants des agents,* où chacun a son compte ouvert en particulier.

Ces agents envoient à la compagnie, tous les quinze jours, l'état des opérations qu'ils ont faites, le compte des recettes qu'ils ont opérées et des commissions qui leur reviennent. Ces états sont divisés par colonnes, afin de totaliser les articles de même nature et de n'avoir à passer écriture que du montant. Ainsi, il y a une colonne pour y placer les capitaux assurés, une pour le taux de la prime, une troisième pour la prime de la première année effectivement reçue, une autre pour les primes à recevoir dans la suite, etc., etc. Enfin l'agent, dans son compte, se crédite des commissions qui lui reviennent, des remises qu'il fait ou des mandats

(*a*) On le subdivise quelquefois en *agences de Paris*, *de province* et *à l'étranger*.

tirés sur lui, ou du solde de son compte qu'il doit envoyer tous les mois, autant qu'il est possible. Il se débite des recettes opérées.

Dans certaines compagnies, on se contente de numéroter avec soin et de classer par ordre ces comptes, ces états et les polices d'assurances; dans d'autres, on les enregistre, en outre, sur des livres auxiliaires, à mesure que ces documents parviennent à l'administration, après en avoir fait une vérification attentive.

Enfin les commis chargés de tenir les *comptes courants* des agents rapportent au compte ouvert à chacun d'eux les articles dont ils doivent être débités et ceux dont il faut les créditer, d'après les livres auxiliaires ou les états originaux dont nous venons de parler.

Quant au teneur de livres, il passe également, d'après ces états ou livres auxiliaires, écriture, mais chaque mois seulement, du résumé et des totaux généraux de toutes ces recettes, dépenses et opérations qui reviennent constamment de la même manière et sous la même forme.

Il évite ainsi de répéter sur le Journal des détails innombrables et insignifiants qui existent d'ailleurs déjà sur les livres auxiliaires et dans les états originaux numérotés et classés avec le plus grand soin.

Il a bien fallu céder ici à la nécessité d'abréviations et s'écarter des prescriptions du Code, qui voudrait qu'on écrivît jour par jour toutes les opérations sur le Journal. Voici comment le teneur de livres passe ses écritures en partie double:

Des comptes de primes à recevoir et d'assurances.

Pour les *assurances souscrites,* le teneur de livres débite un compte qu'il ouvre à *primes à recevoir,* du montant de toutes les primes que les assurances souscrites donnent droit à recevoir pendant toute la durée de la police, qui se prolonge souvent jusqu'à dix années, et il crédite, par contre, un compte qu'il ouvre sous le nom d'*assurances.*

Ce sont là deux comptes spéciaux aux compagnies d'assurances ; ils sont destinés à déterminer les recettes et les bénéfices de ce genre d'opérations.

Le compte de *primes à recevoir* est divisé en autant de colonnes qu'il y a d'années à courir dans la police, et l'on y classe les primes selon leur année d'échéance.

Quant aux comptes d'*assurances,* il faut en ouvrir autant qu'il y a d'années différentes ; ainsi, communément, il y a dix comptes d'assurances ; chacun contient une colonne intérieure où l'on place les capitaux assurés à côté du montant des primes qu'ils produisent.

Ainsi, à chacun des comptes d'*assurances,* on voit séparément et par année la masse des risques à courir pendant cette année, et le montant des primes correspondantes à recevoir dans la même année.

Pour les *primes reçues par les agents,* le teneur de livres débite le compte général d'*agents* du total des encaissements opérés par eux ; et l'on crédite, par contre, le compte de *primes à recevoir :* colonne de l'année courante.

Ainsi le compte de primes à recevoir de l'année courante doit se trouver soldé à la fin de l'année, lorsque toutes les primes sont encaissées ; car il est tenu d'après les mêmes principes que le compte d'*Effets à recevoir*.

Pour les *remises de valeurs ou de fonds* faites par les agents, on débite les comptes de *Caisse* ou d'*Effets à recevoir* par le crédit du compte général d'*agents.*

Enfin, pour les *commissions qui reviennent aux agents,* on débite un compte ouvert à *commissions,* et on crédite, par contre, le compte général d'*agents.*

Ainsi le compte général d'*agents* au Grand-Livre sert à présenter la situation de la compagnie avec tous les agents en général, et détermine par son solde de quelle somme elle se trouve en avance avec eux.

Ce compte doit correspondre parfaitement, par son solde,

avec le relevé des soldes particuliers du livre des comptes courants des agents, et sert ainsi à le contrôler.

On comprend que ce livre auxiliaire et le compte général d'agents au Grand-Livre doivent parfaitement concorder, puisque le commis chargé de tenir le livre auxiliaire des comptes courants et le teneur de livres puisent chacun aux mêmes sources, et prennent les chiffres de leurs écritures d'après les mêmes états ou les mêmes livres auxiliaires, le premier avec détails et jour par jour, autant que possible, le second par totaux et chaque mois seulement.

Des comptes de commission et d'avances de commission.

On escompte souvent les commissions à payer annuellement aux agents sur les polices d'assurances qu'ils obtiennent pour plusieurs années.

Il ne serait pas juste de porter en entier au compte de *commissions* de l'année courante cette dépense, qui doit être répartie entre diverses années. Il en résulte la nécessité d'ouvrir un compte sous le nom d'*avances de commissions* ou de *commissions escomptées*.

Lorsqu'on passe écriture des commissions escomptées on débite le compte de *commissions* de la portion à la charge de l'année courante, et le reste est porté au débit de ce compte d'*avances de commissions,* qui peut être divisé en autant de colonnes intérieures qu'il y a d'années différentes. où l'on porte dans chacune la portion de commission qui la concerne.

Chaque année on crédite le compte d'avances de commissions de la part des avances faites à la charge de l'année courante, par le débit du compte de *commissions* de cette année.

On solde ce compte par balance de sortie.

Du compte de sinistres.

Lorsque la compagnie paye un sinistre on débite un compte

que l'on ouvre à *sinistres,* dont la destination est de présenter à son débit le montant de tous les sinistres éprouvés dans l'année par la compagnie.

Il est nécessaire, à la fin de l'année, de débiter ce compte du montant de tous les sinistres connus, réglés ou à régler, *qui restent à payer,* appréciés approximativement, dont on crédite le compte de *balance de sortie.*

Cet article complète au débit tous les *sinistres* à la charge de l'année qui se termine, et fait figurer dans le passif du compte-rendu, comme payements à effectuer dans un délai rapproché, tous les sinistres qui ne sont pas encore acquittés. Ce chiffre reparaît par balance d'entrée au crédit du compte *sinistres* ouvert pour l'année suivante; de manière qu'en débitant le compte de *sinistres* au moment où on les paye, cela ne change en rien l'exactitude du chiffre des sinistres de l'année qui commence.

On solde le compte de sinistres par celui de Pertes et Profits.

Du compte de polices et plaques.

La compagnie faisant payer à l'assuré la police et la plaque sur lesquelles elle fait un gain, on ouvre un compte à *polices et plaques* qu'on débite de tous les débours faits pour les confectionner, et qu'on crédite du produit qu'elles donnent.

On solde le compte par Pertes et Profits après avoir porté au crédit la valeur au prix coûtant des matières premières, ou des polices et plaques restant en magasin au moment de la balance.

Du compte de reports ou fonds placés.

Pour ne pas laisser improductifs une partie des fonds provenant des primes on fait quelquefois des placements en reports, ce qui donne lieu à un compte spécial de *reports* qui produit des bénéfices et doit être, par conséquent, soldé par Pertes et Profits.

Des comptes des frais et des dépenses.

On ouvre un compte à *frais généraux,* qui comprennent les dépenses de premier établissement, les traitements ou appointements, les frais de voyage et inspections, les loyers et impositions, les impressions et les publications, les jetons de présence, les ports de lettres et paquets, les frais de bureaux et frais divers imprévus, la moins-value annuelle sur le mobilier.

On peut ouvrir un compte séparé à quelques-unes de ces dépenses, si l'on juge qu'il y ait utilité à le faire.

Des comptes de caisse, d'effets à recevoir, de Banque de France, mobilier, immeubles et autres.

Ces comptes, communs à toutes les comptabilités, se tiennent partout de la même manière ; et, comme ils n'ont rien de spécial, nous renvoyons ceux qui pourraient avoir besoin de nouvelles explications à la Tenue des livres générale, où il est déjà traité de ces comptes.

Du compte d'appel de fonds.

Quand les besoins de la compagnie obligent le conseil d'administration à faire un appel de fonds aux actionnaires : si cet appel de fonds n'est que provisoire et doit être remboursé, on débite la Caisse lorsque les versements s'opèrent ; et l'on crédite un compte que l'on ouvre à *appel de fonds*, comme l'on créditerait un bailleur de fonds ordinaire.

Mais, au contraire, si l'appel de fonds n'est pas remboursable et doit rester constamment dans la société, il faut créditer le compte des *actionnaires*, parce que le versement qu'ils font de cet appel diminue d'autant leur obligation de verser, dont le chiffre est inscrit en entier au débit de ce compte : leur compte exprimera ainsi, dans toute sa vérité, la situation réelle des actionnaires.

On pourrait encore ouvrir un compte à *appel de fonds* que l'on créditerait des versements successifs, afin d'avoir dans un compte distinct le détail des divers versements relatifs à cet appel.

On le solderait par le compte d'*actionnaires*, lorsque l'appel aurait été complété ; de manière qu'il n'y aurait à ce dernier compte général qu'un seul article pour tout l'appel.

Du compte du fonds de prévoyance.

Quelques sociétés ont un fonds de prévoyance qui se forme à l'aide de prélèvements annuels mis en réserve ; ce compte est une espèce de subdivision du capital.

On le crédite des prélèvements qui lui sont affectés, on le débite des dépenses à sa charge ; on le solde par balance de sortie.

Du compte de réassurances.

Il y a encore quelques comptes spéciaux aux assurances terrestres, qui ne présentent aucune difficulté dans l'application, et n'ont aucun besoin d'explications particulières.

De la balance générale et du partage des bénéfices dans les compagnies par actions.

A la fin de l'année, lorsqu'on fait la balance générale des livres, on commence par solder par le débit de Pertes et Profits tous les comptes de dépenses, ou celui de frais généraux ; le compte de sinistres, après y avoir rapporté ceux réglés et à régler, qui restent à payer, comme nous l'avons déjà dit ; le compte de commissions ; enfin tous les comptes qui pourraient présenter une perte.

On crédite le compte de Pertes et Profits, du solde des comptes d'assurances, de polices et plaques, de reports ; enfin des soldes de tous les comptes produisant des bénéfices.

L'excédant du crédit sur le débit détermine nécessairement le bénéfice net de l'année, qui, divisé par le nombre des actions, doit être réparti aux actionnaires comme dividende, en espèces.

Si l'on payait aussitôt ce dividende, on débiterait pour solde le compte de Pertes et Profits par le crédit de Caisse du montant du dividende, et le caissier mettrait à part la somme à répartir d'après un état à émarger, ce qui se ferait lentement ; ou bien encore on ouvre un compte à *dividende de telle année,* qu'on crédite de la somme à répartir, et qui se trouve soldé lorsque le payement de la répartition est accompli.

S'il y avait perte, c'est-à-dire excès du débit sur le crédit, on solderait le compte par balance de sortie, afin que, par balance d'entrée, il figurât au débit du compte de Pertes et Profits de l'année suivante, pour premier article, le déficit de l'année précédente, qui doit diminuer d'autant les bénéfices de l'année qui commence ; et réciproquement, si le solde en bénéfice devait être mis en réserve pour être réparti l'année suivante, on le passerait également par balance de sortie, afin que, par balance d'entrée, il figurât au crédit du compte de Pertes et Profits, pour premier article, le gain non réparti de l'année précédente.

Ou enfin on ouvre un compte à *dividende de telle année*, qu'on solde par balance de sortie, et qui n'est clos que l'année suivante, lorsque ce dividende est réparti.

CONCLUSION.

La plupart des comptes dont nous venons de parler sont applicables à toutes les compagnies par actions. On peut, dans tous les cas, en faire l'application par analogie à la comptabilité de ces sociétés diverses ; il y aura seulement à imaginer pour chacune quelques comptes spéciaux au genre d'industrie pour lequel elle se sera constituée (*a*).

Nous terminerons en faisant observer que tout compte-rendu d'une société doit être basé sur un compte de balance de sortie, ou, en d'autres termes, sur le relevé général des comptes ouverts sur le Grand-Livre, et qu'il faut considérer les comptes présentés sur d'autres bases comme des aperçus spécieux, incomplets, ne présentant qu'une face des choses, afin de déguiser souvent une situation fâcheuse et d'induire en erreur les actionnaires.

On peut, sans craindre de se tromper, suspecter un directeur de mauvaises intentions, lorsqu'il oublie volontairement de se conformer aux principes consacrés d'une comptabilité régulière.

(*a*) Il y a des sociétés à la fois en nom collectif et en commandite par actions qui présentent des circonstances variées.

Il sera facile d'organiser leur comptabilité en prenant divers comptes dans le système des sociétés par actions, et les autres comptes dans ce qu'il en est dit au sujet des sociétés ordinaires (155) et (299).

COMPTABILITÉ

DES PROPRIÉTAIRES ET DES GENS DU MONDE.

Nous supposons un particulier dont la fortune et les revenus se composent d'immeubles, de rentes sur l'État, d'effets publics, de la propriété d'ouvrages dont il est auteur, et qu'il veut se rendre compte de ce que lui produit en particulier chacune des parties de son avoir, reconnaître à combien s'élèvent ses dépenses de toute nature, qui consistent en frais d'entretien de propriétés, d'impressions de ses œuvres, en dépenses personnelles, de sa maison, de ses équipages et chevaux : enfin, s'assurer chaque année de quelle somme précise il a augmenté ou diminué son capital.

Pour organiser une comptabilité dans des circonstances et des conditions semblables, il faut, selon les principes généraux que nous avons établis précédemment, page 237, et qu'il est utile de lire de nouveau pour mieux comprendre ce qui va suivre, d'abord imaginer les livres auxiliaires qui sont destinés à recevoir les premières écritures des recettes ou payements à mesure qu'ils ont lieu.

On a vu précédemment qu'on doit disposer ces livres auxiliaires de manière à réunir les recettes ou dépenses de *même nature,* afin de pouvoir les additionner et n'en porter que les totaux sur le Journal en partie double, qui reste ainsi dégagé de détails minutieux.

Comme application de ce principe, nous n'aurons qu'un seul livre auxiliaire appelé *mémorial-caisse*, mais renfermant diverses colonnes abréviatives dont nous donnerons le modèle et l'explication, pour plus d'intelligence, après la nomenclature des comptes généraux qu'on doit ouvrir sur le Grand-Livre en partie double.

Des comptes généraux à ouvrir.

On prend d'abord, au nombre des cinq comptes généraux si connus, ceux qui sont applicables à toutes les comptabilités, tels que :

1° Celui de Caisse ;

2° Celui de Pertes et Profits ; on supprime celui de Marchandises générales, si l'on ne se livre à aucune spéculation en marchandises ; celui d'Effets à payer, si l'on n'en souscrit jamais ; enfin, celui d'Effets à recevoir, si l'on n'en reçoit pas en payement.

Mais il faut ouvrir :

Un compte à *immeubles* pour toutes les propriétés qu'on possède, à moins qu'on ne préfère tenir un compte séparé pour chacune d'elles : on doit revoir ce qui a déjà été dit, à ce sujet, paragraphe 121, au compte d'immeubles, où sont indiquées les subdivisions de *maison à****, de *château de****, de *ferme de****, etc.

3° Un compte d'*effets publics* dans lequel on comprendra les rentes sur l'État, les effets étrangers, les actions de la banque, les obligations de la ville de Paris, etc., etc. — Voir les développements donnés à ce compte (117).

Pour y comprendre les *actions industrielles*, on pourrait intituler ce compte *valeurs diverses de portefeuille*, ou de telle autre désignation générale qu'on jugera le plus convenable.

4° Un compte d'*ouvrages* ou d'*œuvres* que l'on débitera de tous les frais d'impression, gravures, annonces et autres frais relatifs à la confection et publication de ces ouvrages, et il sera crédité du produit des ventes.

Un homme de lettres ou un auteur de profession, au lieu d'un seul compte général ouvert à ses œuvres, pourrait en ouvrir un séparé pour chacun de ses ouvrages, s'il voulait savoir ce que lui produit chacun d'eux en particulier.

5° Un compte de *meubles* ou *mobilier*, si c'est une dépense importante et qu'on renouvelle souvent ; car, autrement, si la valeur du mobilier doit rester à peu près toujours la même, on pourrait en placer le chiffre dans le compte d'*immeubles*, qui prendrait alors l'intitulé de *meubles et immeubles*. — Voir ce qui est dit du compte de mobilier, paragraphe 122.

6° Un compte de *capital*, qui, comme on sait déjà, représente le chiffre net de sa fortune, déduction faite de toutes charges ou dettes. Il faut revoir les développements donnés sur ce compte, paragraphe 148.

7° En un mot, on crée un compte pour chaque valeur importante ou circonstance particulière de sa fortune qu'on juge assez intéressante, par les bénéfices ou les mouvements de fonds qu'elle occasionne, pour motiver un compte séparé.

8° Quant aux dépenses, nous les diviserons ici simplement en trois comptes de *frais de maison*, de *dépenses particulières*, d'*équipages et chevaux*. On sait que les comptes de dépenses sont le plus susceptibles de subdivisions. Ainsi, l'on pourrait ouvrir un compte de *dépenses personnelles*, de *menus plaisirs*, de *vêtements*, de *dépenses de ma femme*, de *jeux et paris*, etc., comme il a été dit paragraphe 142.

Mais il faut se garder de trop multiplier les comptes généraux sans une utilité positive, parce que les écritures s'en trouvent augmentées dans la même proportion.

Dès que le nombre, les dénominations et l'emploi des comptes généraux sont bien arrêtés, on commence les écritures par un inventaire, et les livres en partie double par les deux articles de capital ou de balance, comme il est indiqué paragraphe 296.

Revenons maintenant au livre auxiliaire de Mémorial-Caisse.

Du Mémorial-Caisse.

On tiendra un seul livre auxiliaire appelé *Mémorial-Caisse*, ou plus simplement *Mémorial*, semblable au modèle placé à la fin de ce volume (*tableau n°* 3).

On inscrit sur le côté gauche, qui est l'ENTRÉE *du Mémo-*

rial, tout ce qu'on reçoit en espèces ou en valeurs quelconques ; et sur le côté droit, qui est la SORTIE, tout ce qu'on donne en argent ou en valeurs diverses.

A l'entrée comme à la sortie du *Mémorial,* il existe plusieurs colonnes, dont la dernière, intitulée CAISSE, est destinée à inscrire exclusivement toutes les sommes reçues ou payées en argent.

Quant aux autres colonnes qui précèdent celle de Caisse, on les intitule du nom des comptes généraux qu'on vient d'imaginer. Mais comme il y a beaucoup moins de colonnes que de comptes, il faut choisir ceux qui occasionnent le plus de détails pour leur réserver une colonne ; nous avons ici fait choix des comptes de *meubles et immeubles,* d'*œuvres,* de *valeurs de portefeuille,* d'*équipages et chevaux,* pour les colonnes de l'entrée ; et pour celles de la sortie, de *meubles et immeubles,* de *dépenses particulières,* d'*équipages et chevaux* et de *frais de maison.*

Enfin, la première colonne, intitulée *divers,* est créée pour y écrire les sommes qui ne peuvent être classées dans les autres colonnes.

Dès qu'un payement est fait pour une dépense de maison, d'immeubles ou pour toute autre cause, il faut d'abord porter la somme dans la colonne CAISSE, puis en outre placer une seconde fois cette somme dans la colonne d'*immeubles,* de *frais de maison,* ou dans toute autre colonne enfin qui porte l'intitulé de la nature de dépense dont il s'agit.

Il en est de même pour l'entrée où l'on inscrit les recettes en argent, non-seulement à la colonne de Caisse, mais encore dans l'une des autres.

A la fin du jour, de la semaine ou du mois, on additionne les colonnes ; les montants qu'on obtient indiquent évidemment à combien s'est élevée pendant cet intervalle chacune des espèces de recettes ou de dépenses, et ils servent à passer écriture en bloc au Journal de tous les articles renfermés dans ces colonnes.

C'est ainsi que par des colonnes intérieures où l'on inscrit les chiffres des recettes et dépenses de même nature, on peut les totaliser et abréger infiniment les écritures en partie double qu'on dégage, par ce moyen, de détails insignifiants et minutieux qui les surchargeraient sans aucune utilité.

On pourrait renoncer à ces colonnes et se contenter, comme dans la méthode ordinaire, de celle de Caisse, parce qu'en passant les écritures en partie double au Journal, on classe par le fait chaque article au compte qui lui est ouvert au Grand-Livre ; l'emploi de ces colonnes n'est qu'une abréviation, une classification anticipée, immédiate, sur le livre auxiliaire, qui se trouve résumé lui-même dans ses détails par des totaux de colonnes où ces détails se trouvent classés. Il n'y a rien d'obligé ni de nécessaire dans cet arrangement.

Sans supprimer toutes les colonnes, on peut en réduire le nombre plus ou moins inégalement, à la sortie et à l'entrée; enfin, on peut les supprimer entièrement d'un seul côté, à sa volonté, parce que ces colonnes ne correspondent pas entre elles et ne sont pas, on le répète, indispensables.

Ainsi dans le modèle les colonnes de l'entrée ne correspondent nullement avec celles de la sortie; les comptes de dépenses, qui donnent ordinairement lieu à des articles multipliés de sortie, ne peuvent pas avoir de colonnes à l'entrée; le compte d'*immeubles*, qui peut avoir des recettes aussi fréquentes que les dépenses de leur entretien, a, par cette raison, une colonne à l'entrée comme à la sortie; enfin, le compte d'*œuvres*, qui a beaucoup de recettes et de rares débours, n'a de colonne qu'à l'entrée.

En un mot, ces colonnes, qui ne sont pas indispensables et ne correspondent pas entre elles, peuvent être réduites en nombre, supprimées totalement, soit à l'entrée, soit à la sortie, et doivent être considérées seulement comme un moyen de résumer, par les totaux qu'elles font obtenir, des détails infinis qui embarrasseraient les hautes écritures.

Des écritures en partie double.

Avec le livre auxiliaire de mémorial, on peut se contenter de passer les écritures en partie double toutes les semaines ou tous les mois.

Ces écritures ne donneront lieu qu'à deux articles principaux : l'un où la Caisse sera débitée de toutes les recettes du mois et où l'on créditera les comptes de *meubles et immeubles, d'œuvres,* de *valeurs diverses,* etc., chacun du montant de sa colonne au mémorial.

L'autre où la Caisse sera créditée de tous les payements du mois et où l'on débitera les comptes de *frais de maison,* de *dépenses personnelles,* d'*équipages et chevaux,* etc., chacun du montant de sa colonne au Mémorial.

Enfin, on passera également un article pour les sommes diverses placées dans la colonne *divers;* car, on l'a déjà dit, c'est dans cette colonne que sont inscrits tous les articles extraordinaires qui ne peuvent être placés dans les autres colonnes.

Voici les articles auxquels donnent lieu les exemples donnés au Mémorial.

DU 31 JUILLET.

CAISSE A DIVERS fr. 61000, recettes du mois.

A PERTES ET PROFITS fr. 3000, gains en paris aux courses. . .	3000
A MEUBLES ET IMMEUBLES fr. 42000, reçu pour le bail de mes terres et loyers de ma maison, coupe de bois et vente de mobilier	4200
A OEUVRES fr. 1500, produit de la vente de mes ouvrages, suivant détail au mémorial.	1500
VALEURS DIVERSES fr. 12000, semestre de mes rentes et dividende de mes actions; *détails au mémorial*.	12000
A ÉQUIPAGES ET CHEVAUX fr. 2500, vente d'une jument, d'une calèche et d'un harnais; *détails au mémorial* . . . , ...	2500
	61000

DU 31 JUILLET 1839.

DIVERS A CAISSE fr. 54850, payements du mois.

ŒUVRES fr. 200, frais d'impression de ma brochure 200

VALEURS DIVERSES fr. 43200, achat de 2000 fr. de rente 5 0/0 . 43200

MEUBLES ET IMMEUBLES fr. 4000, payé aux couvreur et maçon, acheté un meuble de salon ; *détails au mémorial* 4000

DÉPENSES PARTICULIÈRES fr. 2600, présent d'un châle à ma sœur, compte du tailleur et argent de poche ; *détails au mémorial* 2600

ÉQUIPAGES ET CHEVAUX fr. 4200, gages du cocher, livrées des domestiques, achat d'un cheval anglais ; *détails au mémorial*. . 4200

FRAIS DE MAISON fr. 650, payé le cuisinier pour son compte de dépenses et fournitures 650

54850

DU 31 JUILLET 1839.

DÉPENSES PARTICULIÈRES A ÉQUIPAGES ET CHEVAUX fr. 1000, fait présent à Henri de mon cheval de selle 1000

Tous ces articles seront inscrits sur un Journal et rapportés sur un Grand-Livre, selon la méthode ordinaire ; mais si l'on veut simplifier encore le travail, on adoptera la méthode pour tenir les livres en partie double par le moyen d'un seul registre, le Journal-Grand-Livre, expliqué page 229 ; et ce Journal-Grand-Livre, sur lequel on inscrira les articles précédents, est divisé en onze colonnes qui représenteront les onze comptes généraux auxquels on se réduira, savoir : Caisse, Pertes et Profits, immeubles, œuvres, valeurs diverses, frais de maison, dépenses personnelles, équipages et chevaux, meubles, capital, divers comptes.

De la manière de solder tous ces comptes et de la balance générale.

1° Le débit du compte de *Caisse* étant l'argent reçu, et le crédit l'argent payé, on solde ce compte par balance de sortie en portant au crédit les espèces qui restent en Caisse, comme il a été expliqué au chapitre de la balance générale (parag. 259), où il faut revoir l'article de la Caisse (267).

2° Les comptes de meubles et immeubles, d'œuvres, de valeurs diverses, qu'on a débités de toutes les dépenses faites à leur occasion et crédités de toutes les recettes, ne sont que des subdivisions du compte de Marchandises générales et se soldent par conséquent comme lui (265), en portant au crédit par le débit de balance de sortie la valeur au prix coûtant des meubles et immeubles, des œuvres, des valeurs diverses qui restent encore au moment où on le balance.

Puis on solde chacun de ces comptes par Pertes et Profits.

Ce solde indique ce qu'on a gagné ou perdu dans chacune de ces branches.

3° Les comptes de *dépenses personnelles, frais de maison,* qu'on a débités de tous les débours faits à leur occasion, sont soldés par Pertes et Profits, parce que ces dépenses sont de pures pertes (257).

4° Mais au compte d'*équipages et chevaux,* où tout n'est pas dépensé en pure perte, on porte d'abord au crédit, par le débit de balance de sortie, la valeur des équipages et des chevaux qu'on possède alors et qui doivent figurer dans l'actif; puis on le solde par le compte de Pertes et Profits.

5° On solde également les *divers comptes* qu'on a pu ouvrir selon les principes analogues à ce qui a été dit au sujet de chacun d'eux dans la Tenue des livres générale.

6° Le compte de Pertes et Profits, où viennent se réunir d'un côté toutes les dépenses de l'année, de l'autre tous les revenus ou produits divers, indique de combien les dépenses ont surpassé les revenus ou réciproquement de combien les revenus ont excédé les dépenses ; dans les deux cas il est soldé par capital (275). En effet, si l'on a épargné ou dépassé ses revenus, il en résulte une augmentation ou une diminution du capital, qu'on solde lui-même par balance de sortie, comme il est dit parag. 279.

Pour comprendre parfaitement cet exposé rapide de la balance générale, de la comptabilité des gens du monde, il convient de lire avec attention le chapitre traitant de la balance générale dans tous ses développements (258).

Conclusion.—C'est ainsi qu'avec une comptabilité simple et régulière, composée de deux registres seulement, le Mémorial et le Journal-Grand-Livre(*a*), l'un pour les écritures premières, le second pour celles en partie double, un propriétaire pourra se rendre un compte complet et mathématiquement exact de l'administration de sa fortune, par un travail qui n'exigera que quelques heures par mois pour les écritures en partie double, et le soin d'écrire sur le *mémorial,* avec exactitude et au moment même, tout ce qu'il recevra et donnera en espèces ou en valeurs diverses.

Certes, il n'y a là ni difficulté grande, ni travail considérable; c'est au contraire un bien léger sacrifice de temps, surtout lorsqu'on réfléchit à l'utilité qu'on en tire. Ainsi, l'on sait précisément à combien s'élève chacune des dépenses, ce que produit en particulier chacune des branches de sa fortune, et en définitive combien chaque année on a augmenté ou diminué son capital.

Sans parler de la satisfaction intérieure que procure l'esprit d'ordre et la certitude de reconnaître constamment l'état réel de sa fortune, les propriétaires et les gens du monde en tireront des renseignements bien précieux pour réprimer leurs dépenses malentendues, ou pour accroître au contraire leurs placements productifs.

Dans tous les cas, n'est-il pas de la plus haute importance, pour l'homme qui possède, de se rendre un compte sévère de ses dépenses, de connaître les accroissements ou les décroissements de son capital; décroissements dont l'ignorance mène quelquefois à la ruine des plus belles fortunes?

(*a*) On trouve des Mémoriaux et des Journaux-Grands-Livres tout disposés chez Langlois et Leclercq, rue de la Harpe, 81.

APPLICATION

DE LA MÉTHODE EN PARTIE DOUBLE

A L'INDUSTRIE AGRICOLE.

L'agriculture, qui est la première et la plus féconde des industries, mérite à beaucoup de titres que tout ce qui tend à sa prospérité fixe l'attention générale. Mais s'il est du devoir du gouvernement d'encourager l'agriculture, il faudrait, à son tour, que le cultivateur s'aidât lui-même et répondît par ses propres efforts à ceux de l'administration. Or, en France, la classe des agriculteurs est en grande partie, il faut en convenir, sans aucun goût pour l'instruction et pour l'étude; il semble que la pratique des travaux extérieurs leur rende insupportable toute occupation sédentaire qui les retiendrait quelques heures dans leur cabinet.

Par exemple, croira-t-on que, dans une industrie aussi complexe que la grande culture, qui a tant besoin d'éclaircissements et de contrôles, les agriculteurs, par insouciance ou par tout autre motif, ne se soient pas encore créé une comptabilité quelconque de nature à les éclairer, ainsi que l'ont fait depuis si longtemps les commerçants qui en ont cependant moins besoin qu'eux, si l'on considère la simplicité relative de leurs opérations?

C'est là un mal très-grave, qui affecte profondément notre agriculture et qui n'est pas une des moindres causes de la lenteur de ses progrès.

Il n'est malheureusement que trop vrai que les petits cultivateurs ne se rendent aucun compte de leur gestion, et que les hommes d'éducation, qui, sans faire leur profession habituelle de la culture, s'y livrent depuis quelque temps avec intérêt, sont les seuls qui ne partagent pas cette insouciance générale. Ils recherchent, au contraire, soigneusement les causes de perte pour s'en préserver, et les sources de gain pour les rendre plus abondantes. Ces esprits judicieux ont compris les premiers la nécessité absolue d'une comptabilité régulière pour les éclairer dans leurs recherches et les diriger dans leur administration.

De leur côté, les sociétés d'agriculture et le gouvernement lui-même, pour provoquer la création d'un livre spécial de comptabilité agricole, proposèrent des prix, qui, nous le croyons, n'ont pas été décernés. C'est qu'il ne suffit pas d'être un excellent agriculteur et un médiocre comptable pour composer un bon livre élémentaire et pour concevoir un système de comptabilité parfaitement applicable à une industrie toute exceptionnelle, et qui semble même, au premier aperçu, se montrer rebelle à toute application de la méthode en partie double. Aussi les agriculteurs distingués qui ont écrit sur ce sujet des livres, dont quelques parties ne sont pas sans mérite, pèchent-ils tous par la clarté et ne nous paraissent-ils pas avoir atteint le but qui leur était proposé.

Epris à cette époque d'un goût très-vif pour l'agriculture, et m'y livrant moi-même dans une propriété de famille située dans une province fertile et au milieu des plus belles fermes de la France, je me suis senti parfaitement bien placé pour puiser aux meilleures sources les renseignements qui pouvaient personnellement me manquer sur la grande culture. D'ailleurs l'occasion me parut belle de faire une nouvelle application de ma méthode de prédilection à cette industrie, qui ne ressemble à aucune autre. Je l'ai saisie, je puis le dire, avec joie, heureux d'apporter à mon tour à l'agriculture que j'aime mon tribut de lumières spéciales.

Un Traité complet de comptabilité agricole faisant la matière d'un volume in-8°, actuellement sous presse, va paraître incessamment (*a*).

Malgré cette circonstance, je n'ai pas cru devoir résister au désir d'enrichir cette vingt-troisième édition de mon *Traité de Comptabilité générale* d'un chapitre exposant très-succinctement la plus intéressante et la plus difficile application qu'on puisse faire de la méthode en partie double.

On ne doit pas s'attendre à trouver ici, dans les limites étroites que nous nous sommes tracées, les développements étendus que cette riche matière comporte, ni la description faite, dans l'ouvrage précité, de livres auxiliaires nombreux entièrement dissemblables à ceux connus et infiniment curieux par eux-mêmes, qu'il a fallu créer pour dégager le Journal et le Grand-Livre des détails minutieux et abondants qui les auraient encombrés.

Nous donnons simplement un résumé rapide de cette

(*a*) A la librairie agricole de Dusacq, rue Jacob, n° 26.

nouvelle application, parce qu'elle renferme un nouveau sujet d'études, de réflexions et d'imitations par analogies à introduire dans l'organisation d'autres comptabilités.

Au surplus ce système repose sur une idée fort simple.

Tous les comptes y auront pour but constant de faire connaître à l'agriculteur le prix exact auquel lui revient chacun de ses produits.

Il en résulte ce premier avantage que, dans les écritures, on n'attribuera plus aux denrées, comme le faisaient tous les écrivains sur cette matière, des prix arbitraires et fixés selon le caprice ou l'opinion plus ou moins juste d'un comptable ou d'un agriculteur; circonstance décourageante qui seule enlevait à leur comptabilité tout caractère sérieux d'exactitude et de vérité.

On ne verra figurer au contraire dans les écritures que de véritables prix coûtants, ou que des prix réels de revient.

Telle est l'idée-mère, tel est l'esprit dominant dans lequel ce nouveau système a été conçu et qu'on peut résumer en quelques mots : la découverte du prix de revient des produits agricoles.

Le prix de revient, ce problème si difficile à résoudre en agriculture, excepté pour le comptable, cette inconnue que cherchent depuis si longtemps les agronomes, les statisticiens, les économistes, et en général tous les hommes sensés, dans les industries complexes, où l'on se propose de réaliser un gain.

Ce système ne pouvait se produire dans un moment plus opportun que celui où l'attention générale, réveillée par les troubles nés de la cherté des subsistances, se reporte avec plus d'ardeur et de prédilection sur tout ce qui a trait à la prospérité de l'agriculture, cette question essentielle et vitale de tout gouvernement prévoyant.

Application.

Nous avons déjà dit que lorsqu'on se propose d'organiser un système de comptabilité pour une industrie quelconque, il faut, après s'être bien pénétré de toutes les circonstances qui la caractérisent, reconnaître d'abord quelles sont les branches productives de gain, pour leur ouvrir à chacune un compte indispensable; ensuite faire distinction des diverses natures de dépenses importantes qui exigent un compte séparé, enfin rechercher avec soin toutes les particularités de cette industrie qui méritent qu'on leur consacre un compte spécial, parce qu'elles influent puissamment sur les résultats, ou qu'elles sont de nature à faire ressortir des enseignements utiles.

Appliquons ce principe général à l'organisation d'une comptabilité agricole.

Nous trouvons d'abord comme source première des bénéfices, le sol, c'est-à-dire les terres de l'exploitation.

Puis, comme branches productives de gain, le troupeau, la vacherie, la basse-cour, l'élève ou l'engraissement des bestiaux et les autres industries analogues.

Nous distinguons ensuite comme dépenses importantes à constater la main-d'œuvre des ouvriers, dont on fait un si grand emploi, les frais des attelages, ce puissant moyen de culture et de transport, enfin les engrais, le plus onéreux, mais le plus efficace de tous les agents de production, dont la quantité obtenue et le prix de revient sont très-intéressants à connaître.

Nous observons, en outre, une circonstance particulière à l'industrie agricole, c'est qu'une partie des produits se consomme dans l'exploitation et que l'autre se vend au dehors, mais tantôt dans son état primitif, tantôt après avoir subi une ou plusieurs transformations par une industrie intérieure ou par quelques opérations intermédiaires.

Ainsi, par exemple, les terres produisent le blé; celui-ci, battu, se divise en paille et en grain; chacune de ces parties est vendue au dehors ou consommée au dedans; ce grain, par la mouture, prend la forme de farine et de son, qui se vendent aussi et se consomment à l'intérieur; le son, comme les autres substances alimentaires des bestiaux, se change en chair, et cette chair alimentera les employés de l'exploitation ou sera transformée en argent par la vente; ajoutez qu'il en est de même pour les autres céréales, pour les plantes fourragères, pour le lait et pour tous les produits, petits ou grands, dont la culture abonde.

Eh bien, ces ventes, ces consommations partielles, ces transformations successives doivent être notées dans une comptabilité complète, et il convient que les écritures retracent cette espèce de rotation continuelle des produits d'un compte à l'autre, et même qu'elles en révèlent les résultats intermédiaires et distincts.

C'est là une des difficultés du sujet, et qui avait fait regarder comme impossible de trouver un système régulier, parfaitement applicable à l'industrie agricole, par la raison surtout que ces mouvements intérieurs s'opèrent en matières, ou sur des objets en nature dont aucune vente réelle ne fixe le prix, et qu'il y a nécessité, dès lors, pour les faire figurer dans les écritures de la comptabilité-espèces, de leur en attribuer un qui, purement arbitraire, est très-difficile à déterminer judicieusement.

Une autre circonstance exceptionnelle et caractéristique, ce sont les emblavures ou ces avances au sol qu'on fait si souvent en culture, à la fois une année, mais qui doivent être réparties sur plusieurs. Il en est de même des engrais et amendements enfouis dans la première année, quoique destinés à féconder la terre pendant plusieurs, selon l'assolement, et qui doivent être mis à la charge de chaque récolte, dans des proportions inégales, selon la nature plus ou moins absorbante de chacune.

Mais ces difficultés insolubles en partie simple, quand on veut trouver les résultats de ces transformations ou répartir annuellement ces avances au sol, sont aisément résolues par la méthode en partie double, dont les comptes ingénieux se prêtent merveilleusement à toutes ces exigences, quand on sait à propos créer des comptes, s'aider de livres auxiliaires assez habilement conçus pour se permettre d'y reléguer ou classer les détails minutieux, de manière à simplifier à l'excès les écritures, inventer enfin des expédients de comptabilité pour remédier à ces difficultés qui n'embarrassent que le comptable insuffisamment expérimenté.

Sans entrer dès les premiers pas dans plus de détails, ce rapide coup-d'œil jeté sur l'industrie agricole nous a déjà fait entrevoir qu'il faudrait d'abord ouvrir un compte au sol ou plutôt aux terres de l'exploitation.

Mais comme on veut des renseignements ou des résultats moins généraux, nous partagerons le sol total de la ferme en autant de portions qu'on en veut tirer de natures différentes de récolte et nous ouvrirons à chacune un compte intitulé *terres à blé, terres à seigle, terres à fourrages,* etc. , ou plus brièvement, sous le nom de *blé, seigle, fourrages,* etc.

A chacun de ces comptes ouverts à une portion du sol, seront portées d'un côté au débit les dépenses de main-d'œuvre, engrais, labours, semences, et toutes autres faites pour la culture; et de l'autre, au crédit, toutes les récoltes qu'elle aura données.

De ce tableau comparatif il sera facile de tirer le prix de revient exact de la récolte, et par conséquent de conclure la perte ou le gain particulier qui doit en résulter.

On ouvrira sur les mêmes principes, un compte à *troupeau*, où l'on rapportera au débit, sans aucune exception, toutes les dépenses qu'il nécessite, et en regard, au crédit, tous les produits qu'il donne, de manière que la différence du débit au crédit, ou le solde, déterminera le gain net provenant du troupeau ou la perte qu'il pourrait occasionner.

Il en sera de même pour la vacherie, pour la basse-cour, pour le moulin, la poste aux chevaux ou telle autre industrie semblable produisant des bénéfices.

Comme dépenses importantes à constater isolément, nous ouvrirons d'abord un compte à *main-d'œuvre* pour savoir exactement tout ce qu'elle coûte et pour en faciliter la répartition à la charge des différentes industries qui en profitent.

Nous aurons un compte d'*attelages* qui comprend : l'instrument aratoire, les animaux qui le mettent en mouvement et leur conducteur, afin de reconnaître à combien s'élèvent les dépenses, de découvrir le prix de revient d'une journée d'attelages, la somme de travaux utiles produite par eux, et d'en faciliter l'exacte répartition à la charge des cultures qui les ont occupés.

Enfin pour les circonstances spéciales à la culture nous ouvrirons le compte d'*engrais* destiné à constater les quantités produites, à répartir la portion fournie à chaque récolte, et à faire découvrir, nous ne disons pas leur effet utile, mais leur prix de revient, problème jusqu'à présent non résolu.

Nous imaginerons aussi un compte de *magasins* pour y réunir au débit tous les produits des terres ou des industries qu'on suppose les lui verser au prix de revient ; produits qui n'en sortiront, au crédit, que lorsqu'ils seront vendus, ou consommés, ou livrés à quelque industrie intérieure pour subir une modification.

C'est avec le secours de ce compte qu'on aplanira en partie, et sans surcharger les écritures, la difficulté déjà signalée de la triple sortie des denrées par vente au dehors, consommation au dedans, ou simple transformation.

Tels sont les comptes principaux et exceptionnels qu'il faudra créer pour l'application de la tenue des livres en partie double à l'agriculture ; mais il va sans dire qu'il faut y ajouter les comptes généraux bien connus et indispensables dans toutes les industries, tels que ceux de Caisse, effets à recevoir ou à payer, pertes et profits, capital, etc.

C'est ici le lieu de faire observer qu'on peut, à son gré, multiplier ou restreindre le nombre des comptes spéciaux à la culture, en adoptant pour l'intitulé de ces comptes des dénominations plus ou moins générales; mais il faut ajouter qu'il est toujours mieux d'en diminuer autant que possible le nombre, en se contentant d'en ouvrir aux choses ou aux circonstances sur lesquelles on a le plus d'intérêt à s'éclairer; car le grand nombre de comptes accroît proportionnellement le travail des écritures et y répand une certaine confusion, quoi qu'en ait dit Mathieu de Dombasle, dont l'opinion, si excellente et si respectable en beaucoup de points, se trouve ici par hasard contraire et en défaut.

Mais c'est toujours après de mûres réflexions qu'il faut procéder à la création de ses comptes, et qu'on choisit leur intitulé selon les conditions du domaine, ses vues particulières, ou les renseignements plus ou moins circonstanciés qu'on se propose d'en tirer.

Nous donnerons la nomenclature des comptes à ouvrir dans une grande exploitation qu'on suppose embrasser tous les genres d'industries (*a*), et nous indiquerons les cas où ces comptes doivent être débités ou crédités.

SOL.	INDUSTRIES.	COMPTES DIVERS.
CÉRÉALES D'HIVER.	VACHERIE.	Défrichements.
Blé, seigle, etc.	TROUPEAU.	Dessèchements.
CÉRÉALES DE PRINTEMPS.	BASSE-COUR.	Plantations.
Avoine, orge, etc.	Porcherie,	Magasins.
PRAIRIES ARTIFICIELLES.	Poulailler,	Attelages.
Trèfle, sainfoin, luzerne.	Lapinière,	Engrais et amendements.
FOURRAGES ANNUELS.	Pigeonnier,	Emblavures.
Vesce, bisaille, etc.	Rûcher.	Dépenses de maison.
RACINES.	ÉLÈVE DE BESTIAUX.	Frais généraux.
Pommes de terre, betteraves, navets, carottes.	BESTIAUX A L'ENGRAIS.	Divers débiteurs.
PLANTES COMMERCIALES.	FÉCULERIE.	Créanciers divers.
Colza, chanvre, lin, garance, pavots, etc.	MOULIN.	Meubles et immeubles.
PRÉS NATURELS.	POSTE AUX CHEVAUX.	Caisse.
BOIS.	FOUR A CHAUX.	Effets à recevoir.
Haute futaie, taillis.	TUILERIES.	— à payer.
VERGERS.	CARRIÈRES.	Pertes et Profits.
Jardins, potagers.		Capital.
ÉTANGS.		Inventaire d'entrée.
Rivières.		Inventaire de sortie.

(*a*) Les cultivateurs qui ne se livrent qu'à quelques-unes de ces industries pourront extraire de cet ensemble et choisir les seuls comptes qui les intéressent.

Du compte de blé, de seigle, d'avoines et autres analogues, ou de céréales d'hiver et céréales de printemps.

Ce compte représente l'ensemble des pièces de terre destinées à produire, dans l'année courante, une même denrée, du blé, du seigle, de l'avoine ; en d'autres termes, il représente la sole de blé, de seigle ou d'avoine.

Il faut porter au débit de ce compte :

1° La valeur des emblavures, ou avances au sol faites l'année précédente, telles que labours, engrais, semences et autres ; valeur qui figure sur l'inventaire d'entrée (*a*) ;

2° La part proportionnelle du prix de fermage et des impositions, des dépenses de moisson et de rentrée de la récolte en magasin, et des frais généraux à répartir ;

3° La semence, la main-d'œuvre des ouvriers, les travaux des attelages, les engrais employés aux terres que ce compte représente, estimés au prix de revient présumé, si l'on en passe écriture chaque semaine ou chaque mois, mais au prix de revient réel si, comme nous le conseillons, l'on n'en passe écriture qu'une seule fois par an (*b*).

(*a*) Quand on entre dans une exploitation, un inventaire général doit être dressé. C'est un travail de la plus haute importance. Voir à ce sujet le *Traité de comptabilité agricole*, dont il a été parlé.

(*b*) Ici se présente d'abord la question délicate des prix à donner aux engrais et aux travaux des attelages, question sur laquelle il faut s'expliquer de suite. Il y a deux marches à suivre à ce sujet :

Si l'on veut passer écriture en partie double sur le journal de la main-d'œuvre, des travaux des attelages et du mouvement des fumiers, tous les jours, toutes les semaines ou tous les mois, il faut nécessairement donner à la journée d'attelage et aux fumiers un prix arbitraire, car le prix réel de revient ne peut en être connu qu'à la fin de l'année. Il faut donc, avant cette époque, où la vérité sur ce prix est seulement bien connue, donner à la journée d'attelage un prix provisoire et que l'on présume se rapprocher le plus du prix de revient réel ; c'est par cette raison que nous appellerons ce prix provisoire *prix de revient présumé*. Plus tard, le prix de revient présumé se rectifie par un article d'écritures qui lui rend son exactitude et empêche que cette appréciation provisoire ait de l'influence sur les résultats. Telle est la première marche à suivre pour les prix ; mais voici la seconde, conseillée par Thaer, bien préférable, selon nous, et que nous adoptons parce qu'elle abrège considérablement les écritures en parties doubles, et qu'au lieu d'avoir recours à des prix arbitraires on n'y fait usage que des prix de revient réels. Elle consiste à ne passer écritures des travaux d'attelages, sur le journal, qu'à la fin de l'année, par un seul article, lorsque toutes les dépenses des attelages sont portées au débit de ce compte, et que, par conséquent, le prix de revient réel est connu. C'est alors qu'on fait la répartition du montant de ces dépenses entre les diverses cultures qui en ont profité ; cette répartition se trouve toute faite sur un livre auxiliaire où l'on a inscrit méthodiquement à l'aide de colonnes, jour par jour et avec la plus grande exactitude, les journées des attelages employées

En un mot, on doit débiter ce compte de toutes les sortes de dépenses faites pour la culture des terres qu'il représente, et à l'occasion de la récolte qu'on en tire.

Il faut, au contraire, porter au crédit de ce compte :

1° Tous les produits, s'il y en a d'autres, dans le courant de l'année, que la grande récolte ;

2° Avant de clore le compte, les emblavures ou avances au sol, sans résultat cette année, mais qui, profitant à la récolte suivante, doivent être mises à sa charge ;

3° Enfin on balance le compte en portant au crédit le solde, qui est précisément le prix de revient de la récolte obtenue, dont on débite le compte de *Magasins* qui la reçoit.

Rien de plus simple, comme on le voit, que la manière de solder ce compte ou d'en obtenir le résultat, puisqu'on le balance naturellement par le débit du compte de *Magasins*, imaginé, comme on l'a dit, pour recevoir des comptes producteurs leur récolte au prix de revient, qui n'est autre chose que le solde du compte, quel qu'il soit.

Ainsi, les comptes de blé, de seigle, d'avoines, de fourrages, et tous les autres comptes analogues se soldent simplement par le débit du compte de *Magasins*, où chaque récolte partielle entre en bloc, au prix coûtant de revient, pour sortir plus tard, en détail, par voie de vente, de consommation ou de transformation intérieure.

Du compte ouvert à TELLE *pièce, à* TEL *marché, à ferme de***, etc.*

On peut suivre un autre système que le précédent et ouvrir un compte à chaque champ ou pièce de terre d'une étendue fixe, sous son nom propre, sans avoir égard aux différentes natures de récoltes qu'on peut lui faire rapporter, absolument comme on le fait pour un domaine distinct, pour une ferme entière, une métairie, pour un marché de terres ou un bail particulier.

Les comptes, selon ce système, n'ont pas le même but que celui qu'on se propose avec les précédents.

---

pour chaque compte, de manière qu'il ne reste plus qu'à multiplier le total des *quantités* de journées par le prix réel de revient, connu à cette époque. (*Voir, à l'Auxiliaire général, le tableau de répartition des travaux des attelages.*)

Il en est de même pour les engrais. (*Voir le tableau de répartition des engrais dans l'ouvrage déjà cité.*)

Il en est de même encore pour la main-d'œuvre des ouvriers. (*Voir le tableau de répartition de la main-d'œuvre*).

Dans ce cas, on ouvre le compte sous le nom connu de la pièce, du marché, du bail ou de la propriété, ou encore sous un numéro qu'on lui affecte, et la manière de tenir ce compte est à peu près la même que celle indiquée pour le précédent, si l'on en excepte la balance qu'on opère différemment.

Il faut porter au débit de ce compte :

1° Les emblavures ou avances au sol faites l'année précédente à la terre ou aux terres que représente ce compte, dont la valeur figure sur l'inventaire d'entrée (*a*) ;

2° Sa part proportionnelle des prix du fermage et des impositions, des dépenses de maison et frais de rentrage de la récolte en magasin, enfin, des frais généraux à répartir ;

3° Le coût de la semence, la main-d'œuvre, les engrais et les travaux d'attelage. Ces deux derniers, évalués au prix coûtant présumé, si l'on veut passer écriture des travaux et des engrais par semaine ou par mois, mais au prix de revient réel, si, comme nous le conseillons, l'on n'en passe écriture qu'une fois au moment de la balance (*b*).

En un mot, on doit débiter ce compte de toutes les dépenses, sans aucune exception, faites pour la culture des terres qu'il représente et à l'occasion des récoltes qu'on en tire.

Il faut porter au contraire à son crédit :

1° Tous les produits obtenus dans le courant de l'année, s'il y en a, avant la moisson ;

2° Avant de le solder, les emblavures ou avances au sol, sans résultat cette année, mais qui, profitant à la récolte prochaine, doivent être mises à la charge ;

3° La valeur des récoltes, estimées soit au cours où il serait facile de les réaliser dans le moment, soit à tout autre prix arbitrairement fixé.

Cela fait, on le solde par le compte de pertes et profits.

En effet, dans cet état, le compte présente d'un côté au débit toutes les dépenses faites pour féconder la terre ou les terres qu'il représente ; de l'autre, au crédit, tous les produits ; d'où il résulte que l'excédant du crédit sur le débit, c'est-à-dire des produits sur les dépenses, présenterait le bénéfice net, et réciproquement l'excès du débit sur le crédit ferait connaître la perte ; ce qui, dans les deux cas, exige qu'on solde par pertes et profits.

(*a*) Voyez la note (*a*) du précédent compte.
(*b*) Voir la note (*b*) du compte précédent.

On peut choisir entre ces deux systèmes, dont nous préférons et adoptons le premier, comme plus simple et conduisant le cultivateur à la découverte du prix de revient de chacun de ses produits.

Du compte de magasins.

Ce compte représente les granges, les greniers et lieux divers où les comptes producteurs versent et déposent leurs produits au prix réel de revient, pour être plus tard vendus au dehors ou livrés à la consommation intérieure.

Il faut porter au débit de ce compte :

1° La valeur de toutes les denrées existant en magasins, en granges ou en meules, estimées au prix de revient, valeur extraite de l'inventaire ;

2° La valeur de toutes les récoltes des comptes producteurs, telles que blé, avoine, etc., estimées à leur prix de revient, qui est précisément le solde de chacun d'eux ;

3° Tous les frais de battage et de main-d'œuvre quelconques, pour l'entretien ou la modification des récoltes avant leur sortie par vente, par consommation ou par emploi.

En un mot, on débite ce compte de tous les débours quelconques, même d'assurance contre l'incendie, de réparations de magasins, frais de loyers et autres, sans aucune exception, relatifs aux denrées en magasins.

Il faut porter à son crédit :

1° Toutes les ventes au prix de vente ;

2° Toutes les livraisons faites à la maison, aux attelages, au troupeau, à la vacherie, et aux autres industries intérieures, évaluées à un prix de revient présumé, si l'on en passe écriture au journal par semaine ou par mois; mais calculées au prix réel de revient, si l'on n'en passe écriture qu'une fois par année, à l'aide des tableaux auxiliaires de consommation (*a*) ;

(*a*) On ouvre sur le registre auxiliaire-général un tableau de la *consommation des animaux*, y compris ceux des attelages par jour, par huitaine, par quinzaine ou par mois, où l'on note avec exactitude et dans un ordre méthodique les denrées fournies pour leur alimentation, en plaçant le chiffre des *quantités* dans de petites colonnes intitulées chacune du nom d'une de ces denrées, ce qui permet d'additionner les colonnes toutes les semaines, quinzaines ou tous les mois; il ne reste plus qu'à multiplier les totaux de ces colonnes, qui présentent les *quantités*, par le prix de revient présumé, pour obtenir le montant de la dépense de nourriture des attelages pendant la semaine, la quinzaine ou le mois. Mais pour abréger davantage et ne pas se servir de

3° Au moment de la balance, la valeur de toutes les denrées qui restent, estimées au même prix que celui de leur entrée, plus, cependant, les frais sur quelques-unes faits pendant leur séjour en magasin ;

Enfin on balance le compte par celui de pertes et profits.

Du compte d'attelages.

On comprend dans le compte, et sous la dénomination d'*attelages,* les charrues et tous les autres instruments de culture ou de transport, les chevaux, avec leurs harnais, ou les bœufs qui les mettent en mouvement, les gages des hommes qui les dirigent, leur nourriture et celle de ces animaux.

Il faut porter au débit de ce compte :

1° La valeur capitale des chevaux ou des bœufs et du matériel spécial aux attelages, extraite de l'inventaire d'entrée où cette valeur doit figurer ;

2° Les achats de chevaux, de harnais ou d'instruments, les frais de leur entretien, de ferrage, de vétérinaire, etc. ;

3° Les gages des valets de charrue, et leur nourriture, dont on crédite le compte de dépenses de maison ;

4° La valeur de tous les grains, fourrages et aliments quelconques consommés par les animaux de travail, dont on crédite les magasins, qui les fournissent au prix de revient, en s'aidant du tableau de *Consommation des animaux.*

En un mot, on débite ce compte des dépenses de toutes natures, sans exception, faites pour les attelages.

Il faut porter au crédit de ce compte :

1° A l'époque de la balance, la valeur capitale du personnel et du matériel des attelages, extraite de l'inventaire où ces objets figurent en détail, estimés à leur valeur réelle ;

2° Les travaux de labour, de culture et de transport, effectués par les attelages, et estimés à un prix de revient présumé, si l'on passe écriture de ces travaux chaque semaine ou chaque mois, mais évalués au prix de revient réel, si l'on n'en passe écriture qu'une fois par an, en débitant les

---

prix présumés, on peut ne passer écriture de la consommation des animaux que tous les ans, en un seul article, sur le Journal, où sont récapitulés les totaux fournis par les tableaux hebdomadaires ou mensuels dont nous venons de parler, et en multipliant ces totaux par les prix de revient, qui sont alors connus. (*Voir ce tableau et les explications dans l'ouvrage déjà cité.*)

comptes pour lesquels les attelages ont travaillé, à l'aide du tableau auxiliaire de *Répartition des travaux* (a) ;

3° La valeur des fumiers tirés de l'écurie, dont on débite le compte d'*engrais,* en estimant le mètre cube ou le quintal métrique au prix de revient présumé, si l'on passe écriture des fumiers toutes les semaines ou tous les mois; mais au prix réel de revient (b), si l'on n'en passe écriture qu'une fois par an, en débitant les comptes qui en ont profité, à l'aide du tableau auxiliaire de *Répartition du fumier* (c).

On solde ce compte de deux manières, puisqu'il y en a deux d'apprécier les travaux et les fumiers.

La première, qui a pour objet de ramener à l'exactitude du prix réel l'appréciation provisoire du prix de revient présumé, n'étant pas celle que nous adoptons, est expliquée dans la note (d) ; quant à la seconde, elle est fort simple, car ce compte se trouve naturellement soldé par les deux derniers articles ci-dessus portés à son crédit, savoir : la valeur des travaux effectués et la valeur des fumiers ; c'est-à-dire que, pour solder ce compte, il faut s'arranger de manière à ce que les travaux des attelages et les fumiers, évalués au prix de revient et combinés ensemble, opèrent exactement la balance du compte.

Du compte d'engrais et amendements.

Le compte d'engrais a pour objet de s'assurer du prix de revient de ce principal agent de production, et pour conséquence de découvrir la moins onéreuse voie d'obtenir des engrais en plus grande quantité et au plus bas prix.

(a) On a ouvert un tableau de *répartition des travaux des attelages* sur le registre *Auxiliaire général*, où l'on a noté avec la plus grande exactitude, chaque soir, les journées de travail des attelages employés à chaque culture, dont on a placé les *quantités* dans des colonnes intitulées du nom de ces cultures, de manière qu'en additionnant ces colonnes par semaine, par quinzaine ou par mois, on a des totaux qui sont la répartition des quantités de journées ; il ne s'agit donc plus que de multiplier ces totaux par le prix de revient pour obtenir la répartition en espèces de cette dépense aux divers comptes qui en ont profité. *(Voir le tableau n° de répartition des travaux, dans l'ouvrage déjà cité.)*

(b) C'est au compte d'*Engrais* que nous parlerons de ce prix de revient ; quelques agriculteurs ne passent aucune écriture des fumiers produits et donnés aux terres ; nous ne partageons pas ces avis et nous croyons avec Mathieu de Dombasle que les fumiers jouent un rôle trop important dans la culture pour qu'on ne leur ouvre pas un compte spécial.

(c) *Voir note (a) de la page* 298. (d) *Voir l'ouvrage déjà cité.*

Ce compte est imaginé pour recevoir au prix de revient, comme celui de magasin pour les denrées, les produits en fumier des industries qui en fournissent, et ces fumiers ne doivent sortir de ce compte qu'estimés eux-mêmes au prix de revient, pour entrer au débit des comptes ouverts aux terres qu'ils servent à fertiliser.

Il faut porter au débit de ce compte :

1° Pour premier article, la valeur des engrais et amendements disponibles au commencement de l'année, valeur extraite de l'inventaire d'entrée (*a*);

2° Le montant de ceux qu'on achète ;

3° Les gages et la nourriture du palecour ou palefrenier chargé de nettoyer les écuries et de recueillir les fumiers ;

4° La valeur des fumiers fournis par les attelages, le troupeau, la vacherie, et autres comptes analogues qu'on crédite de ces fumiers comme d'un produit, en évaluant le mètre cube, ou telle autre unité de mesure, à un prix de revient présumé, si l'on passe écriture par semaine ou par mois du mouvement des engrais, mais *au prix réel de revient* si on n'en passe écriture qu'une fois par an, à l'aide du tableau auxiliaire de *production des fumiers* (*b*).

En un mot, il faut débiter ce compte des achats, débours ou dépenses de toutes natures relatives aux engrais.

Il faut porter au crédit de ce compte :

(*a*) Il faut voir au chapitre de l'inventaire le mode d'estimation des engrais, lorsque c'est la première année d'organisation d'une comptabilité régulière; car les années suivantes on lui donne le prix de revient de l'année qui a précédé.

(*b*) Pour abréger les écritures, on supprime au Journal les articles relatifs au mouvement des engrais ; mais sur le registre *Auxiliaire général* on ouvre le tableau de la *production des fumiers*, où l'on note avec exactitude les *quantités* produites par les écuries, l'étable, la bergerie et la basse-cour, d'une manière rapide et simple, on place le chiffre de ces *quantités* dans de petites colonnes intitulées chacune du nom d'une de ces quatre industries, ce qui permet de les additionner à la fin du mois; les totaux font connaître la production de chacune d'elles par mois. Il ne s'agit plus que d'y attacher un prix pour pouvoir en passer écriture dans la comptabilité-espèces. Mais pour abréger et ne pas introduire dans la comptabilité-espèces le mouvement des fumiers appréciés à un prix arbitraire, il est plus convenable de n'en passer écriture en partie double qu'une seule fois par an, dans un article au Journal, où l'on récapitule tous les totaux des colonnes de *quantités* figurant aux tableaux mensuels dont nous venons de parler. Cela fait, il ne reste plus qu'à multiplier ces *quantités* par le prix de revient alors connu, et l'on obtient ainsi la répartition en espèces entre tous les comptes qui en produisent, de sa part de la production totale et annuelle des fumiers. (*Voir ce tableau n° à l'Auxiliaire général et l'article annuel auquel il donne lieu au Journal.*)

1° Le produit des engrais ou amendements, s'il arrivait par hasard qu'on en vendît ;

2° A l'époque de la balance, la valeur des fumiers existant en fosses ou en tas, évalués au prix de revient ;

3° La valeur des engrais sortis pour fumer les terres dont les comptes doivent être débités, en évaluant le mètre cube, ou telle autre unité de mesure, à un prix de revient présumé, si l'on passe écriture des fumiers par semaine ou par mois, mais au prix de revient réel, si, comme nous le conseillons, on n'en passe écriture que tous les ans, en s'aidant du tableau auxiliaire de *répartition des engrais* (*a*).

Ce compte est soldé de deux manières, puisque nous venons d'indiquer deux manières de le tenir :

La première qui a pour objet de ramener à l'exactitude du prix réel l'appréciation approximative du prix de revient présumé, n'étant pas celle que nous adoptons, est expliquée dans la note ci-dessous (*b*); quant à la seconde, elle est fort simple, car le compte doit naturellement se trouver soldé, ce qui veut dire, en d'autres termes, qu'il faut que l'article ci-dessus de répartition des fumiers de l'année, entre les cultures, fasse précisément la balance du compte.

Du compte de vacherie.

On porte au débit de ce compte :

1° La valeur des vaches, taureaux, veaux, et du matériel spécial de la vacherie, extraite de l'inventaire d'entrée ;

2° Les achats d'animaux ou d'ustensiles, frais de vétérinaire, gages des domestiques attachés à la vacherie, et leur nourriture ;

(*a*) Pour abréger les écritures, on ouvre sur l'*Auxiliaire général* le tableau de *répartition des engrais*, à peu près semblable au précédent de *production*, et dont il est la sortie, où l'on note avec exactitude les emplois des fumiers lorsqu'on les transporte aux terres, d'une manière simple et rapide, en plaçant le chiffre des *quantités* dans de petites colonnes intitulées chacune du nom d'une culture, ce qui permet d'additionner ces colonnes à la fin du mois; l'on obtient par les totaux la répartition des *quantités* de fumiers livrés à chaque terre, et il ne reste plus qu'à y attacher un prix présumé. Mais on abrége beaucoup plus et l'on évite de faire usage de prix arbitraires en ne passant écriture en partie double de ces emplois de fumiers qu'une fois, à l'époque de la balance, par un seul article au Journal, où l'on a récapitulé les totaux mensuels figurant aux tableaux auxiliaires; on obtient ainsi la répartition des *quantités* de fumiers fournis aux terres, lesquelles il ne reste plus qu'à multiplier par le prix de revient, alors connu, pour obtenir la répartition en espèces. (*Voir ce tableau n° et l'article auquel il donne lieu au Journal.*)

(*b*) *Voir l'ouvrage déjà cité.*

3° Les fourrages, racines et aliments quelconques dont on crédite le compte de magasins, soit à un prix de revient présumé, soit, comme nous le conseillons, au prix réel de revient, à l'aide du tableau auxiliaire de *consommation des bestiaux.*

En un mot, on débite ce compte des dépenses de toutes natures, sans exception, faites pour la vacherie.

Il faut au contraire porter au crédit de ce compte :

1° Le produit du lait, beurre, fromages, veaux et vaches vendus, et aussi la valeur des denrées consommées dans la maison, au prix coûtant, dont on débite dépenses de maison à l'aide du tableau de *consommation du ménage*;
2° La valeur des fumiers frais sortis des étables, dont on débite le compte d'engrais, en évaluant l'unité de mesure choisie, soit au prix de revient présumé, soit, comme nous le conseillons, une fois par an, au prix de revient réel, à l'aide du tableau auxiliaire de *production des fumiers*;
3° A l'époque de la balance, il faut porter au crédit la valeur capitale des animaux et du matériel de la vacherie, extraite de l'inventaire, où ces objets doivent figurer en détail, estimés à leur prix du moment.
Cela fait, on solde par pertes et profits.

Du compte de troupeau.

Il faut porter au débit de ce compte :

1° La valeur des animaux et du matériel spécial de la bergerie;
2° Les achats d'animaux et d'ustensiles, les gages du berger, etc., etc.;
3° Les fourrages et aliments quelconques consommés par le troupeau, dont on crédite le compte de magasins, comme il est dit au compte précédent; en un mot, on débite ce compte des dépenses de toutes natures, sans exception, faites pour le troupeau.

Il faut au contraire porter au crédit :

1° Le produit des moutons, des agneaux, des laines vendus au dehors, et la valeur des animaux consommés dans l'intérieur, au prix coûtant, dont on débite dépenses de maison à l'aide du tableau de *consommation du ménage*;
2° La valeur des fumiers frais tirés de la bergerie, dont on débite le compte d'engrais en estimant l'unité de mesure, comme il a été dit à *vacherie*;
3° A l'époque de la balance générale on porte au crédit la valeur capitale des animaux et du matériel spécial du troupeau extraite de l'inventaire.
Cela fait, on solde le compte par pertes et profits.

Du compte de basse-cour.

Ce compte qui comprend le poulailler, la porcherie, le pigeonnier, la lapinière, le rûcher, etc., ou chacun de ces comptes, si on les ouvre séparément, est tenu sur les mêmes principes et de la même manière que les précédents.

Du compte de bestiaux à l'engrais.

Il se tient sur les mêmes principes que les précédents.

Du compte d'emblavures ou avances au sol.

C'est une circonstance qui se présente assez fréquemment en agriculture, que de faire certaines dépenses une année dont on ne recueillera les fruits que l'année suivante; et d'autres qui profiteront à plusieurs récoltes successives; ce qui oblige à ne pas mettre ces frais entièrement à la charge de l'année courante, mais de les répartir judicieusement sur les années qui doivent en profiter; telles sont les emblavures ou avances au sol.

Pour tenir compte de cette circonstance particulière, la règle générale est de porter à l'époque de la balance sur l'inventaire, sous le titre d'avances au sol, le chiffre détaillé de ces avances, absolument comme si c'était une avance faite à un débiteur qui doit en tenir compte dans l'avenir.

Ce moyen oblige à créditer de ces sommes les comptes où elles figurent en trop au débit; c'est les contre-passer et les reporter à nouveau sur les années suivantes.

On réunit provisoirement à ce compte, et comme en dépôt, les dépenses de toutes natures faites aux terres dont on ne peut, au moment où on les accomplit, débiter immédiatement un compte spécial. Ce compte à la fin de l'année sera soldé par inventaire de sortie et rouvert l'année suivante par inventaire d'entrée comme tous les autres.

Mais dès qu'on sera bien sûr de la destination des terres auxquelles on a fait ces avances, on balancera le compte provisoire d'avances au sol, en portant au crédit le solde nécessaire pour le clore, réparti entre toutes les cultures auxquelles ces avances ont profité. Cette opération se répète tous les ans avec des chiffres décroissants jusqu'à ce qu'ils finissent par s'éteindre au terme de leur durée.

Voir à l'ouvrage spécial déjà cité pour les développements donnés à ce sujet, la fixation des chiffres, la proportion des fumures et l'établissement des luzernes, etc.

Du compte de prés naturels.

Ce compte représente toutes les terres de l'exploitation qui se trouvent en prés :

Il est tenu sur les mêmes principes que les autres comptes de terres. Il faut porter au débit de ce compte :

1° Les avances au sol, extraites de l'inventaire, où elles figurent, s'il y a lieu ;

2° Sa part du prix de fermage, des impositions et des frais généraux ;

3° La semence, les engrais, stimulants et amendements quelconques, les frais de main-d'œuvre, de travaux des attelages, affectés aux prés, évalués comme il a été dit aux comptes précédents, soit au prix de revient présumé, soit au prix réel de revient, à l'aide de tableaux auxiliaires ;

4° Les frais de fauchage, fenaison et de récolte des foins et des regains ;

5° Les grands travaux faits dans l'année à une prairie ou pour en établir une, qui seront à répartir sur plusieurs années, circonstance dont on tient compte à l'époque de la balance générale.

En un mot, on débite ce compte de toutes les dépenses quelconques faites sur l'étendue des terres qu'il représente et à l'occasion des récoltes qu'on en tire.

Il faut au contraire porter à son crédit :

1° La valeur des produits obtenus dans le courant de l'année, s'il y en a, en outre des deux coupes de foins et regains, comme pâturage des bestiaux, etc.;

2° La portion des avances au sol, qui doit être mise à la charge de l'année suivante ou des années à venir, figurant, dans ce cas, sur l'inventaire ;

3° Enfin, on balance ce compte en portant au crédit le solde, quel qu'il soit, lequel est précisément le prix de revient de la récolte obtenue en foins et regains dont on débite le compte de *Magasin* qui la reçoit à ce même prix.

Tous les comptes de plantes vivaces, telles que sainfoins, luzerne, esparcette, etc., sont tenus sur les mêmes principes.

Du compte de prairies artificielles, comprenant trèfle, luzerne, sainfoin, esparcette, etc.

On ouvre un compte séparé à trèfle, à luzerne, sainfoin, etc., ou bien un seul pour tous ces produits sous le nom de prairies artificielles seulement. Comme nous recherchons le prix de revient de chaque fourrage, il faudra au grand livre pratiquer autant de petites colonnes intérieures qu'il y a de produits, et, après avoir écrit une somme dans la dernière grande colonne, on devra la répéter une seconde fois ou la répartir dans les petites colonnes intérieures portant l'intitulé du fourrage que cette somme peut concerner.

Avec cette précaution, on pourra réunir plusieurs produits dans un même compte et sous une même dénomination, surtout quand il y en aura dont le peu d'importance n'exigerait pas un compte séparé.

Ce compte est tenu comme celui de prés naturels.

Du Cte de fourrages annuels, comprenant vesce, bisaille, etc.

On ouvre des comptes séparés à ces produits, ou bien on les réunit dans un seul, en y introduisant l'expédient de colonnes intérieures. Il se tient comme le précédent.

Du Cte de racines, comprenant pommes de terre, navets, etc.

Comme il est dit au précédent.

Du Cte de plantes industrielles, comprenant colza, pavots, etc.

Comme les précédents.

Du compte de verger, de jardin, de vigne.

Comme les précédents.

Du compte de bois, haute futaie ou taillis.

Lorsqu'on exploite des bois, on leur ouvre un compte au débit duquel il faut porter :

1° Au commencement de l'année, la valeur des bois coupés ou façonnés qui existent sur l'inventaire, et aussi les avances de frais qu'on a jugé à propos de mettre à la charge de l'année qui commence;

2° Sa part du fermage, des impôts et des frais généraux à répartir;

3° Tous les frais de main-d'œuvre, d'exploitation, de plantation, de transport par les attelages, les appointements du garde, et, en un mot, les dépenses de toutes natures, sans exception, relatives aux bois.

On le crédite :

1° De la vente des bois, charbons et autres produits quelconques, et par le débit de dépense de maison, des fournitures que les bois lui font;

2° A l'époque de l'inventaire, de la valeur des produits coupés et façonnés existant sur place, évalués au prix coûtant présumé, comme il est indiqué à l'inventaire, et de toutes les avances à mettre à la charge de l'année suivante ou des années à venir, figurant, dans ce cas, sur l'inventaire.

Le solde du compte de bois à porter à pertes et profits, fait connaître le revenu donné par les bois.

Ce compte réclame beaucoup d'attention pour les évaluations à donner aux bois de futaie et aux taillis à l'époque de l'inventaire à cause du long espace de temps à s'écouler avant que le produit principal se réalise, si les bois ne sont point encore emménagés. *Voir l'ouvrage déjà cité.*

Les comptes de meubles immeubles, de divers débiteurs, de créanciers divers, de caisse, d'effets à recevoir, d'effets à payer, de pertes et profits, de capital, d'inventaire de sortie et d'entrée, sont tenus sur les principes déjà expliqués.

Il en est de même pour le compte de *main-d'œuvre,* qui concorde avec le *Tableau auxiliaire de main-d'œuvre et de sa répartition*, pour celui de dépenses de maison et celui de frais généraux ; mais en culture, le solde de ces derniers comptes est réparti, entre tous les comptes de terres ou d'industries, comme dépenses qui doivent entrer dans la composition du prix de revient de chaque produit.

De l'inventaire général.

L'inventaire, avec la balance générale, est l'opération la plus importante en comptabilité agricole, parce qu'il faut donner aux choses un prix raisonné, de manière à se rendre le compte le plus vrai du résultat de ses opérations. *Voir pour les détails l'ouvrage cité.*

Des livres auxiliaires.

Les livres auxiliaires ont une importance hors ligne dans la comptabilité agricole ; ils se présentent sous un aspect et ils affectent des formes tout-à-fait étranges, exceptionnelles, insolites ; mais ils méritent précisément pour leur originalité, pour les nombreux moyens de contrôle et d'abréviations qu'ils renferment, de faire un objet d'études ou d'observations utiles ; car on peut y trouver, par analogie, des applications à quelques autres industries, telles que les fabriques, par exemple, et les manufactures.

On y a réuni les détails, qui abondent en culture, et on les a rangés par *natures* dans des colonnes dont les additions sont faites à de certaines époques, et fournissent les moyens faciles de réduire les écritures en partie double aux plus petites proportions.

Ainsi, avec le secours de ces tableaux auxiliaires, renfermés dans un seul registre que nous nommons l'*auxiliaire général*, où sont ouverts des tableaux, comme sont ouverts des comptes sur le Grand-Livre, on note et l'on classe tous les minutieux détails, méthodiquement et jour par jour, de manière à ce que le teneur de livres n'ait plus à passer sur le journal que des écritures en petit nombre, laconiques et sommaires au point que tout se réduit à *six* articles par mois, et à des articles *annuels* au nombre de *seize*.

On sent qu'il nous était impossible de présenter ici les modèles nombreux de ces livres et tous les développements d'explications auxquels ils entraînent par leur singularité.

On trouvera dans l'ouvrage déjà cité, non-seulement tous ces tableaux de l'auxiliaire général, mais en outre un journal et un grand-livre, terminés chacun par l'opération essentielle de la balance agricole.

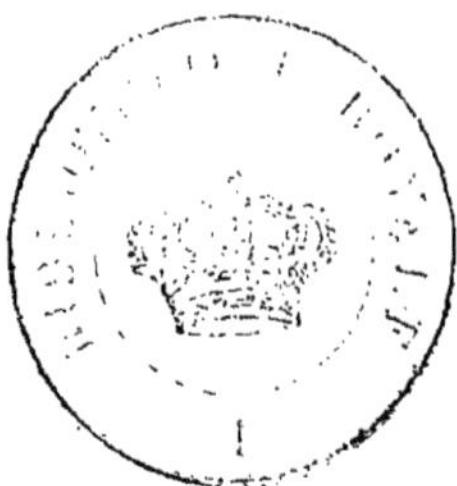

FIN.

TABLE DES MATIÈRES.

Préface. v

Considérations générales sur l'utilité de la connaissance de la comptabilité. IX

Définitions de la tenue des livres, du Journal et du Grand-Livre 1

Du Journal en partie simple 2

Du Grand-Livre en partie simple 4

De la comptabilité en partie double. 5

Du Journal en partie double. 6

Origine et objet des cinq comptes généraux. 8

Des articles composés 11

Du Grand-Livre en partie double. 13

Résumé de la théorie des parties doubles. 14

PRATIQUE ; Mémorial . . . . de la page 17 à 41

Du report au Grand-Livre 41

De la balance de vérification. 44

Modèle de feuille de balance de vérification 45

Subdivisions des cinq comptes généraux 46

— du compte de Marchandises générales 47

Du compte de laines, de fers, de vins, etc. 48

Du compte d'actions, de rentes sur l'état, d'effets publics, etc. . . . . . *Ib.*

Du compte de marchandises en société ou en participation, ou du compte à 1/2, à 1/3, etc. 49

Du compte de marchandises en commiss. ou en consignation chez un tel 51

Du compte d'usines, de fabrique, de manufacture, de main-d'œuvre, de frais de fabrication . . . . *Ib.*

Du compte d'immeubles ou de chaque immeuble sous son nom. 52

Du compte de meubles ou de mobilier 53

Du compte de navire, de cargaison, d'armements. 54

Du compte d'intérêt sur tel navire ou d'actions de telle compagnie. . . 55

Du compte de pacotille, de telle foire . . . . *Ib.*

Subdivisions du compte de caisse ; du compte d'Effets à recevoir. 56

Du compte d'Effets à recevoir sur Paris, sur ville ou sur la province . . 57

Du compte d'effets en négociation ou de remises ès-mains de divers . . *Ib.*

Du compte d'Effets à recevoir sur l'étranger. 58

Du compte d'obligations hypothécaires à recevoir, ou de contrat de rentes constituées à recevoir. . . . . *Ib.*

Du compte de contrats de grosse aventure à recevoir. . . . . *Ib.*

Du compte de contrats de rente viagère ou de brevets de pensions à rec. 59

— d'annuités à recevoir ou à payer 60

Subdivisions du compte d'Effets a payer. 61

Du compte de rentes ou pensions viagères à payer. . . . . *Ib.*

Du compte de grosse aventure à payer. 62

Subdivisions du compte de Pertes et Profits. . . . . *Ib.*

Du compte de frais généraux, de frais de maison. . . . . *Ib.*
Du compte de dépenses personnelles ou particulières 63
Du compte d'intérêts. . . . . *Ib.*
Du compte de commission, d'assurance 64
Du compte de succession. . . . . *Ib.*
Divers comptes qui ne sont pas des subdivisions des comptes généraux. 65
Du compte de capital. . . . . *Ib.*
Du compte de balance de sortie. 66
Du compte de balance d'entrée. 67
Du compte de liquidation 68
Subdivisions des comptes personnels. 69
Du compte personnel du négociant dont on tient les livres. 70
Du compte de N/ sieur tel associé 71
Du compte de N/ sieur tel, son compte de mise en fonds. . . . . *Ib.*
Du compte de N/ sieur tel, son compte de capital 72
Du compte de N/ sieur tel, son compte de versement à intérêts. . . . . . *Ib.*
Du compte de N/ sieur tel, son compte courant . . . . *Ib.*
Du compte de N/ sieur tel, son compte de voyage. 73
Des comptes différents qu'on peut ouvrir à un même correspondant. . . *Ib.*
Du compte de tel, son compte de marchandises. . . . . *Ib.*
Du compte de tel, son compte de navire, de banque, etc. 74
Du compte intitulé : Tel mon compte. . . . . Ib.
Des comptes en participation, de compte à 1/2, à 1/3, à 1/4, etc. 75
Des comptes ouverts en commun à plusieurs individus non associés. . . *Ib.*
Des comptes de divers débiteurs, de divers créanciers. 76
Des comptes de débiteurs douteux ou litigieux. . . . . *Ib.*
Des comptes d'ouvriers, de légataires et créanciers div. de la succession *Ib.*
Conclusion . . . . *Ib.*
Mémorial. Deuxième série d'articles. . . . . de la page 78 à 109
Manière de clore les livres et d'en tirer le résultat. 110
De la balance générale . . . . *Ib.*
Préparations qui précèdent la balance 111
Manière de balancer le compte de Marchandises générales. 112
Manière de solder le compte de caisse 113
Manière de solder le compte d'Effets à recevoir . . . . *Ib.*
Manière de solder le compte d'Effets à payer 115
Manière de solder le compte de Pertes et Profits. 116
Manière de solder tous les autres comptes généraux . . . . *Ib.*
Manière de solder les comptes des particuliers. 117
Manière de solder les comptes de capital et de balance de sortie . . . . *Ib.*
Conclusion de la balance générale. 119
Du bilan et du livre d'inventaire. 120
Bilan ou inventaire général, de l'actif et du passif 121
Manière de rouvrir de nouveaux comptes 124
Manière d'établir pour la première fois des livres 125
Mémorial. Troisième série d'articles.—Exemples sur les associations, les

opérations maritimes et les intérêts divers sur des navires. . . 126 à 129
Du compte d'expédition ou d'opération à Bourbon. 129
Du compte de traité à forfait ou d'entreprise sur le navire le *** 130
Du compte d'intérêt pour 1/5 dans l'opération à Bourbon . . . . *Ib.*
Du compte de fonds dans l'Inde 140
JOURNAL. . . . . de la page 149 à 190
GRAND-LIVRE (*répertoire* 191). . . . . de la page 192 à 215
Des comptes courants rapportant intérêts et des comptes d'intérêts . . . 216
MÉTHODE ABRÉGÉE EN PARTIE SIMPLE ET DES LIVRES AUXILIAIRES 219
Du *Journal-mémorial* modèle. 220
Du livre des comptes courants 222
Du livre d'entrée et sortie des marchandises. 224
Du carnet d'échéances, d'enregistrement des remises 225
Méthode très-simplifiée pour tenir les livres avec deux registres 226
NOUVELLE MÉTHODE pour tenir les livres par le moyen d'un seul registre appelé *Journal-Grand-Livre* 229
Applications de la nouvelle méthode. 233
De la manière de dresser une comptabilité régulière d'après des notes, ou redressement d'une comptabilité vicieuse 235
PRINCIPES GÉNÉRAUX pour créer un système de comptabilité le plus convenable à un genre de commerce ou d'administration quelconque. . . . 237
Applications : *Système de comptabilité* pour les usines à fer 245
Nomenclature des comptes à ouvrir . . . . *Ib.*
Du compte de *coupe de bois* de ***. 246
Du prix coûtant présumé. 247
Du compte de bois, de charbon. 248
Du compte de charbon de bois, du compte de charbon de terre. . . . . *Ib.*
Du compte de mine, du compte de castine. 249
Du compte de haut-fourneau . . . . *Ib.*
Du compte de forges 250
Du compte de platinerie, fenderie, tôlerie, ferblanterie, tréfilerie. . . . *Ib.*
Du compte de fers divers . . . . *Ib.*
Du compte d'ouvriers 252
Du compte d'usines, de voitures et chevaux. 253
Des comptes ouverts à chaque propriété ou à *immeubles* en général . . *Ib.*
Du compte de capital, frais généraux, dépenses de maison. 254
Des livres auxiliaires. . . . . *Ib.*
Du livre d'ouvriers, de Caisse, des achats et vente, etc., etc.. 255
Du mémorial-général. . . . . *Ib.*
Manière de solder tous les comptes et de faire la balance générale . . . 256
Manière de solder le compte de coupe de bois ou de bois en général . . 258
Manière de solder le compte de charbon, de mines, castine, de haut-fourneau et autres. . . . . 259 à 262
Système de comptabilité des compagnies anonymes par actions. 263
Des comptes de CAPITAL SOCIAL, d'ACTIONS et d'ACTIONNAIRES . . . . *Ib.*
Du livre auxiliaire des TRANSFERTS. 265

Du compte d'AGENTS ou d'AGENCES 266
Des comptes de PRIMES A RECEVOIR et d'ASSURANCES 267
Des comptes de *commissions* et d'AVANCES DE COMMISSIONS 269
Du compte de *sinistres* . . . . Ib.
Du compte de *polices et plaques* 270
Du compte de *reports* ou *fonds placés* . . . . Ib.
Des comptes des frais et dépenses 271
Des comptes de Caisse, d'Effets à recevoir, de Banque de France, mobilier, immeubles et autres . . . . Ib.
Du compte d'*appel de fonds* . . . . Ib.
Du compte de fonds de prévoyance 272
Du compte de réassurances . . . . Ib.
De la balance génér. et du partage des bénéfices dans les Cies par actions. Ib.
Conclusion . . . . Ib.
Comptabilité des propriétaires et des gens du monde 275
Des comptes généraux à ouvrir 276
Du mémorial 277
Des écritures en partie double 280
Manière de solder tous les comptes, et de la balance générale 281
Conclusion 283
Application des parties doubles à l'industrie agricole 284
Nomenclature des comptes à ouvrir 290
Du compte de blé, de seigle, d'avoine, etc. 291
Du compte ouvert à TELLE pièce, à ferme de *** 292
Du compte de magasins 294
Du compte d'attelages 295
Du compte d'engrais et amendements 296
Du compte de vacherie 298
Du compte de troupeau 299
Du compte de basse-cour 300
Du compte de bestiaux à l'engrais 300
Du compte d'emblavures ou avances au sol . . . . Ib.
Du compte de prés naturels 301
Du compte de prairies artificielles . . . . Ib.
Du compte de fourrages annuels 302
Du compte de racines . . . . Ib.
Du compte de plantes industrielles . . . . Ib.
Du compte de verger, de jardin, vignes . . . . Ib.
Du compte de bois . . . . Ib.
De l'inventaire général 303
Des livres auxiliaires . . . . Ib.
Modèle du Journal-Grand-Livre. Tableau n° 2 305
Modèle du Mémorial-Caisse. Id. n° 3 . . . . Ib.
Modèle du Journal-Mémorial. Id. n° 1 . . . . Ib.
Table . . . . Ib.

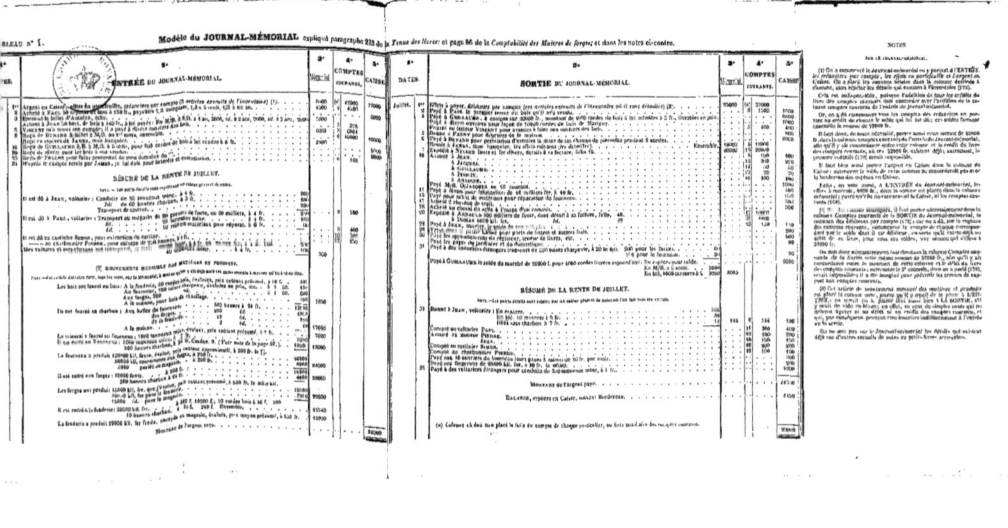

TABLEAU n° 1.

Modèle du JOURNAL-MÉMORIAL expliqué paragraphe 223 de la *Tenue des livres* et page 86 de la *Comptabilité des Maîtres de forges*; et dans les notes ci-contre.

1° DATES.	2° ENTRÉE DU JOURNAL-MÉMORIAL.	3° Mémorial.	4° COMPTES COURANTS.	5° CAISSE.	1° DATES.	2° SORTIE DU JOURNAL-MÉMORIAL.	3° Mémorial.	4° COMPTES COURANTS.	5° CAISSE.
[illegible]	[illegible]	[illegible]	[illegible]	[illegible]	[illegible]	[illegible]	[illegible]	[illegible]	[illegible]

RÉSUMÉ DE LA RENTE DE JUILLET.

MOUVEMENT MENSUEL DES MATIÈRES ET PRODUITS.

RÉSUMÉ DE LA RENTE DE JUILLET.

Montant de l'argent payé.

BALANCE, espèces en Caisse, suivant Bordereau.

NOTES

SUR LE JOURNAL-MÉMORIAL.

[illegible]

NOTES

ET OBSERVATIONS SUR LE JOURNAL-GRAND-LIVRE.

C'est dans la colonne n° 8, intitulée *Comptes courants*, qu'on rapporte toutes les sommes relatives aux comptes des correspondants, et cela sans inconvénients, puisqu'il faut tenir en dehors un livre auxiliaire de comptes courants, où chacun a son compte particulier. On a déjà dit (176) qu'il y avait deux manières de tenir le livre des comptes courants :

La première, c'est de rapporter aux comptes ouverts sur ce livre auxiliaire tous les articles dont les sommes sont inscrites dans la colonne n° 8 des comptes courants ; et l'on met les folios de ces comptes dans la petite colonne [illegible] après celle des dates, pour indiquer que le rapport est opéré. (Voyez dans la petite colonne le chiffre 16, folio de Paul ; 8, folio de Durand ; 7, folio de Lebrun.)

S'il y a beaucoup de comptes, il faut suivre la seconde manière où la petite colonne des folios devient inutile, parce qu'on ne débite et on ne crédite pas les correspondants sous leur nom, mais tous ensemble sous le nom commun et général de COMPTES COURANTS.

Voici pourquoi :

Le livre des comptes courants est tenu d'après le *Journal-mémorial*, livre auxiliaire dont nous avons parlé (168), et non pas d'après la colonne n° 8 de ce *journal-grand-livre* ; on doit donc rapporter à ce livre des comptes courants tous les articles qui figurent au *Journal-mémorial* dans les colonnes intitulées : *Comptes courants*, comme on l'a expliqué (169).

Par conséquent, tous les comptes courants sont tenus à l'aide de deux registres auxiliaires, le *Journal-mémorial* et le livre des *comptes courants*, indépendamment de la partie double ; c'est ainsi qu'on [illegible] déjà fait lorsqu'on passe les écritures au *Journal-grand-livre* en partie double.

Il en résulte une immense abréviation ; au lieu de débiter et créditer nominativement chaque particulier, on débite ou crédite ensemble, en bloc, tous ces comptes sous la même dénomination générale de *Comptes courants*, comme on le remarque au Tableau ci-contre, sous la date du 25 juillet, où il est dit :

COMPTES COURANTS A CAISSE, fr., 10000, *reçu de divers, dont détail au Journal-mémorial*, f° 4...

MARCH. GÉN. A COMPTES COURANTS, fr., 15000, *pour le montant des achats faits*, etc.

Les écritures en partie double se trouvent ainsi excessivement réduites, car, dans la méthode ordinaire, ce sont les détails multipliés des comptes particuliers et leur rapport au grand-livre, qui engendrent le plus d'écritures et de travail.

Cette colonne de comptes courants représente le livre auxiliaire de comptes courants dans son ensemble ; elle doit concorder avec lui par la suite (172).

TABLEAU N° 2.

Modèle du JOURNAL-GRAND-LIVRE, selon la Méthode pour tenir les Livres en partie double, par *le moyen d'un seul Registre* (1), exposée dans le *Traité de Comptabilité générale*, paragraphe 175, page 229.

DATES.		Folios des comptes courants.	JOURNAL-GRAND-LIVRE.	Balance ou récapitulation.	TOTALITÉ des affaires du JOURNAL.
Juillet.	1		CAISSE A CAPITAL, mon capital en entrant dans les affaires.		[illegible]
	1	16	MARCH. GÉNÉR. A PAUL, achat de 10 balles de laine à 400 fr. l'une, payable dans le courant.		4000
	10		MARCH. GÉNÉR. A CAISSE, achat fait à Paul d'une balle de laine que je lui ai payée comptant.		[illegible]
	15		MARCH. GÉNÉR. A EFFETS A PAYER, achat à Paul d'une balle de laine payée en B/B à 3/0 au 15 novembre.		1000
	16		MARCH. GÉNÉR. A DIVERS, achats ci-après :		
		8	A DURAND, de 125 quintaux de farine, à 20 fr. le quintal.	2500	
		7	A LEBRUN, de 100 kilos de sucre, à 2 fr.	200	2[illegible]
	17	8	DURAND A MARCH. GÉNÉR., vente à lui faite de 10 balles de laine, à 440 fr. l'une, payable dans le courant.		4400
	20		CAISSE A MARCH. GÉNÉR., vente d'une balle de laine à Durand qui l'a payée comptant.		[illegible]
	21		EFFETS A RECEVOIR A MARCH. GÉNÉR., vente d'une balle de laine à Durand, payée en B/B à 3/0 à six mois.		[illegible]
	25		COMPTES COURANTS A CAISSE. Payé à Divers dont détail au *Journal mémorial*, folio 74.		10000
	»		CAISSE A COMPTES COURANTS. Reçu de Divers pendant ce jour, cette semaine ou ce mois, ensemble et dont détail au *Journal mémorial*, folio 4.		20000
	»		MARCH. GÉNÉR. A COMPTES COURANTS. Montant des achats faits à Divers dont détail folio 5 du *Journal mémorial*.		15000
	»		COMPTES COURANTS A MARCH. GÉNÉR. Montant des achats du jour, de la semaine ou du mois, détail au *Journal mémorial*.		[illegible]
	26		MARCH. GÉNÉR. A EFFETS A PAYER, achat fait à Paul de 4 pièces de toile payées en B/B au 4 septembre.		945
	28		PERTES ET PROFITS A CAISSE. Fait présent à mon jeune frère.		100
	»		DÉPENSE DE MAISON A CAISSE, dépense du mois.		1000
	31		MAISON DE CAMPAGNE A CAISSE, acheté une maison de campagne à Saint-Mandé.		15000
					104[illegible]

1. MARCHANDISES GÉNÉRALES. Débit.	Crédit.	2. CAISSE. Débit.	Crédit.	3. EFFETS A RECEVOIR. Débit.	Crédit.	4. EFFETS A PAYER. Débit.	Crédit.	5. PERTES ET PROFITS. Débit.	Crédit.	6. DÉPENSE DE MAISON. Débit.	Crédit.	7. COMPTES GÉNÉRAUX DIVERS. Débit.	Crédit.	8. COMPTES COURANTS. Débit.	Crédit.
		[illegible]											[illegible]		
4000															[illegible]
[illegible]			1000												
1000							1000								
2[illegible]															[illegible]
	4400													4400	
	1100	1100													
	[illegible]			[illegible]											
			10000											10000	
		20000													[illegible]
15000															[illegible]
	[illegible]													[illegible]	
945							945								
			100					100							
			1000							1000					
			15000									15000			
25[illegible]	[illegible]	31100	27100	1[illegible]	»	»	1945	100	»	1000	»	15000	[illegible]	[illegible]	[illegible]

TABLEAU N° 3.

Modèle du Livre auxiliaire de Mémorial-Caisse (1) expliqué dans la *Tenue des Livres* (2), chapitre de la *Comptabilité des gens du monde*, page 275.

DATES.		ENTRÉE DU MÉMORIAL-CAISSE DE JUILLET.	DIVERS.	MEUBLES et IMMEUBLES.	OEUVRES.	VALEURS DIVERSES.	ÉQUIPAGES et CHEVAUX.	CAISSE.
Juillet.	1	Argent en Caisse, suivant inventaire.						[illegible]
	»	Reçu pour l'année courante du bail de mes terres.		15000				15000
	»	Reçu mon semestre de rentes 5 p. 0/0.				10000		10000
	15	Reçu pour le trimestre courant des loyers de ma maison.		3000				3000
	16	Reçu pour vente de 100 exemplaires de mon ouvrage.			1000			1000
	18	Reçu pour produit de la vente d'une coupe de bois.		12000				12000
	»	Reçu pour vente de ma jument de selle.					1000	1000
	20	Reçu pour vente de la vieille calèche et d'un harnais.					1500	1500
	»	Touché le dividende de mes actions.				2000		2000
	25	Reçu pour gain de mes paris aux courses.	3000					3000
	27	Reçu pour prix de vente de mon vieux mobilier de la campagne.		4000				4000
	31	Reçu pour vente de ma dernière brochure.			500			500
			3000	34000	1500	12000	2500	81000
Août.	1	Argent en caisse.						[illegible]

DATES.		SORTIE DU MÉMORIAL-CAISSE DE JUILLET.	DIVERS.	MEUBLES et IMMEUBLES.	DÉPENSES particulières.	ÉQUIPAGES et CHEVAUX.	FRAIS de MAISON.	CAISSE.
Juillet.	1	Payé à mon cocher ses gages et diverses dépenses d'écurie.				400		[illegible]
	»	Pris ou payé menues dépenses.			200			[illegible]
	10	Achat d'un cheval anglais.				3000		[illegible]
	15	Payé les comptes du couvreur et du maçon pour ma maison.		2700				[illegible]
	»	Payé à l'imprimeur ses frais d'impression pour ma brochure.	800					[illegible]
	20	Payé au cuisinier un mois et ses achats.					650	[illegible]
	»	Achat d'un châle donné à ma sœur.			1000			[illegible]
	»	J'ai fait présent à Henry de mon cheval de selle, estimé.	1500		1000			[illegible]
	27	Payé le compte de mon tailleur.			1500			[illegible]
	»	Payé au sellier pour livrées des domestiques.				900		[illegible]
	31	Payé pour achat un meuble de salon.		2000				[illegible]
	»	Payé pour achat 2000 fr. de rentes à 5 p. 0/0.	40000					[illegible]
	31	Solde à nouveau, argent en caisse.						[illegible]
			44[illegible]	4[illegible]	3[illegible]	4[illegible]	650	[illegible]

(1) On trouve de ces Registres tout disposés, avec les intitulés en blanc, chez Langlois et Leclercq, rue de la Harpe, 81. — On doit comprendre que ces divers Modèles ne sont qu'un fragment du Registre qui doit avoir une plus grande longueur.

(Modèle A de la page 306.)

Un compte courant et d'intérêts n'est autre chose, en comptabilité, que la copie du compte qui est ouvert à un correspondant, sur le grand livre ; il n'existe de différence que dans les dispositions ou l'arrangement du compte qui consiste à placer les capitaux immédiatement après les dates, et à tracer plusieurs colonnes nécessaires pour le calcul des intérêts, *par nombre*, ainsi qu'il suit :

Doit Roy *de Lyon, son Cte Ct et d'intérêts, à 6 p. o/o,* avec **Paul** *de Paris, arrêtés au 31 déc. 1841.* **Avoir**

1841 (a)		(b)			(c)	(d)	(e)	
Juillet.	1	1000	»	Solde du compte précédent, valeur	du 30 juin.	184	184000	»
	31	1000	»	Ma fact. de march. pay. à 3 mois, valeur	du 31 octobre.	61	61000	»
Août.	5	3000	»	Payé pour mon compte à Guetting,	le 30 septembre.	92	276000	»
Octobre.	10	1000	»	Sa traite s/ moi o/ Jonajones,	au 30 novembre.	32	31000	»
Novemb.	6	2000	»	Ma remise sur Lyon,	au 10 décembre.	21	42000	»
Décemb.	10	1000	»	Ma remise sur Nantes,	(k) au 20 janvier (1).	20	20000	»
		73	33	Intérêts sur 440,000, balance des nombres.				
		9073	33					
	31	1926	67	Solde en sa faveur à nouveau.			393000	»
		11000	»					

(1) 20 et 20,000 devraient être en encre rouge.

1841 (a)		(b)			(c)	(d)	(e)	
Juillet.	30	1000	»	Ma traite sur lui,	au 21 décembre.	10	10000	»
Septemb.	3	4000	»	Sa facture de march., valeur à 3 mois,	du 30 novembre.	31	124000	»
Octobre.	17	6000	»	Sa remise s/ Paris,	au 31 décembre.	»	»	»
				Nombres rouges du débit.			20000	»
							154000	»
				Balance des nombres.			440000	»
		11000	»				594000	»
1842. Janvier.	1	1926	67	Solde du précédent, valeur du 31 décembre 1841.				

Sauf erreur ou omission.

Paris, le 3 janvier 1842.

Signé, PAUL.

Même compte courant et d'intérêt que le précédent, calculé d'après la nouvelle méthode.

(Modèle B de la page 306.)

Doit Arnauld *de Lyon, son Cte Ct et d'intérêts, fixés à 6 p. o/o, avec* **Raimond** *de Paris, arrêté au* (époque inconnue) (*) **Avoir**

1841.					(a)			
Juillet.	1	1000	»	Solde du compte précédent, valeur	au 30 juin.	0	0	»
»	31	1000	»	Ma facture de march. pay. à 3 mois (b),	au 31 octobre.	123	123000	»
Août.	5	3000	»	Payé pour mon compte à Guetting,	au 30 septembre.	92	276000	»
Octobre.	10	1000	»	Sa traite sur moi 0/ Jonajones,	au 30 novembre.	153	153000	»
Novemb.	6	2000	»	Ma remise sur Lyon,	au 10 décembre.	163	326000	»
Décemb.	20	1000	»	Ma remise sur Nantes,	au 20 janvier.	204	204000	»
					. . . (d)	184	368000	»
		9000	»	(c) 2000. Balance des capitaux.			1450000	»
					. . (g)		440000	»
		73	33	Intérêts. Balance des nombres.				
		9073	33					
		1926	67	Solde à nouveau.			1890000	»
		11000	»					

(*) On suppose que l'époque était inconnue quand on a commencé le compte, et qu'au moment de l'envoyer, on a pris le 31 décembre.

1841								
Juillet.	20	1000	»	Ma traite sur lui,	au 21 décembre.	174	174000	»
Septemb.	3	4000	»	Sa facture de march., valeur à trois mois,	du 30 novembre.	153	612000	»
Octobre.	17	6000	»	Sa remise sur Paris,	au 31 décembre.	184	1104000	»
		11000	»				1890000	»
		11000	»				1890000	»
1842 Janvier.	1	1926	67	Solde du précédent,	valeur du 31 décembre.			

Sauf erreur ou omission.

Paris, le 31 décembre 1841.

TABLEAU DE LA BALANCE DE VERIFICATION, expliquée pages 44 et 45.

BALANCE DE		JUILLET.		AOUT.		SEPTEMBRE.		OCTOBRE.		NOVEMBRE.		DÉCEMBRE.	
DÉNOMINATION des COMPTES.	FOLIOS du Grand-Livre.	DÉBIT.	CRÉDIT.	DÉBIT.	CRÉDIT.	DÉBIT.	CRÉDIT.	DÉBIT.	CRÉDIT.	DÉBIT.	CRÉDIT.	DÉBIT.	CRÉDIT.
		fr. c.	fr. c.	fr. c.	fr. c.	fr. c.	fr. c.	fr. c.	fr. c.	fr. c.	fr. c.	fr. c.	fr. c.
Marchandises générales	1	10805 »	14035 »	51792 40	42838 50	92858 40	94932 50	154312 40	190905 38	172867 40	213055 38	198243 61	221055 38
Caisse	2	1100 »	1000 »	27629 »	26981 »	66511 80	42681 50	93158 01	58564 80	151766 82	109219 80	327084 02	272656 34
Effets à recevoir	3	2570 »		18579 50	7370 »	59258 50	47789 50	138297 38	87151 88	145287 38	126356 38	170563 92	145679 54
Effets à payer	4		1915 »		16688 40	945 »	25688 40	6773 92	64159 60	17273 92	64159 60	25188 40	102509 60
Pertes et Profits	5					8125 70	13607 50	8365 72	13922 03	8530 20	13922 03	8821 20	17760 52
Paul	6	5425 »	4000 »	24384 40	24384 40	24384 40	24384 40	24384 40	24384 40	24384 40	24384 40	24384 40	24384 40
Durand	»	4400 »	3500 »	7900 »	7900 »	7900 »	7900 »	7900 »	7900 »	12960 »	12960 »	12960 »	12960 »
Lebrun	»		360 »	21157 »	21157 »	60123 »	60123 »	98461 »	8461 »	98461 »	98461 »	98461 »	102461 »
Garnier	»	540 »		16080 »	18203 »	18203 »	18203 »	33748 »	33748 »	33748 »	33748 »	33748 »	33748 »
Ménard	7	763 »	763 »	6763 »	6763 »	34075 »	34075 »	34075 »	34075 »	34075 »	34075 »	34075 »	34075 »
Beaufond	»	607 »	607 »	2400 50	2400 50	2400 50	2400 50	2400 50	2100 50	9390 50	9390 50	9390 50	9390 50
Darnay	»					10200 »	10200 »	10200 »	10200 »	19200 »	10200 »	20200 »	21433 33
Nanteuil	»					12048 »	12048 »	64270 64	44761 88	64270 64	64270 64	64270 64	70270 64
Boyer	8					1024 »	1024 »	1024 »	1024 »	1024 »	1024 »	11024 »	12257 33
Villeneuve	»					540 »	540 »	3916 »	3916 »	3916 »	3916 »	3916 »	3916 »
Lafond	»					1000 »	1000 »	1000 »	1000 »	1000 »	1000 »	1000 »	1000 »
Arnauld S.C. Ct	9					3000 »	5000 »	56941 47	61654 »	56941 47	61654 »	87054 78	70360 20
Bulton	8						1000 »		1000 »		1000 »		1000 »
Foissac	»					1000 »	1000 »	1000 »	1000 »	1000 »	1000 »	1000 »	1000 »
Arnaud S.C. de marchandises	9									200 »		27345 »	27345 »
Dépenses de maison	10									3050 »		5150 »	» »
Dépenses personnelles	»									1250 »		2750 »	» »
Frais généraux	»									1700 »		3500 »	» »
Mobilier	»									15000 »	3000 »	13000 »	3000 »
Didier	9									10100 »	10100 »	10100 »	10100 »
Actions de la Comp. du Soleil	11									18500 »		18500 »	17000 »
Rougemont de Lowemberg	9											20000 »	20000 »
Banque de France	10											38169 »	34940 69
Rentes sur l'Etat	11											254000 »	43146 »
Obligations hypothéc. à recev.	10											10000 »	» »
March. en comm. chez Arnauld	11											25550 »	28000 »
Maison à Bordeaux	»											60000 »	6000 »
Château de C***	12											60000 »	4000 »
Légataires et créanciers divers	»												50000 »
March. de Ce à 1/3 avec B. et D.	»											35000 »	35000 »
Capital	5											50000 »	331000 »
		26210 »	26210 »	174685 80	174685 80	403597 30	403597 30	740228 47	740228 47	896896 73	896896 73	1770449 47	1770449 47

On trouvera des Feuilles gravées, pour faciliter ces Balances, utiles à conserver, chez Langlois et Leclercq, Libraires, rue de la Harpe, 81.

www.ingramcontent.com/pod-product-compliance
Ingram Content Group UK Ltd.
Pitfield, Milton Keynes, MK11 3LW, UK
UKHW020306230726
13925UKWH00001B/249